中公教育优就业研究院 ◎ 编著

云开雾散解锁Linux云计算

Linux 运维基础

浓缩一线工程师多年实战精华，理论实战并重
以初学者的视角编排设计内容，语言通俗易懂

陕西新华出版传媒集团
陕西科学技术出版社
Shaanxi Science and Technology Press
西安

图书在版编目（CIP）数据

云开雾散解锁 Linux 云计算：Linux 运维基础／中公教育优就业研究院编著 . —西安：陕西科学技术出版社，2020.5

ISBN 978-7-5369-7336-7

Ⅰ . ①云… Ⅱ . ①中… Ⅲ . ① Linux 操作系统 Ⅳ . ① TP316.85

中国版本图书馆 CIP 数据核字（2020）第 063234 号

云开雾散解锁 Linux 云计算·Linux 运维基础
YUNKAI WUSAN JIESUO Linux YUN JISUAN·Linux YUNWEI JICHU
中公教育优就业研究院　编著

责任编辑　李　珑
封面设计　千秋智业图书设计中心

出 版 者	陕西新华出版传媒集团　陕西科学技术出版社
	西安市曲江新区登高路1388号陕西新华出版传媒产业大厦B座
	电话（029）81205187　传真（029）81205155　邮编710061
	http://www.snstp.com
发 行 者	陕西新华出版传媒集团　陕西科学技术出版社
	电话（029）81205180　81206809
印　　刷	北京中科印刷有限公司
规　　格	787 mm×1092 mm　16 开本
印　　张	21.5
字　　数	516 千字
版　　次	2020 年 5 月第 1 版
	2020 年 5 月第 1 次印刷
书　　号	ISBN 978-7-5369-7336-7
定　　价	60.00 元

版权所有　翻印必究

查看命令与常用的进程自动化调度服务以及 Linux 后台服务的管理

动化状态监控（第十六章、第十七章）

ll 编程的基础以及针对磁盘文件、CPU、内存和僵尸进程进行监控的常

程序。

系统故障分析（第十八章）

系统运维过程中经常遇到的各类故障，结合实际工作经验对各类问题的解

了了总结和归纳。

inux 专项服务管理（第十九章至第二十八章）

话网络管理、SSH 服务、NFS 服务、samba 服务、DHCP 服务、DNS 服务、FTP

Apache 服务、Tomcat 服务以及 MySQL 数据库服务，针对各服务的工作原理、

安装和配置等方面进行了详细阐述。

本书内容特点

《云开雾散解锁 Linux 云计算·Linux 运维基础》体系科学，结构清晰，语言通俗易懂，讲解由浅入深，注重实操与实用性。本书融入了编者多年实际的系统运维工作经验，适合初学者从 Linux 最基本的安装配置与常用命令开始学习，逐步理解和掌握 Linux 的系统管理所涉及的用户权限管理、应用管理、磁盘管理、文件系统管理、存储管理、资源管理、服务管理等领域所需的基础知识和实操训练，为今后成为系统运维领域的资深工程师做好坚实的知识、技能与经验的积累。

此外，本书全册采用双色印刷形式，图文并茂。配套视频讲解等增值服务是本书的一大特色。在本书的重要章节提供专业教师的讲解视频，扫描二维码即可实现在线学习，操作便捷高效。根据图书内容的难易程度，章节视频也有所侧重，有的课程是对图书内容的深层次延伸，有的课程是结合内容进行的案例操作。本书配套的增值视频使读者在掌握 Linux 基础之上，具备较强的实际操作能力。

进程的基本概念、

方式。

● Linux 自动

介绍了 shell

用 shell 脚本程

● Linux

汇总了

决方案进行

● L

包

服务、

用途

如今我们已经步入互联网时代，基于互联网
生产和生活方式带来了巨大变革，这些软件的运行
系统的支持。Linux 由于其安全性和稳定性，一直是服
为各类服务器应用软件提供稳定运行的有力保障。随着
型互联网技术的发展和普及，Linux 将会有更加广泛的应用

本书结构框架

本书共分为二十八章，以理论与实操相结合的方式对 Linux 的基
理与常用应用服务进行了细致、深入、全面地讲解。本书按照由浅入深
规律，逐一介绍了从初识 Linux 的安装到基本命令的操作再到主流应用服
配置，帮助初学者逐步胜任 Linux 系统运维领域的工作。

● **Linux 操作基础（第一章至第三章）**

介绍了 Linux 的安装、基本操作与 Linux 系统常用的基本命令，为经常使用 Wind
系统的读者从基本概念、术语与操作使用习惯顺利过渡到 Linux 环境奠定了基础。

● **Linux 操作进阶（第四章至第六章）**

介绍了 Linux 与用户交互的系统程序 shell 的使用特点，专门处理字符信息的正则
表达式与常用的字符处理命令，用户和组即 Linux 资源权限管理的核心概念。

● **Linux 管理基础（第七章至第九章）**

介绍了 Linux 的权限分配机制，软件安装方式、作为系统管理者应该具备的常用
数据备份方法以及日常系统运维中常见的备份策略。

● **Linux 存储管理（第十章至第十二章）**

介绍了 Linux 系统常用的存储管理方式，包括磁盘管理、分区管理，以及满足常
见的条带化、镜像与动态扩容存储需求的 LVM 和磁盘阵列 RAID 技术。

● **Linux 资源管理（第十三章至第十五章）**

介绍了 Linux 系统的资源配置文件、CPU 内存性能分析及其常用分析命令的使用、

目 录

第二十六章 Web 服务之 Apache | 281

第二十七章 tomcat 服务 | 295

第二十八章 MySQL 数据库服务 | 303

第一章
Linux 系统简介与安装

1.1 Linux 系统简介

1.1.1 Linux 系统的由来

Linux 系统是一款主流的服务器操作系统，在服务器领域已处于主导地位。现今，在广泛应用云计算的互联网企业，很多应用、服务是基于 Linux 系统平台研发的，可以说 Linux 系统已成为当今服务器领域的首选操作系统。

那么 Linux 系统是从何而来的呢？提到 Linux 的由来，就不得不提到它的前身 Unix 系统。

Unix 系统是由肯·汤普逊（Kenneth Lane Thompson）和丹尼斯·里奇（Dennis MacAlistair Ritchie）于 1969 年研发推出的。Unix 后来自贝尔实验室流传至全球，成为一款非常流行的操作系统。这二位的另一大贡献是设计了 C 语言编程体系，其中丹尼斯·里奇被称为"C 语言之父"，Unix 也正是他们使用 C 语言编写研发的。

因为 Unix 具有开源（即开放源代码）特性，所以基于 Unix 衍生出了众多子系统，如 Minix、AIX、HP-Unix、Solaris 等，而现今的 Linux 正是由芬兰赫尔辛基大学的一名学生雷纳斯（Linux Torvalds）基于 Minix 发展而来。在 1991 年 10 月，雷纳斯发布了 Linux 的第一个公开版 0.02 版，进而于 1994 年 3 月发布 Linux 1.0 内核版本，时至今日，Linux 内核已经发布到 5.X 版本。

1.1.2 Linux 系统特性

与 Windows 相比，Linux 具有如下优势。

①开放性：Linux 遵循世界标准规范，遵循开放系统互连（OSI）国际标准，延续了 Unix 的开源特性，被视为开源软件的典范。

②多用户：允许多个用户从相同或不同终端上同时使用同一台计算机。

③多任务：计算机可以同时执行多个运行相互独立的程序。

④速度和性能出色：在同配置机器上，Linux 的网络服务效率是 NT 的 1.8 倍，具有稳定性。

⑤用户界面良好：Linux 向用户提供用户命令界面、图形用户界面和系统调用界面。

⑥提供的网络功能丰富：Linux 具有完善的内置网络。

⑦安全系统可靠：相对于 Windows 系统，Linux 采用更高、更可靠的安全策略，对于内核的保护也更加完善。

⑧可移植性良好：Linux 支持在多种硬件平台上运行，具备良好的硬件兼容性，具有开源特性，能够在从微型计算机到小型计算机，再到大型计算机的任何环境上运行。

⑨具有标准兼容性：符合 POSIX 标准。

⑩设备独立性：统一把操作系统设备当成文件来看待，只要安装正确的驱动，系统中所有用户都可以以文件的形式操纵、使用这些设备。Linux 是具有设备独立性的操作系统，它的内核具有高度适应能力。

1.2 Linux 版本简介

1.2.1 Linux 内核版本

Linux 企业官方并不负责研发完整版的 Linux 系统，而只推出 Linux 的内核版本（即系统核心程序），允许其他公司基于内核完成外围程序的研发，并推出自己的 Linux 产品。因此 Linux 体系有很多的厂商版本，如 Redhat、Mandirva、SUSE、红旗 Linux 等。

Linux 内核的版本一般由三部分组成：主版本号、次版本号、末版本号。

主版本号：表示 Linux 内核为第几个主版本。

次版本号：若为奇数，表示 Linux 内核为开发版或测试版；若为偶数，表示 Linux 内核为稳定版。

末版本号：表示 Linux 内核的修改次数。

例如，CentOS 7.0 的 Linux 内核版本是 3.10.0。

当 Linux 发布一款内核版本后，因为 Linux 开源并使用 C 语言编写，全球所有系统爱好者都可以自己研究分析其内核，查找漏洞或 bug，编写补丁程序，上报官方，经验证测试后，若补丁程序被纳入下一个内核版本中，则可获得一定的酬劳。所以可以说 Linux 是集结了全球所有人的智慧而研发出的一款系统。

1.2.2 Redhat 版本介绍

由于 Linux 官方只研发内核的特性，很多公司会基于内核发布自己的 Linux 产品，其中最有影响力的当属 Red Hat 公司的 Redhat 系列发行版，而 Redhat 系列发行版又分为 Redhat 和 CentOS 两大分支。

Redhat 是企业版，指的是 Red Hat Enterprise Linux（以下简称 RHEL），可以简单理解为收费版；CentOS 是社区版，即免费版，它并不是全新的 Linux 发行版，而是 RHEL 的克隆版本。RHEL 是很多企业采用的 Linux 发行版本，需要向 Red Hat 付费才可以使用，之后可得到付费服务、技术支持和版本升级服务。CentOS 可以像 RHEL 一样构筑 Linux 系统环境，但不需要向 Red Hat 支付任何的产品和服务费用，同时也得不到任何有偿技术支持和升级服务。

其实 Redhat 也曾经有过个人版，只是早在 2010 年之前就被官方宣布停止更新了，现今主流的 Redhat 是面向企业应用的企业版，其个人版已交由 Fedora 社区维护。企业中常用的是 5.X、6.X、7.X 三个面向企业的主版本。CentOS 跟随 Redhat 产品，也具备 5.X、6.X、7.X 等各版本。本书将以 CentOS 7.4 为例介绍各项操作。

1.3 Linux 系统安装

1.3.1 Linux 系统预备知识

要了解 Linux 系统的特性，必须先知道其分区的命名规则。一块磁盘加入系统后，会进行分区操作，在格式化后才可被使用，如 Windows 的 C、D、E 等分区。但是 Linux 与 Windows 的分区命令截然不同，其有特定的命名规则。

Linux 中分区名一般由四位字符组成，如 sda1、hdb2 等，如图 1-3-1 所示。

```
sda        8:0    0    20G    0  disk
├─sda1     8:1    0     1G    0  part /boot
├─sda2     8:2    0     8G    0  part /usr
├─sda3     8:3    0     4G    0  part /
├─sda4     8:4    0     1K    0  part
├─sda5     8:5    0     2G    0  part /home
└─sda6     8:6    0     2G    0  part [SWAP]
```

图 1-3-1　Linux 常见分区形式

说明如下。

前两位：sd、hd 表示磁盘接口的类型。磁盘接口分为并行通信口和串行通信口（俗称并口和串口）。并口磁盘用 hd 表示，如 IDE；串口磁盘用 sd 表示，如 SATA、SA、SCSI、USB。

第三位：a、b 表示该类型的接口接第几块磁盘。

第四位：1、2、3 等表示本块磁盘内的第几个分区。

例如，sdb3 的含义为本机第二块串口盘上的第三个分区。

另外，Linux 对于分区的使用也与 Windows 有很大区别，如图 1-3-2 和图 1-3-3 所示。

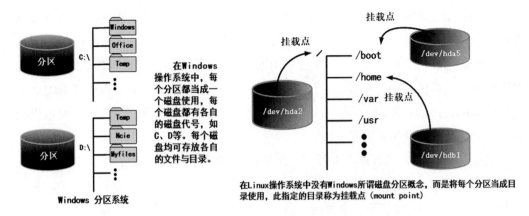

图 1-3-2 Windows 常见分区形式　　　　图 1-3-3 Linux 常见分区形式

Linux 普遍被视为一款树形文件型系统。

树形：Linux 中所有的文件、文件夹都存放在一个总的文件夹之下，称为根目录，即 "/"。

文件型：Linux 把所有硬件都当作一个文件，在系统中进行管理。

在 Linux 中，不允许在一个分区内直接读写数据，必须为一个分区和一个文件夹建立关联关系，向文件夹中存入数据的实质就是将数据存到分区中。该关联关系称为挂载，挂载时所使用的文件夹，称为挂载点。

注意，在 Linux 中，用目录来指代文件夹。

1.3.2 系统安装

视频讲解

本文以 CentOS 7.4 为例，以 VMware 12.0 为安装工具，介绍 Linux 的安装过程。

打开 VMware 12.0，选择"创建新的虚拟机"，如图 1-3-4 所示。

图 1-3-4 创建虚拟机

选择"典型（推荐）"，使用默认的虚拟机硬件组成（后期也可根据需要人为更改），如图 1-3-5 所示。

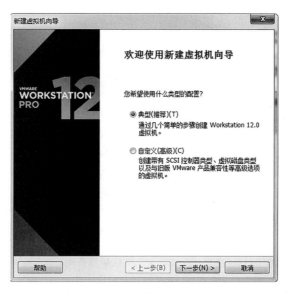

图 1-3-5　选择虚拟机配置

若选择"安装程序光盘映像文件（iso）"，则 VMware 会自动识别镜像版本，按照最小化安装模式自动安装 Linux 系统，此时系统的很多程序包不会被安装，以致影响后续的很多操作，增加复杂度。因此选择"稍后安装操作系统"，如图 1-3-6 所示。

图 1-3-6　安装客户机操作系统

指定与事先准备好的镜像版本对应的操作系统版本（此处采用的是 CentOS 7.4 的系统安装镜像），如图 1-3-7 所示。

图 1-3-7　选择客户机操作系统

　　指定虚拟机名称及安装位置，虚拟机名称表示安装完毕后 VMware 界面内显示的该虚拟机标签，安装位置表示该虚拟机在物理主机的实际存放位置，建议手动指定到常用位置下，以便后期管理，如图 1-3-8 所示。

图 1-3-8　指定虚拟机名称及安装位置

　　指定虚拟机磁盘容量，即虚拟机在磁盘上能够使用的最大空间量，如图 1-3-9 所示。

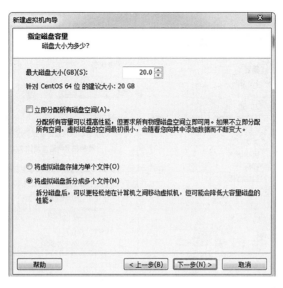

图 1-3-9　指定磁盘容量

配置完成后可以看到虚拟机的配置信息，如图 1-3-10 所示。

图 1-3-10　虚拟机配置信息

单击"网络适配器"，打开详细配置。设置网卡连接方式为"桥接"，虚拟机可以借助本地物理网卡搭桥连接到局域网路由器，即通过主机的物理网卡实现上网。根据实际需要，可以再增加一块网卡或其他硬件（单击下侧的添加按钮即可），如图 1-3-11 所示。

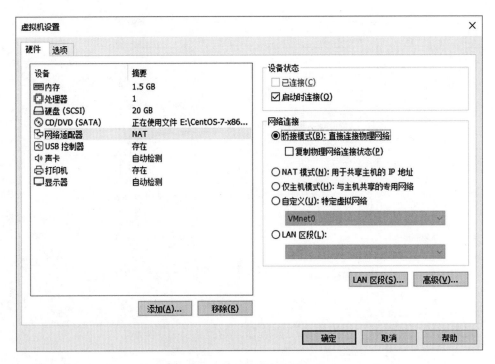

图 1-3-11　设置网卡连接方式

选择"CD/DVD（IDE）"，为虚拟机光驱放入系统安装光盘，选择事先准备好的 CentOS-7-x86_64-Everything-1708.iso 镜像文件，之后会在"使用 ISO 映像文件"文本框中显示文件名称，如图 1-3-12、图 1-3-13 和图 1-3-14 所示。

图 1-3-12　选择"CD/DVD（IDE）"

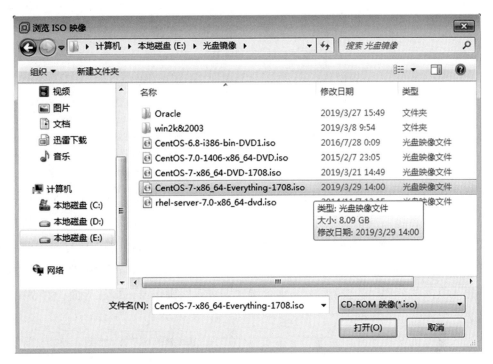

图 1-3-13　选择 ISO 镜像文件

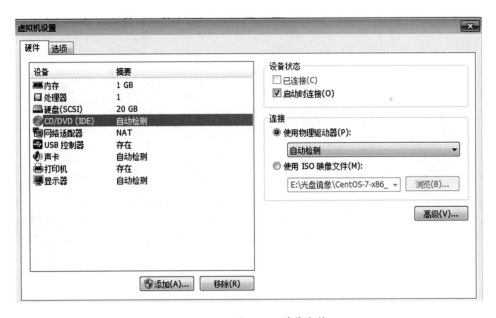

图 1-3-14　使用 ISO 镜像文件

单击"确定"按钮,回到主界面后选择"开启此虚拟机",如图 1-3-15 所示。

图 1-3-15 选择"开启此虚拟机"启动虚拟机

注意，虚拟机启动后，存在两个计算机系统，一个是真实机，一个是虚拟机。真实机的界面是 Windows 界面，虚拟机的界面是字符界面。这两个计算机系统共用一套键盘和鼠标，通过切换键盘鼠标，可以对这两个不同的计算机系统进行操作。从真实机切换进入虚拟机操作界面时，将鼠标指针进入虚拟机的界面，点击鼠标左键即可进入虚拟机，对虚拟机进行操作。由于虚拟机是字符界面，鼠标指针不可见；从虚拟机切换进入真实机界面时，按 Ctrl+Alt 组合键，即可返回操作 Windows 界面，对 Window 界面进行操作。

进入虚拟机安装界面，通过上下按键选中"Install CentOS 7"，如图 1-3-16 所示。

注意，选中"Install CentOS 7"为直接安装；选中"Test this media & install CentOS 7"为检查光盘后安装，较费时；选中"Troubleshooting"为问题解决，一般在进行系统修复等操作时用到。

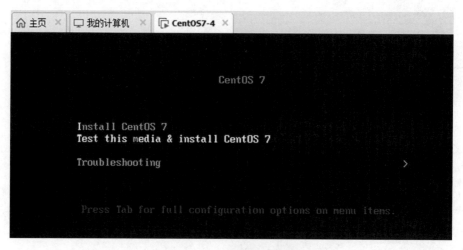

图 1-3-16 虚拟机安装界面

进入图形化安装界面，设置安装过程中的语言为中文，如图 1-3-17 所示。

图 1-3-17　选择安装语言

注意，安装过程中的语言并非是系统安装完毕后的运行语言。

进入安装总览界面，如图 1-3-18 所示。该界面中的"日期与时间""键盘""语言支持"三项按照实际配置时区、键盘类型、系统运行语言设置即可。"安装源"选项是指安装程序来源，系统安装光盘在光驱中，因此默认为光驱。

图 1-3-18　安装总览界面

在安装总览界面中选择"软件选择"后，进入软件选择界面。

①选择基础设施服务器，运行界面为纯字符界面。

②选择带 GUI 的服务器，运行界面为图形界面，此处以 GUI 界面为例，如图 1-3-19 所示。

可以在右侧选择一起安装的服务程序，也可以不选，后期需要时再手动安装。

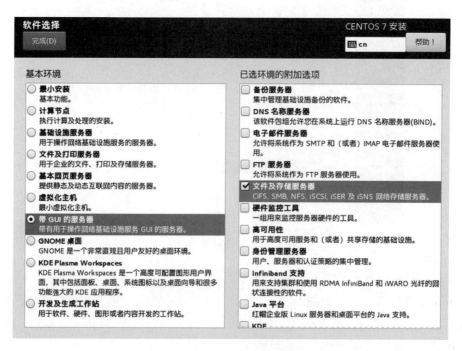

图 1-3-19　软件选择界面

在安装总览界面中选择"安装位置"后，进入磁盘管理界面，如图 1-3-20 所示。

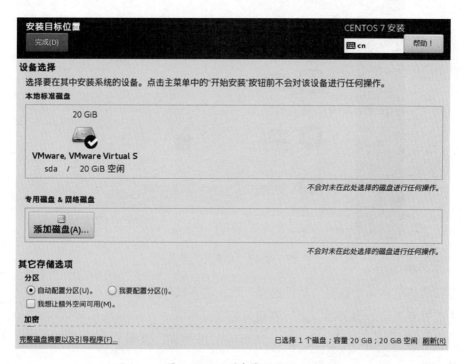

图 1-3-20　磁盘管理界面

选择下侧的"我要配置分区"进行手动分区，单击"完成"后进入分区界面，如图 1-3-21 所示。Linux 系统一般安装在标准分区下，比较稳定。

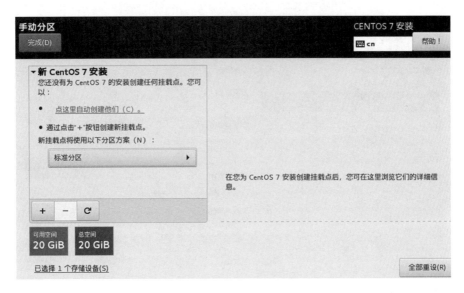

图 1-3-21　分区界面

单击下侧的"+"号，开始创建分区，因为 Linux 所有文件的根目录为"/"，所以根目录必须要进行分区挂载。将期望容量设置为 4G，空间足够就好，一般没有规定的大小，如图 1-3-22 所示。

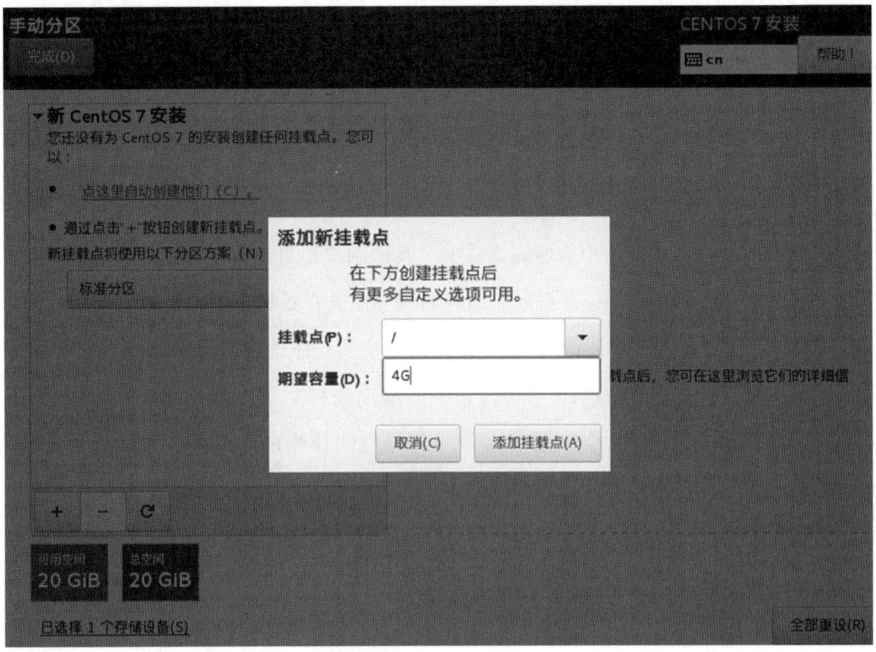

图 1-3-22　分区挂载

分区创建成功后，右侧"文件系统"项设置为 ext4（ext4 是 Linux 主流的文件系统类型，即格式化类型，具体原理会在磁盘管理章节介绍），如图 1-3-23 所示。

图 1-3-23　设置文件系统

使用相同操作，按照表 1-3-1 再陆续创建多个分区，如图 1-3-24 所示。

表 1-3-1　分区总览

目录	期望容量	文件系统	说明
/	4G	ext4	根目录
/home	2G	ext4	home 目录是系统中所有用户的家目录。家目录即每个用户在系统中的专属文件夹，其他用户不可访问
/boot	1G	ext4	boot 目录是系统启动程序的存放目录
/usr	8G	ext4	usr 目录是系统进程、主要程序的存放目录
swap	2G	swap	swap 空间为系统的虚拟内存空间，当物理内存不足时，从磁盘空间暂时占用一部分空间作为内存使用，一般设置为物理内存的 2 倍

图 1-3-24　创建多个分区

注意，磁盘中的剩余可用空间可预留给以后的某些实验。

在安装总览界面中选择"网络和主机名"后，可配置本机主机名和网卡，如图 1-3-25 所示。一般开启一块网卡即可，具体的网络配置会在之后的章节中介绍。

图 1-3-25　配置主机名和网卡

在安装总览界面中选择"KDUMP"后，取消勾选"启用 kdump"（kdump 为内核恢复设置，可暂时关闭），其他选项使用默认配置即可，如图 1-3-26 所示。

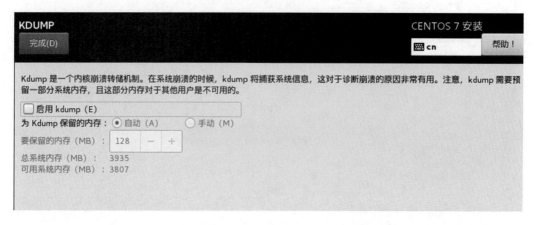

图 1-3-26　取消勾选"启用 kdump"

配置完成后，在安装总览界面单击"开始安装"，在安装过程中可以设置 ROOT 密码，如图 1-3-27 所示。因为 ROOT 是 Linux 中的默认管理员账号，相当于 Windows 的 Administrator 用户，所以建议设置较安全的密码，此时可暂时不创建新用户。

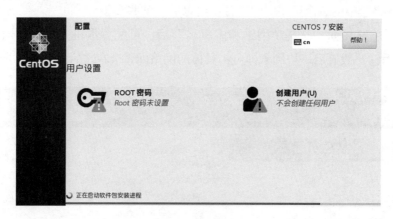

图 1-3-27　设置 ROOT 密码

安装完毕后系统会自动重启，在启动过程中需要创建一个系统用户（此用户非管理员身份），自定义用户名和密码后，按照提示进行其他操作即可，如图 1-3-28 所示。

图 1-3-28　创建新用户

使用者初次登录系统时是以新用户的身份进入系统的，若要注销登录，单击界面右上角的关机图标即可，如图 1-3-29 所示。

图 1-3-29　注销登录

注销后，单击界面中的"未列出 ？"，再按提示输入 ROOT 和 ROOT 密码，即可以以管理员的身份登录，如图 1-3-30 所示。

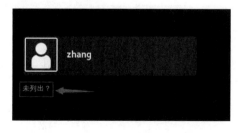

图 1-3-30　以管理员的身份登录

在 VMware 界面的快捷键区域，$\boxed{\text{⧖ ⧗ ⧗}}$ 按钮的作用分别是创建快照、恢复快照、快照管理，$\boxed{\text{▯ ▯ ▯}}$ 按钮的作用是显示模式切换，如图 1-3-31 所示。

图 1-3-31　VMware 快捷键区域

单击"创建快照"按钮，可以给虚拟机创建快照；单击"恢复快照"按钮，可以根据需要将系统还原到创建快照时的状态；单击"快照管理"按钮，可以查看所有已创建的快照，也可以根据需要对相应快照进行恢复或删除。

快照的功能是保存当前系统状态，以便后期系统出现问题后可快速恢复到快照时的状态，类似于镜像。

右键单击虚拟机的标签，选择"电源"，可以实现关机、挂起（即休眠）、重置（即重启）等功能，如图 1-3-32 所示。

图 1-3-32　选择"电源"

在配置 Linux 虚拟机的过程中，一般建议 GUI 模式使用 1G 或 2G 内存，基本服务器模式使用 256M 或 512M 内存，以节约物理主机资源。

为了便于后续的学习，建议制作一台 GUI 虚拟机和一台基本设施服务器虚拟机。

第二章
Linux 系统基本操作

2.1 系统基本操作介绍

2.1.1 命令提示符

视频讲解

若登录到 GUI 虚拟机，在 GUI 图形界面上单击右键，选择"打开终端"，即可打开命令行界面，如图 2-1-1 和图 2-1-2 所示。

注意，虽然我们安装并登录到了 GUI 图形界面，但是在 Linux 系统中，大多还是习惯以命令形式管理控制系统，鼠标仅起到辅助作用。

图 2-1-1 GUI 图形界面

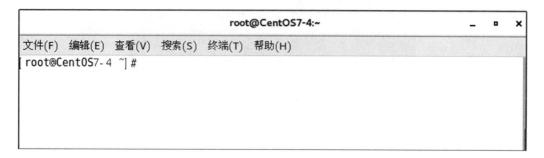

图 2-1-2 命令行界面

若登录到基本设施服务器虚拟机，默认即是字符界面。系统启动后出现登录界面，在提示"login:"后输入用户名（如 root），按回车键，系统提示"Password:"，按提示输入正确的口令（为安全起见，不显示输入的口令），即可登录系统。登录后可直接使用命令进行操作，如图 2-1-3 所示。

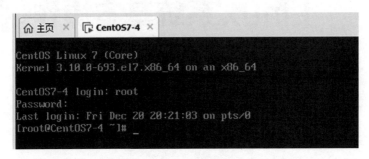

图 2-1-3　字符界面

在命令行界面中，闪烁的光标前显示的提示字符被称为命令提示符。

命令提示符的格式：[用户名 @ 主机名 当前所在目录] 身份符

身份符默认包括"#"和"$"两类，"#"表示当前用户为系统管理员，即 root 用户，"$"表示当前用户为普通用户。

在图 2-1-4 中，使用普通用户"zhang"来登录系统，"~"表示当前所在目录为家目录；"$"表示当前用户为普通用户。

家目录是指每个用户的专属私人文件夹，在用户登录到系统后，默认的所在位置就是其家目录；普通用户的家目录默认都在 /home/ 中以用户名命名的文件夹下，root 的家目录在 /root/ 下。

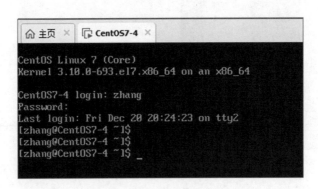

图 2-1-4　命令提示符

2.1.2　基本操作命令

在命令行界面，常用的基本操作命令如表 2-1-1 所示。

视频讲解

表 2-1-1 常用的基本操作命令

命令	说明
clear	清屏，即清空当前屏幕内容，从第一行开始显示命令
pwd	显示当前所在的完整路径
上下键	回翻历史命令，Linux 最多记录最近输入的 1000 条命令
<Tab> 键	命令补齐或文件名补齐 单击 <Tab> 键，补齐到多个文件名的共有部分。若光标与显示结果间有一个空格，则说明已经唯一确定到一个文件；若光标与显示结果间没有空格，则说明仅显示到多个文件名字的共有部分 双击 <Tab> 键，可显示所有文件名以公共部分开头的可用文件
unset LANG	清空系统语言，恢复到英文状态
useradd	新建系统用户
passwd	给指定用户设置密码
Ctrl+Alt+F1~F6 组合键	在 Linux 的字符界面下，支持在六个登录终端间相互切换，登录终端即操作界面，又称 tty。系统开机默认进入 tty1 中，可使用 Ctrl+Alt+F2 组合键切换到 tty2 中，若要切换到其他 tty，则依此类推
w	显示当前正在连接使用系统的所有用户终端，与 who 命令的功能类似，如图 2-1-5 所示

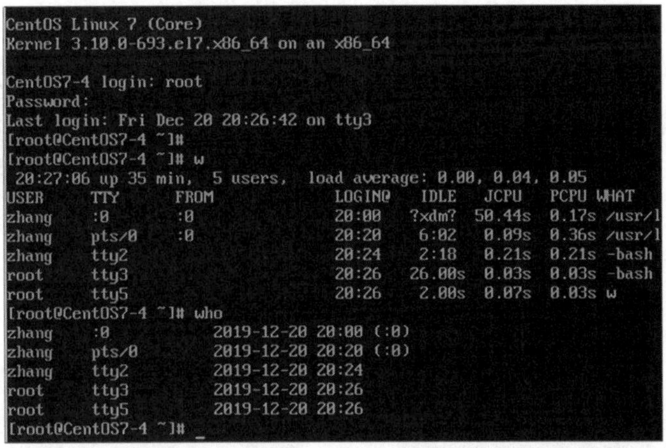

图 2-1-5 显示当前正在连接使用系统的所有用户终端

2.2 Linux 运行级别

2.2.1 级别介绍

在 Windows 开机时单击 F8 键，会显示出 Windows 的运行模式（有时由于前一次的异常关机，重启后也会自动显示），包括"安全模式""最近一次正确配置""正常启动"等选项。类似地，Linux 也有七种不同的运行状态，称为运行级别，用数字 0~6 表示，具体含义如下。

0：关机级别。

1：单用户级别，仅管理员可进行系统修复、安防等操作，相当于 Windows 的安全模式。

2：多用户级别，允许所有用户登录，但不支持网络通信。

3：完全模式级别，允许所有用户登录，且支持网络通信，为字符界面的默认开机级别。

4：自定义级别，一般不用，主要用于研发、测试。

5：图形界面级别，即安装系统时指定的 GUI 界面。

6：重启级别。

2.2.2　级别切换

当 Linux 系统运行于某一级别状态下时，可用 init 命令切换级别，格式如下：

视频讲解

init X

其中，X 表示级别对应的数字。

例如，输入 init 3 切换到完全模式级别状态下，如图 2-2-1 所示。

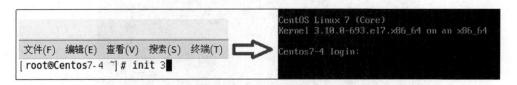

图 2-2-1　从图形界面级别切换到字符界面级别

输入 init 5 切换到图形界面级别状态下，如图 2-2-2 所示。

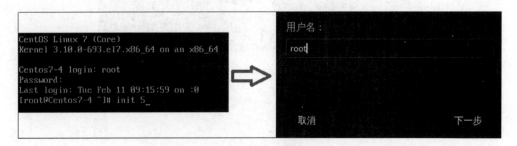

图 2-2-2　从字符界面级别切换到图形界面级别

注意，若要使用 init 5 命令，系统必须已安装 GUI 界面。

2.2.3 默认开机级别

使用 init 命令可以临时切换到指定级别，但是系统重启后，仍然会自动进入到默认的级别状态。例如，若安装 Linux 系统时指定的安装选项是"带 GUI 的服务器"，则自动进入图形界面；若安装 Linux 系统时安装选项是"基础设施服务器"，则自动进入到字符界面。

但如果想人为地查看、设置默认开机级别，可使用如下命令。

① systemctl get-default：查看当前默认的开机级别。

② systemctl set-default：设置默认的开机级别。

例如，systemctl set-default multi-user.target 表示设置的默认开机级别为级别 3。其中，multi-user.target 表示字符界面，即级别 3。

2.3 系统基本命令

2.3.1 注销命令

在字符界面可以使用 exit、logout 和 Ctrl+D 组合键这三种注销命令，而在 GUI 图形界面 logout 注销命令不可用。

2.3.2 关机命令

Linux 系统关机通常采用在字符终端模式下（图形界面下也可使用字符终端）输入关机命令来操作。常用的关机命令如表 2-3-1 所示。

表 2-3-1　常用的关机命令

命令	说明
halt	关闭系统，不代表电源停止供电
poweroff	关闭电源，电源停止供电
shutdown -h 4	倒计时 4 分钟后关机，时间可以根据需求自定义
shutdown - h now	立即关机
shutdown -c	取消倒计时关机
init 0	转入 0 级别，即关机

注意，倒计时关机的目的是为了让其他的登录终端（即 tty），甚至远程登录的用户在真正关机之前有足够的时间进行文件保存、停止服务等操作，以保证数据不丢失，且确定倒计时关机后，每个正在登录状态的终端，都会每隔 1 分钟提醒一次。

2.3.3 重启命令

Linux 系统通常在字符终端命令行输入命令进行重启。常用的重启命令如表 2-3-2 所示。

表 2-3-2　常用的重启命令

命令	说明
reboot	立即重启
shutdown –r 5	倒计时 5 分钟后重启，时间可以根据需求自定义
shutdown –c	取消
init 6	转入 6 级别，即重启

2.3.4　shutdown 命令

shutdown 命令的参数如表 2-3-3 所示。

表 2-3-3　shutdown 命令的参数

参数	说明
–t 5	等待 5 秒后再关闭系统，时间可以根据需求自定义
–k	并不真的关闭系统，只是给每个用户发送警告信息
–r	关闭系统后再重启
–h	关闭系统后再关机
–f	重启系统后不用 fsck 命令检查磁盘
–F	重启系统后强制用 fsck 命令检查磁盘
Time	设置关闭系统的时刻，后面加上时间，格式是 "hh:mm"，表示几时几分

2.4　vi 编辑器与 vim 编辑器

视频讲解

Linux 中的 vi 编辑器是一款功能非常强大的编辑工具，vim 编辑器与 vi 编辑器类似，二者的区别在于 vi 为无颜色编辑；vim 为有颜色编辑。

vi 编辑器或 vim 编辑器共有三种工作模式，如图 2-4-1 所示。

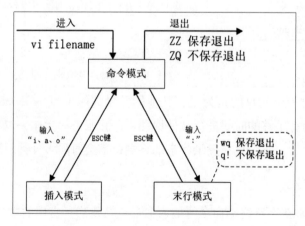

图 2-4-1　工作模式

关于这三种工作模式的切换，说明如下。

输入"vi f1"，进入命令模式。

注意，若最后一行显示 [New File]，则说明该文件是新创建的，如图 2-4-2 所示。

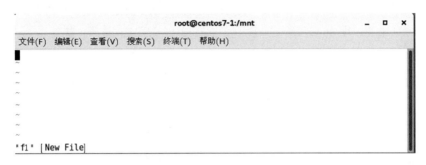

图 2-4-2　显示 [New File]

在当前光标开始处输入"i"或"a"或"o"，进入插入模式，系统会在屏幕下方出现 INSERT 提示，此时可以为文件增加内容。如图 2-4-3 所示。

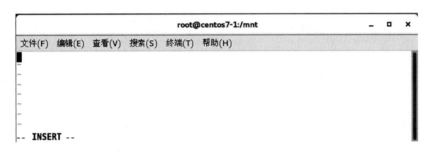

图 2-4-3　进入插入模式

输入"i"，光标位置不会改变；输入"a"，光标会向后移动一个字符；输入"o"，会在当前光标所在行的下方插入一个新行，同时当前光标会跳转到新行的行首位置。

按 ESC 键，会从插入模式返回命令模式；输入":"或"/"，会从命令模式进入末行模式，光标定位到屏幕最后一行。

在命令模式下，有很多组合命令键可以帮助快速编辑文档，如表 2-4-1 所示。

表 2-4-1　vi 编辑器在命令模式下的常用组合命令键

快捷键	说明
ZZ	保存退出
ZQ	不保存退出
G	跳转到文件结尾
u	撤销操作
yy	复制光标所在行

快捷键	说明
3yy	复制三行
p	粘贴到光标的下一行
dd	剪切一行
3dd	剪切三行

在末行模式下，有很多实用命令可以帮助快速编辑文档，如表 2-4-2 所示（命令之前的":"或"/"表示进入末行模式）。

表 2-4-2　vi 编辑器在命令模式下的常用操作

命令	说明
:wq	保存退出
:q!	不保存退出。"!"表示强制执行（文件内容更改后，不保存不能退出，强制执行表示放弃修改的内容退出）
:set nu	显示行号
:set nonu	不显示行号
/Linux	在当前文档内容中查找指定的"Linux"字符，按 n 键查找下一个
:1,6d	删除 1~6 行
:10,20s/Linux/hello/g	10-20 行中，所有 Linux 单词替换成 hello。"s"表示替换，"g"表示每一行中包含"Linux"的所有内容都替换成"hello" % s/Linux/hello/g，全文所有 Linux 替换成 hello，"%"表示全文范围
:set backup	保存文件时，自动将原文件备份到同一目录下，原文件名后加"~"。例如，输入 vim abc，在当前目录下编辑文件 abc，若使用了 :set backup，则会在当前目录下生成一个 abc~ 文件作为 abc 文件的备份文件

使用 vi 编辑器编辑文件内容的具体步骤如下：

①打开 vi 编辑器，默认进入命令模式，此时可以查看文件内容。

②切换到插入模式，此时可以编辑文件内容。

③按 ESC 键，重新回到命令模式。

④编辑完成，退出 vi 编辑器。

注意，初学者在 vi 编辑器界面下，很容易搞不清当前处在哪个模式下，可以多按几次 ESC 键，先确保切换到命令模式，然后在命令模式下输入":"，进入末行模式。

第三章
系统基本命令

3.1 基本操作

3.1.1 命令帮助文档

Linux 中命令十分繁多，每个命令又会有很多的参数，所以在实际工作中，经常需要通过命令帮助文档来查找和学习命令，用于查看命令帮助文档的命令格式如下。

①man 命令：查看命令的详细帮助文档，按 q 键退出。

②info 命令：查看命令帮助文档。

③命令 --help：查看命令的精简帮助文档。

日常使用较多的是"man 命令"和"命令 --help"，"man 命令"的显示结果最为详尽，适合初次学习命令时使用，而"命令 --help"的显示结果较为简洁，适合使用者已基本了解命令功能，想要查看命令常用参数时使用。

在 Windows 下，双击文件夹可以进入该文件夹，并显示出文件夹内容，双击的操作可以分解为两个步骤，一是进入该文件夹，二是显示文件夹内容。而在 Linux 的命令界面下，对于目录的进入和查看也是分两步完成的，分别对应了两个命令：cd 和 ls。

3.1.2 cd 命令简介

cd 命令的功能是进入文件夹，具体应用如表 3-1-1 所示。

视频讲解

表 3-1-1　cd 命令的具体应用

命令	说明
cd /var/spool/mail	进入指定目录
cd ..	进入父目录，.. 表示父目录（即上一级目录）
cd -	跳转回上一次所在位置
cd	返回用户家目录，等同于 cd ~
cd ~	直接回到当前用户的家目录

注意，指定路径时，开头处加 / 表示从根目录开始查找指定文件或目录，如 cd /mail 表示进入根目录下的 mail；开头处不加 / 表示从当前目录下查找指定文件，如 cd mail 表

示进入当前目录下的 mail。初学 Linux 时容易混淆指定的路径，需要多加练习和思考。

3.1.3　ls 命令简介

视频讲解

在字符界面下，使用 cd 命令进入目录，而列出目录下的内容，则需要使用 ls 命令。ls 命令的参数十分繁多，日常最常用的大约有 4~5 个，具体应用如表 3–1–2 所示。

表 3-1-2　ls 命令的具体应用

命令	说明
ls	显示当前目录下内容
ls /var/spool	显示指定目录下内容
ls –l	显示目录下内容的详细信息，等同于 ll
ls –a	显示目录下所有文件，包括隐藏文件，Linux 中以 "." 开头的文件视为隐藏文件

其中，ls –l 命令执行后的显示结果如图 3–1–1 所示。

```
[root@centos7-1 mnt]# ls -l
总用量 4
-rw-r--r-- 1 root root 45 12月 11 09:01 f1
```

图 3-1-1　执行 ls –l 命令的显示结果

最后三项分别为文件大小（单位字节）、文件最近一次修改时间、文件名，表示该文件的文件名为 f1，大小为 10 字节，最近于 12 月 11 日 09 点 01 分修改。

执行 ls 命令后的显示结果如图 3–1–2 所示，不同文件用不同颜色标识，以便帮助使用者区分文件类型。

```
[root@centos7-1 ~]# ls
anaconda-ks.cfg         公共    视频    文档    音乐
initial-setup-ks.cfg    模板    图片    下载    桌面
[root@centos7-1 ~]# ll /var
总用量 76
drwxr-xr-x.  2 root root 4096 3月  21 15:34 account
drwxr-xr-x.  2 root root 4096 11月  5 2016 adm
drwxr-xr-x. 13 root root 4096 3月  21 15:43 cache
drwxr-xr-x.  2 root root 4096 8月   7 2017 crash
drwxr-xr-x.  3 root root 4096 3月  21 15:34 db
drwxr-xr-x.  3 root root 4096 3月  21 15:34 empty
drwxr-xr-x.  2 root root 4096 11月  5 2016 games
drwxr-xr-x.  2 root root 4096 11月  5 2016 gopher
drwxr-xr-x.  3 root root 4096 3月  21 15:31 kerberos
drwxr-xr-x. 54 root root 4096 3月  21 15:43 lib
drwxr-xr-x.  2 root root 4096 11月  5 2016 local
lrwxrwxrwx.  1 root root   11 3月  21 15:30 lock -> ../run/lock
drwxr-xr-x. 17 root root 4096 4月   2 10:26 log
lrwxrwxrwx.  1 root root   10 3月  21 15:30 mail -> spool/mail
drwxr-xr-x.  2 root root 4096 11月  5 2016 nis
drwxr-xr-x.  2 root root 4096 11月  5 2016 opt
drwxr-xr-x.  2 root root 4096 11月  5 2016 preserve
lrwxrwxrwx.  1 root root    6 3月  21 15:30 run -> ../run
drwxr-xr-x. 13 root root 4096 3月  21 15:34 spool
drwxr-xr-x.  4 root root 4096 3月  21 15:32 target
```

图 3-1-2　执行 ls 命令的显示结果

具体对应如下。

白色（在 GUI 界面中为黑色）：二进制文件，即文本文档。

蓝色：目录。

绿色：可执行程序。

青色：软链接，即快捷方式。

红色：包文件。

黄色：设备文件。

3.2　文件操作

类似于 Windows，在 Linux 中也可以对文件进行查看增、删、改、查等操作。

3.2.1　查看文档

视频讲解

首先输入 vi /mnt/f1 命令，写入多行文字，以便后续实验，其中，"/mnt/f1"表示 mnt 目录下的 f1 文件，如图 3-2-1 所示。

```
aaaaaaaa
bbbbbbbb
cccccccc
dddddddd
eeeeeeee
~
```

图 3-2-1　写入文字

在 Linux 中，一般可以用以下三种方式来查看文档内容。

（1）cat 命令

cat /mnt/f1：查看文档 f1 的文字内容，但无法回翻。

cat –n /mnt/f1：–n 表示给文档的每行内容显示行号，如图 3-2-2 所示。

```
[root@centos7-1 mnt]# cat -n /mnt/f1
     1  aaaaaaaa
     2  bbbbbbbb
     3  cccccccc
     4  dddddddd
     5  eeeeeeee
```

图 3-2-2　查看 f1 文件的内容，列出行号

注意，当文档内容过多，屏幕一屏无法完全显示时，cat 命令只会显示最后一屏的内容，之前的内容将被一闪而过，十分不便。因此若要显示内容较多的文件内容，需使用下面两个命令。

（2）less 命令

less /etc/grub2.cfg：分屏显示文档内容。按照当前屏幕的大小显示文件内容，如果屏幕不足以显示文档内容就会自动停下来，需要使用者一页一页翻页显示。

可用回车键、上键和下键执行翻行操作，空格键、pageup 键和 pagedown 键执行前后翻页操作，b 键执行回翻页操作，q 键执行退出操作。

less –N /etc/grub2.cfg：其中 –N 表示给文档的每行内容显示行号。

注意，输入 / 字符后再回车，可以实现在文档中查找指定字符的功能，所查找字符会被涂黑，如图 3-2-3 所示。

```
85 ### END /etc/grub.d/01_users ###
86
87 ### BEGIN /etc/grub.d/10_linux ###
88 menuentry 'CentOS Linux (3.10.0-693.el7.x86_64) 7 (Core)' --class centos --class g
88 nu-linux --class gnu --class os --unrestricted $menuentry_id_option 'gnulinux-3.10
88 .0-693.el7.x86_64-advanced-0b506b63-8d93-4dbd-a35c-9fabfc2f16fc' {
89         load_video
90         set gfxpayload=keep
91         insmod gzio
92         insmod part_msdos
93         insmod ext2
94         set root='hd0,msdos1'
95         if [ x$feature_platform_search_hint = xy ]; then
96           search --no-floppy --fs-uuid --set=root --hint-bios=hd0,msdos1 --hint-ef
/linux
```

图 3-2-3　查找字符

（3）more 命令

more /etc/grub2.cfg：分屏显示文档内容。按照当前屏幕的大小显示文件内容，如果屏幕不足以显示文档内容就会自动停下来，需要使用者一页一页翻页显示。

可用回车键执行翻行操作，空格键执行翻页操作，b 键执行回翻页操作，q 键执行退出操作。

注意，more 命令虽然可以实现分屏显示，但可用命令较少，功能不够完备，因此使用率比 less 命令略低。

3.2.2　目录管理

视频讲解

首先输入 cd /mnt，进入 /mnt 目录，因为默认 /mnt 下为空，实验效果明显，对系统本身也不会产生影响，有利于后续实验。

（1）创建目录

创建目录命令的格式如下：

mkdir 目录

① mkdir d1 d2 d3：创建多个目录 d1、d2、d3。

② mkdir –p d5/d6：创建目录 d5，–p 表示若 d6 的父目录 d5 不存在，则一并创建父目录。

（2）删除目录

删除目录命令的格式如下：

rm 目录

rm –rf d1 d2 d3 d5：删除目录 d1、d2、d3、d5。–r 表示删除的目录中允许存在子目录及其文件，–f 表示强制删除不询问，如果 –r 和 –f 连在一起使用，可以写成 –rf 的形式。

注意，还可以用 rmdir 命令来删除目录，但 rmdir 只能删除空目录，一般不用。

（3）复制目录

将源目录复制到目标目录下的格式如下：

cp –r 源 目标

① cp –r d1 d2/d3：将目录 d1 复制到目录 d2 下，并改名为 d3。

② cp –r d1 d2：将目录 d1 复制到目录 d2 下，且不改名。

如图 3-2-4 所示。

```
[root@centos7-1 mnt] # ls
d1    d2
[root@centos7-1 mnt] # ls d1
f1
[root@centos7-1 mnt] # ls d2
[root@centos7-1 mnt] # cp - r d1    d2/d3
[root@centos7-1 mnt] # ls d2
d3
[root@centos7-1 mnt] # cp - r d1  d2
[root@centos7-1 mnt] # ls d2
d1    d3
[root@centos7-1 mnt] #
```

图 3-2-4　复制目录

在 cp –r d1 d2/d3 命令执行后，因为目录 d2 下为空，目标目录 d3 不存在，所以此命令的作用为复制 d1 目录到 d2 目录下，然后将 d1 目录改名为 d3。

在 cp –r d1 d2 命令执行后，因为目标目录 d2 已存在，所以此命令的作用为将 d1 整个目录及其内容复制到 d2 目录下。

注意，复制目录时，若指定的目标目录不存在，则复制；若目标目录已存在，则复制并存入目标目录。

（4）移动目录

将源目录剪切并粘贴到目标目录下的格式如下：

mv 源 目标

① mv d1 d2/d3：移动目录 d1 到目录 d2 下，并改名为 d3。

② mv d1 d2：移动目录 d1 到目录 d2 下，且不改名。

注意，移动目录时，若指定的目标目录不存在，则移动；若目标目录已存在，则移动并存入目标目录。

3.2.3　文件管理

视频讲解

（1）创建文件

若要创建文件，可以使用 touch、">" 符和 vi 命令。

① touch f1 f2 f3：创建空文件 f1、f2、f3，输入 ls –l 命令后可见文件大小为 0。

② echo "aaaaaa" > f4：创建文件 f4，若目标文件 f4 已存在，则直接覆盖。">" 符起到导入功能，即把前面命令的结果 "aaaaaa"，导入存储到后面的文档 f4 中。

使用 echo 命令可以向屏幕输出一句话，如图 3-2-5 所示。

```
[root@centos7-1 mnt]# echo "hello everyone"
hello everyone
[root@centos7-1 mnt]# █
```

图 3-2-5　使用 echo 命令

③ vi f5：创建并编辑文档 f5，可编辑多行文字。

（2）删除文件

删除文件的格式如下：

rm 文件

rm –rf f1 f2 f3：删除文件 f1、f2 和 f3。

读者可以自己试着输入 rm f1 f2 f3，观察提示询问是否确定删除的效果，对比加了 –f 参数后的效果，以便更深入地理解 rm 命令。

（3）复制文件

首先需要搭建一个环境以便理解，在 /mnt/ 下创建两个目录 d1 和 d2，在 d1 下创建文件 f1，内容是 "aaaaaa"。命令如下：

cd /mnt

mkdir d1 d2

cd d1

echo "aaaaaa" > f1

将源文件复制到目标目录下的格式如下：

cp 源 目标

① cp d1/f1 d2/f2：将文件 f1 复制到目录 d2 下，并改名为 f2。

② cp d1/f1 d2：将文件 f1 复制到目录 d2 下，且不改名。

注意，本次操作中，因为目录 d2 下为空，所以两个复制命令均可成功。

若再次执行以上两个复制命令，则会出现提示，询问是否覆盖，输入 y 则覆盖，输入 n 则不覆盖，如图 3-2-6 所示。

```
[root@centos7-1 mnt]# cp d1/f1   d2/f2
cp：是否覆盖"d2/f2"？  y
[root@centos7-1 mnt]# cp d1/f1   d2/
cp：是否覆盖"d2/f1"？  y
[root@centos7-1 mnt]#
```

图 3-2-6　复制文件

这是因为第一次执行两个复制命令后，d2 下已有 f1、f2 两个文件，所以第二次执行两个复制命令时，会产生文件名冲突。

注意，复制文件时，若目标文件不存在，则复制成功；若目标文件已存在，则出现提示，询问是否覆盖。

（4）移动文件

文件移动，即文件的剪切与粘贴。移动文件操作与复制文件操作十分相似，唯一不同的是复制后源文件仍然存在，而移动后源文件不存在。

将源文件剪切并粘贴到目标目录下的格式如下：

mv 源 目标

① mv d1/f1 d2/f2：移动文件 f1 到目录 d2 下，并改名为 f2。

② mv d2/f2 d1：移动文件 f2 到目录 d1 下，且不改名。

如图 3-2-7 所示。

```
[root@centos7-1 mnt]# mv d1/f1 d2/f2
[root@centos7-1 mnt]# mv d2/f2 d1
[root@centos7-1 mnt]#
```

图 3-2-7　移动文件

注意，若目标文件不存在，则移动成功；若目标文件已存在，则提示询问覆盖。

mv 命令还可以实现文件改名功能，如 mv f1 f2 表示剪切 f1，粘贴到当前目录下并改名为 f2。

与 cp 命令相比，执行 mv 命令后，除源文件不存在之外，二者对于目标文件是否已存在的处理方式几乎相同。

（5）链接文件

在 Linux 中，将链接文件分为软链接和硬链接，均使用 ln 命令来创建，二者区别如图 3-2-8 所示。

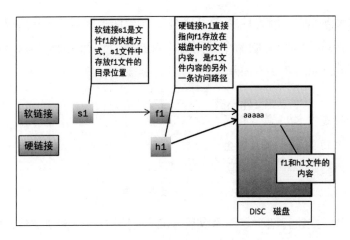

图 3-2-8　软链接和硬链接的区别

1）软链接

软链接又称为符号文件。软链接文件（s1）指向原文件名（f1），再通过原文件，查找到磁盘空间，读写数据。等同于 Windows 的快捷方式，删除原文件，则软链接失效。

创建软链接的格式如下：

ln –s 原文件 软链接文件

① ln –s f1 s1：创建 f1 的软链接文件 s1。

② ln –sf f2 s1：更改软链接指向的原文件，–f 表示强制操作。

③ ls –l：查看软链接的指向。

2）硬链接

硬链接文件（h1）通过原文件（f1），直接指向磁盘空间进行读写。相当于一块磁盘空间有两个文件名，删除原文件，硬链接仍然可用。

创建硬链接的格式如下：

ln 原文件 硬链接文件

① ln f1 h1：创建 f1 的硬链接文件 h1。

② ls –l：显示结果中的第二项数字表示该文件的硬链接数，即磁盘空间有几个文件名。如图 3-2-9 所示，数字 2 所在的列即为磁盘空间的硬链接数。

```
[root@centos7-1 mnt]# ln f1  h1
[root@centos7-1 mnt]# ll
总用量 12
-rw-r--r--. 2 root root 6 4月    3 09:17 f1
-rw-r--r--. 1 root root 7 4月    3 09:18 f2
-rw-r--r--. 2 root root 6 4月    3 09:17 h1
```

图 3-2-9　创建硬链接

一般认为，指向磁盘空间的一个文件名视为一个硬链接，因此显示结果为 2。

③ ls –i：查看文件的 inode 编号，编号相同的为同一组硬链接。

注意，inode 编号可暂时理解为文件在 Linux 系统中的唯一编号，具体功能会在后续章节介绍。

由于硬链接是文件内容在磁盘存储空间的访问路径，若给一个文件创建一个硬链接，则相当于文件内容存在两条访问路径，按照一条访问路径对其内容进行修改，可以通过另一条访问路径查看修改后的效果。

如图 3-2-10 所示，先通过 echo bbbbbb > h1 命令修改硬链接 h1 的内容为 "bbbbbb" 后，再通过 cat f1 命令查看 f1 的内容，可知 f1 的内容也修改为 "bbbbbb"。

```
[root@centos7-1 mnt]# touch f1
[root@centos7-1 mnt]# ln f1 h1
[root@centos7-1 mnt]# echo bbbbbb>h1
[root@centos7-1 mnt]# cat f1
bbbbbb
```

图 3-2-10　修改硬链接内容

（6）查找文件

类似于 Windows 的文件搜索，Linux 也有查找文件的命令。当然，Linux 中查找文件的命令不止一个，这里只介绍日常工作中最常用的 find 命令，有兴趣者可以自行查找相关文档，拓展学习。

查找文件的格式如下：

find 查找范围 查找类型 参数

① find / –name *.txt：查找所有 txt 文档，–name 表示按文件名查找。

② find /var –size +100M：查找 /var 下所有大于 100M 的文件，–size 表示按文件大小查找，+ 表示大于，– 表示小于。

③ find / –inum 133330：查找 inode 编号为 133330 的文件，–inum 表示按 inode 编号查找，可用于查找硬链接文件。

find 命令还有很多可用参照类型，可以使用 find ––help 查看。随着后面课程的深入，我们会陆续增加各种查找类型以作示例。

3.2.4　路径的表示

视频讲解

在 Linux 中，可以根据当前所在目录的位置来对文件进行操作。因此在对文件进行操作时，路径的指定尤为重要。书写文件路径时有两种表示方式：绝对路径和相对路径。

（1）相对路径

不书写完整路径，仅书写文件名，系统仅在当前目录下查找目标文件。

例如，cat f1 表示查看当前所在的目录下 f1 文件的内容。

（2）绝对路径

书写从 / 开始到文件所在目录的完整路径。

例如，cat /mnt/d1/f1 表示从 "/" 根目录下的 mnt 目录中找到 d1 目录，在 d1 目录下查看 f1 文件的内容。

注意，创建软链接时，使用绝对路径指定原文件，便于对软链接文件进行剪切、复制等操作。

3.2.5 历史命令查看

在字符界面中，单击上、下键，可以查找历史命令，系统中最多记录 1000 个历史命令，可以通过 history 命令来查看本用户的所有历史命令，也可以通过 history N 命令查看本用户最近使用的 N 条历史命令。

那么这些历史命令存放在哪里呢？如果完全存放于内存中，既会浪费内存空间，也不可能永久保存，因为内存中的数据会在用户注销、系统重启后被清空，所以历史命令是存放在磁盘上的。而 Linux 系统允许多用户登录，不同用户的历史命令需要分别存放，最合适的存放位置是每个用户各自的家目录，具体文件是 ~/.bash_history，可以通过 ls –a 命令查看。

3.3 / 目录下的二级目录

Linux 中的 / 目录是所有文件的总目录，在 / 目录下按功能又划分了很多二级目录，常用目录的功能如表 3-3-1 所示。

表 3-3-1　常用目录的功能

目录	功能
/etc/	存放所有配置文件
/usr/	存放系统程序和帮助文档
/boot/	存放开机启动程序
/var/	存放所有辅助性文件
/home/	存放用户家目录
/dev/	存放本机所有硬件设备文件
/mnt/	人为进行后续挂载操作时，习惯在 /mnt/ 下创建挂载点
/tmp/	存放临时文件

3.4　小结

本章内容命令较多，对于文件的管理命令更有多重情况的分析，需要读者多加练习并思考后才可以熟练掌握。

在操作过程中，最容易犯的错误是在多次跳转后，找不到文件或结果与预期的不符，此时需要仔细检查对于路径的指定是否正确，从头梳理路径的指向，查找错误原因。

另外，由于很多命令是英文单词的缩写，因此可以通过查找相关英文单词的方法来帮助记忆。例如，ls 是 list 的缩写，mkdir 是 make directory 的缩写，cp 是 copy 的缩写，mv 是 move 的缩写，rm 是 remove 的缩写等。

第四章
shell 和环境变量

4.1 shell 简介

4.1.1 编译器

一台计算机从基本架构上讲，由最基本的硬件组成硬件结构（如 CPU、内存、主板、声卡、显卡等）。硬件组成完备，但未安装操作系统的计算机被称为"裸机"，必须给"裸机"安装操作系统后，才可以正常使用。Windows、Linux 都属于操作系统。

在安装完操作系统后，会在操作系统的基础上安装各种应用软件，如 QQ、迅雷等。应用软件一般都是用 Java、C#、C++ 等编程语言编写的，这些编程语言被称为高级程序语言。而计算机硬件只能识别二进制，即计算机硬件只可以运行机器语言程序（二进制程序）。那么，就需要有一个工具，可以把外围高级语言程序，翻译成计算机硬件可以执行的机器语言程序；并且将硬件执行后的二进制结果，再翻译回高级语言程序，交给外围程序显示。这种完成翻译工作的工具被称为命令解释器，又称编译器。

从工作原理上讲，操作系统一般由两部分组成：系统内核和编译器。系统内核负责计算机硬件的管理调度，如支配磁盘读取数据，在磁盘将硬盘读出的数据装入内存中后，再调用 CPU 对内存中的数据进行处理；而编译器则负责把外围程序翻译成系统内核可以识别的程序，由这些程序来支配硬件运转。操作系统的逻辑结构如图 4-1-1 所示。

图 4-1-1　计算机结构

不同的操作系统内核不同，有各自不同的编译器，因此一种操作系统下的程序无法在其他操作系统中运行。例如，Windows 程序无法在 Linux 中运行。

Windows 系统有自己的编译器（一般为 .NetFramework 系列），Linux 也有自己独立的编译器 shell。

注意，为了实现同一程序在不同操作系统上运行，Java 推出了自己独立的编译器 JDK。在不同操作系统上安装对应版本的 JDK 后，同一个 Java 程序即可在不同操作系统上运行，因此常称 Java 解决了程序的跨平台问题。

4.1.2　shell 的作用

shell 是 Linux 内核的一个外壳程序，逻辑结构上 shell 位于 Linux 内核的外部，为用户和内核之间的交互提供了一个接口。当用户下达指令给操作系统的时候，实际上是把指令告诉 shell，经过 shell 解释，处理后让内核作出相应的动作。而系统回应和输出的信息也由 shell 处理后，显示在用户的屏幕上。

shell 有很多版本，如 bash、sh、ksh、csh 等，RHEL 系列默认使用 bash。

4.2　命令分类

4.2.1　命令执行原理

在 Windows 的运行窗口中输入命令，如 cmd（命令窗口）、mspaint（画图）、calc（计算器）等。例如，输入命令 calc，如图 4-2-1 所示。

图 4-2-1 输入命令 calc

Windows 实质是到 C:\Windows\System32\ 文件夹下去查找该命令对应的可执行程序并运行，如图 4-2-2 所示。

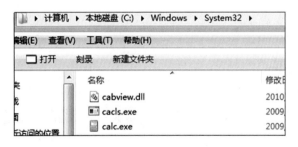

图 4-2-2　C:\Windows\System32\ 文件夹

类似的，Linux 中的命令，如 ls、cp、mv 等，在系统中也都有其对应的可执行程序。例如，可以使用如下命令查看 ls 的可执行程序，效果如图 4-2-3 所示。

① whereis ls：查看 ls 命令对应的可执行程序和帮助文档的位置。

② which ls：查看 ls 命令的别名形态及可执行程序的位置。

```
[root@centos7-1 ~]# whereis ls
ls: /usr/bin/ls /usr/share/man/man1/ls.1.gz /usr/share/man/man1p/ls.1p.gz
[root@centos7-1 ~]# which  ls
alias ls='ls --color=auto'
        /usr/bin/ls
[root@centos7-1 ~]#
```

图 4-2-3　使用 whereis ls 和 which ls 命令

其中 whereis ls 命令显示结果中的 /usr/bin/ls 是 ls 命令对应的可执行程序；其中 /usr/share/man/man1/ls.1.gz 和 /usr/share/man/man1p/ls.1p.gz 是 ls 命令对应的帮助文档；which ls 命令显示结果中的 alias ls='ls --color=auto' 显示的是 ls 命令别名相关信息，表示执行 ls 命令时，其实是执行 ls --color=auto 命令，--color=auto 表示自动选择颜色。而 /usr/bin/ls 是指 ls 命令在目录中存放的位置。

4.2.2　内建命令与外部命令

在 Linux 中，根据命令程序所在位置不同，将系统命令划分为内建命令和外部命令。

（1）内建命令

又称内置命令。集成于系统的 shell 之内，系统外部没有对应的可执行程序。内置命令可以直接运行，不需要 shell 进行编译。

使用 help 命令可查看所有内置命令，图 4-2-4 所示。

```
[root@centos7-1 ~]# help
GNU bash, 版本 4.2.46(2)-release (x86_64-redhat-linux-gnu)
这些 shell 命令是内部定义的。请输入 `help' 以获取一个列表.
输入 `help 名称' 以得到有关函数 名称'的更多信息.
使用 `info bash' 来获得关于 shell 的更多一般性信息
使用 `man -k' 或 `info' 来获取不在列表中的命令的更多信息.

名称旁边的星号（*）意味着该命令被禁用.

 job_spec [&]                                              if
 . 文件名 [参数]
 :
 [ 参数... ]
 [[ 表达式 ]]
 alias [-p] [名称[=值] ... ]
 bg [任务声明 ...]
 bind [-lpvsPVS] [-m 键映射] [-f 文件名] [-q 名称] [-u 名称] [-r 键序列>
 break [n]
 builtin [shell 内嵌 [参数 ...]]
 caller [表达式]
 case 词 in [模式 [| 模式]...) 命令 ;;]... esac
 cd [-L|[-P [-e]]] [dir]
 ] 命令 [参数 ...]                                          reado
 compgen [-abcdefgjksuv] [-o 选项]  [-A 动作] [-G 全局模式] [-W 词语列表>
 complete [-abcdefgjksuv] [-pr] [-DE] [-o 选项] [-A 动作] [-G 全局模式] [-
 compopt [-o|+o 选项] [-DE] [名称 ...]
 continue [n]
```

图 4-2-4　使用 help 命令查看所有内置命令

使用 whereis 命令无法查看内置命令对应的可执行程序。例如，whereis 无法找到 exit 对应的可执行程序，只能找到与其相关的帮助文档。如图 4-2-5 所示。

```
[root@centos7-1 ~]# whereis  exit
exit: /usr/share/man/man1/exit.1.gz /usr/share/man/man1p/exit.1p.gz /usr/share/m
an/man2/exit.2.gz /usr/share/man/man3/exit.3.gz /usr/share/man/man3p/exit.3p.gz
[root@centos7-1 ~]#
```

图 4-2-5　使用 whereis exit 命令

（2）外部命令

位于系统的 shell 之外，系统外部有对应的可执行程序。外部命令由 shell 进行编译后再交由内核运行；使用 whereis 命令可以查看外部命令对应的可执行程序。例如，使用 whereis 查找 cp 命令对应的可执行程序，可以看到 cp 位于 /usr/bin/ 目录下，如图 4-2-6 所示。

```
[root@centos7-1 ~]# whereis cp
cp: /usr/bin/cp /usr/share/man/man1/cp.1.gz
```

图 4-2-6　使用 whereis cp 命令

4.3　环境变量

视频讲解

4.3.1　环境变量的功能

前面讲过，在运行窗口中输入命令时，系统会到 C:\Windows\System32\ 文件夹下去查找该命令对应的程序。但是，读者们有没有疑问，Windows 为什么会到这个文件夹下去查找，还会不会去其他的文件夹下查找呢？带着这个问题，我们来进行如下操作。

右键单击"计算机"，选择"属性"，单击左侧的"高级系统设置"，弹出"系统属性"对话框，选择"高级"选项卡下方的"环境变量"，在弹出的对话框中显示的就是 Windows 的环境变量信息，如图 4-3-1 所示。

图 4-3-1 Windows 的环境变量

在下侧的"系统变量"区域中，变量 Path 是 Windows 的一个环境变量，该变量的功能是指定用户运行某个具体命令时到哪些文件夹下去查找命令的可执行程序，相邻两个目录之间用";"分隔。可以单击"编辑"按钮查看变量的详细设置。

举例来说，如果 Windows 用户在运行窗口中输入了 notepad 命令打开一个记事本，Windows 操作系统就会按照变量 Path 中指定的多个目录，从左至右顺序查找每个目录，直到查到某个目录下存在 notepad 可执行程序，然后执行该程序，如果所有的目录没有查到，就会出现错误提示，显示没有 notepad 命令。通过这种使用 Path 变量的方式，Windows 操作系统使用户方便地执行命令。

从此例可见，环境变量是对系统某一项功能所在运行环境的设定。例如，上述 Path 环境变量指定当用户执行可执行程序时在哪些目录中来定位该可执行程序。依此类推，用户操作时，系统的桌面分辨率、桌面图标的字体大小、系统的声音大小等信息都可由环境变量来记录。用户可以通过修改环境变量的值来改变系统的运行状态。因此环境变量是任何一个系统都不可或缺的，是系统运行状态的配置。

在 Linux 中，同样具备很多环境变量来帮助系统记录各种配置信息，可以使用 env 命令来查看。

Linux 系统中常用的环境变量如表 4-3-1 所示。

表 4-3-1　常用的环境变量

环境变量	说明
LOGNAME	登录名，即账户名
PATH	命令搜索路径
PS1	命令提示符
PWD	用户的当前目录
SHELL	用户的 shell 类型
TERM	终端类型
HOME	用户主目录的位置，通常是 /home/ 用户名

PATH、PS1、SHELL、HOME 四个变量在工作中使用率较高，需要关注。

可以使用 echo 命令输出环境变量的值。例如，echo $PATH 表示输出命令搜索路径，"$"符用于引用变量的值。

注意，环境变量都为大写。

4.3.2　更改环境变量的值

可以直接使用"="为环境变量设置新的值，称为赋值，赋值时，环境变量的名字在"="号的左边，而为环境变量赋的值在"="号右边。例如，PS1="{\u@\h \t \W}\\$" 更改命令提示符的显示格式（PS1 是表示命令提示符的环境变量），如图 4-3-2 所示。

```
[ root@centos7- 1 ~]# PS1="{ \u@\h \t \W} \\$"
{ root@centos7- 1 22: 28: 50 ~}#
```

图 4-3-2 更改命令提示符的显示格式

赋值操作中的值不能随意设置，和具体的环境变量有关，不同的环境变量对所赋值的格式和内容有特定的要求。这种包含特定格式和内容的字符的组合又通俗的称为格式串。例如，PATH 环境变量，其值的格式串为目录，目录之间用 ":" 分隔。

PATH=/usr/bin:/usr/local/bin:/usr/sbin:/bin:/sbin

上述的 PS1 环境变量，其值的格式串是一组字符，其中包含变量和常量，常量在命令提示符中原字符显示，如 "{""@""}" 和空格，变量如 "\u""\t" 等，变量在命令提示符中用它们的实际值替代。由于格式串中有空格，因此格式串用双引号 "" 引起来。

PS1 环境变量中的参数说明如表 4-3-2 所示。

表 4-3-2 参数说明

参数	说明
\u	用户名
\h	主机名
\t	时间
\d	日期
\W	当前相对路径
\w	当前绝对路径
\\$	身份符（root 用户的身份符是 "#"，普通用户是 "$"）

命令中未使用的参数，读者可自行尝试一下，查看效果。

注意，"\" 符的功能是将 "\" 后面的字母转义为具有特殊含义的功能字符，具体会在下一章进行讲解。

"\\$" 是身份符的特定表示格式，因为 "$" 符在 Linux 中的含义较多，所以使用 "\\$" 的格式。

在很多学习资料中会使用 export 变量 =" 值 " 的格式来配置环境变量的值。利用 export 关键字对环境变量进行赋值，和不用 export 关键字的情况相比会有使用范围（又称为生存期）上的区别，但是对于初学者来说，效果基本差不多，所以在这里暂时不做过多的解释，可以理解为用不用 export 都能实现赋值功能。有兴趣的读者也可以查阅相关资料加以区分。

4.4　环境变量配置文件

4.4.1　重启失效

Linux 有专门的文件来保存维持系统运行状态的变量信息，称为配置文件，配置文件都记录在磁盘上，系统的每项设置都会有专用的配置文件进行记录。

环境变量更改后，改动过的变量值会在系统用户注销或系统重启后失效。这是因为开机时，Linux 会从磁盘上读取配置文件到内存中，用户通过命令方式所做的系统环境变量更改只是在内存中临时生效，并未更改磁盘上的配置文件，而内存中的数据会在系统用户注销或系统重启后清空，这时改动后环境变量配置信息将失效。

因此，必须手动编辑、更改磁盘上的配置文件，系统更改才能永久生效。

4.4.2　配置环境变量配置文件

Linux 中有专用的环境变量配置文件来记录环境变量的配置信息，分为系统环境变量配置文件和个人环境变量配置文件。

（1）系统环境变量配置文件

针对整个 Linux 系统生效，所有账号登录后配置都会加载生效。

① /etc/bashrc：针对 shell。

② /etc/profile：针对外围程序。

（2）个人环境变量配置文件

每个用户都会有其独有的个人配置文件，针对单个用户生效，不影响其他用户。

① $HOME/.bashrc：针对 shell。

② $HOME/.bash_profile：针对外围程序。

③ $HOME/.profile：功能与 .bash_profile 相同，在 CentOS Linux 系统中，该文件默认不存在。

可以根据需要编辑配置文件，以便实现系统重启后配置仍然生效。

例如，在 vi /etc/.bash_profile 开头部分写入 PS1="{\u@\h \t \W}\\$" 并保存退出后，该配置将在系统用户注销或系统重启后仍然有效，因为 .bash_profile 会在之后重新加载执行，记录在其中的 PS1="{\u@\h \t \W}\\$" 相应也会在执行后立刻生效。

在 Linux 中，文档中以"#"开头的都是注释内容。注释是指计算机在执行、查看文件时会略过、不做处理的文字，一般起解释说明作用。

4.4.3　命令别名

若有一个经常使用的复杂命令，每次输入比较麻烦，则可以定义一个简洁的命令来替代该复杂命令，称为命令别名。

视频讲解

例如，cd /etc/sysconfig/network-scripts 命令表示进入 etc 文件夹下的 /sysconfig 文件夹里的 /network-scripts 文件夹，即网卡文件的存放位置，若经常进行该操作，则可以使用 alias 命令为该命令设置一个简洁的替代命令，举例如下。

alias wk="cd /etc/sysconfig/network-scripts"：定 义 cd /etc/sysconfig/network-scripts 命令的别名为 wk。则以后每次输入 wk 后，就相当于输入了 cd /etc/sysconfig/network-scripts。

若 alias 后面不带任何参数，将列出所有系统默认定义和用户已自定义的别名。

若要删除已定义的别名，则使用 unalias 命令，如 unalias wk。

与环境变量的特性相同，alias 设置的命令别名也只是临时生效的，系统用户注销或系统重启后即失效，因此若想自定义的别名永久生效，则需要将设置命令写入到环境变量配置文件中。

第五章
正则表达式和字符处理

5.1　正则表达式

5.1.1　正则表达式的概念

正则表达式用于规范字符的书写格式，是指使用特殊符号实现文字、字符格式上的规范化。例如，邮箱的书写格式为：XXXX@XXXX.XXX，该格式即为邮箱地址的正则表达式。

5.1.2　保留字

在 Linux 中，有很多的特殊符号可以帮助进行正则表达式的制定，常见的正则表达式符号如表 5-1-1 所示。

视频讲解

表 5-1-1　正则表达式的常用符号

符号	含义	举例	说明
*	表示 * 前的一个字符可以出现 0 次到任意次	grep a* /mnt/f1	显示出 /mnt/ff 文件中包含字母 a 的行，行中可以有任意多个连在一起的 a 字符，也可以一个 a 字符都没有。例如：若 ff 文件有包含 a、aa、aaa、bbb 的行，则这些行都会符合 a* 的匹配要求，都会被显示出来
?	单配符，表示一位长度的任意字符	rm –rf /mnt/f?	删除 /mnt 目录下文件名第一个字母是 f，第二个字母为任意字符的所有文件。例如，存在文件 f、ff 和 fff，只有文件 ff 会被删除
[]	表示单个字符的取值范围	[[:digit:]]	表示数字，同 [0-9]
		[[:lower:]]	表示小写字母，同 [a-z]
		[[:upper:]]	表示大写字母，同 [A-Z]
		[[:alpha:]]	表示所有的字母，同 [a-zA-Z]
		[[:alnum:]]	表示字母 + 数字，同 [a-zA-Z0-9]
		[[:space:]]	表示空格，同 [ ]
		[[:punct:]]	表示标点符号

符号	含义	举例	说明
{}	表示多字符的取值范围	grep –E a{1,3} /mnt/ff	显示出 /mnt/ff 文件中包含字母 a 且 a 至少出现 1 次，最多出现 3 次的行。例如，若 ff 文件有包含 a、aa、aaa 的行，则会被显示出来

在 Linux 中，有很多的符号作为保留字具有特殊含义，常见的保留字符号如表 5-1-2 所示。

表 5-1-2　常用保留字

保留字	含义	举例	说明
""	双引号 主要用于明确命令参数的范围	date +"%Y-%m-%d %H:%M:%S"	date 命令用于显示日期时间，"+" 规定显示格式为 "年 – 月 – 日 时：分：秒"
''	单引号 多用于引号嵌套	echo 'i say: "hello"'	把字符串 i say: "hello" 打印到屏幕，由于 "hello" 有双引号保留字，如果要把双引号也打印出来，可以在字符串外围用单引号引起来
``	反单引号 功能：所引的内容先当作命令执行，再把执行结果交给其他命令使用	echo "the time is: `date`"	先执行 date 命令，得到当前日期，然后把结果再交给 echo 命令
$	用户身份标识符 功能：引用变量的值	a=1 echo $a	先给变量 a 赋值 1，再以 $a 的形式引用变量 a，将变量 a 的值打印到屏幕
\	转义字符 功能：指明 "\" 符号后面的第一个字符具有特殊含义	PS1="[\u@\h\W]\\$"	给 PS1 赋值。其中 "u" 本意是字符 "u"，字符前加 "\" 表示转换其原意，\u 表示用户名
		管道符 格式：命令	命令 功能：前一个命令的结果作为后一个命令的输入信息	ll /etc	less	ll /etc 列出目录 /etc 下的所有文件，然后将所有文件的列表交给 less 命令进行分页显示

保留字	含义	举例	说明
&	后台执行符 功能：在命令后加上 & 后，该命令将被放到后台执行	find / –name f1 & jobs	从根目录 / 开始查找文件名为 f1 的所有文件，将找到的结果放到后台，然后使用 jobs 命令列出所有后台运行的程序，可看到放到后台运行的 find 程序
&&	连接字符 功能：连接多个命令，前一个命令执行成功后，才会执行后一个命令	ls /mnt/f1 && date	列出 /mnt/f1 文件，若文件存在，则 date 命令执行，打印当前日期和时间；若文件不存在，即 ls 命令执行报错，则 date 命令不执行
||	连接字符 功能：连接多个命令，前一个命令执行失败后，才会执行后一个命令	ls /mnt/f1 || date	列出 /mnt/f1 文件，若文件存在，则 date 命令不执行；若文件不存在，即 ls 命令执行报错，则 date 命令执行
>	输出重定向符 格式：命令 > 文档 功能：把命令的运行结果当作文字保存到文档中，会清空文档原有内容	ls /var > /mnt/f1	列出 /var 目录下的所有文件，先把 /mnt/f1 的原有内容清空后，将产生的文件列表字符串存入到 /mnt/f1 文件中
>>	输出重定向符 格式：命令 >> 文档 功能：把命令的运行结果，当作文字保存到文档中，不会清空文档原有内容，会新产生的文字附加到原有内容的后面	ls /var >> /mnt/f1	列出 /var 目录下的所有文件，将产生的文件列表字符串输出到 /mnt/f1 文件中，不会覆盖 /mnt/f1 的原有内容，而是将文件列表字符串附加到原有内容的后面
<	输入重定向符 格式：命令 < 文档 功能：把文档的文字内容，当作命令的输入信息	write zhang < /mnt/f1 mail zhang < /mnt/f1	将 /mnt/f1 文档的内容作为 write 命令的输入信息，write 命令会将其发送给当前登录的用户 zhang； 将 /mnt/f1 文档的内容作为 mail 命令的输入信息，mail 命令会将其发送给用户 zhang

针对上述案例中使用的命令，介绍如下。

（1）与运算符（&&）

功能：两个条件必须都满足，结果才成立，如表 5-1-3 所示。

表 5-1-3　A && B

A	B	运算结果
满足	满足	成立
满足	不满足	不成立
不满足	满足	不成立
不满足	不满足	不成立

当 A 条件满足时，B 条件才有被审查的必要；当 A 条件不满足时，无论 B 条件是否满足，结果都不成立，B 条件不需要被审查。

所以，对于 cat f1 && echo bbb，若 f1 文件不存在，cat f1 命令执行失败，则 echo bbb 命令将不再执行；若 cat f1 命令执行成功，则 echo bbb 命令才会执行。

（2）或运算（||）

功能：两个条件至少有一个满足，结果就成立，如表 5-1-4 所示。

表 5-1-4　A || B

A	B	运算结果
满足	满足	成立
满足	不满足	成立
不满足	满足	成立
不满足	不满足	不成立

当 A 条件满足时，无论 B 条件是否满足，结果都成立，B 条件不需要被审查；当 A 条件不满足时，B 条件才有被审查的必要。

所以，对于 cat f1 || echo bbb，若 f1 文件不存在，cat f1 命令执行失败，则 echo bbb 命令才会执行；若 cat f1 命令执行成功，则 echo bbb 命令将不再执行。

（3）write 命令

功能：向当前已登录用户发送即时消息。

write zhang：向已登录的用户 zhang 发送消息。

回车后，进入消息编辑状态，使用 Ctrl+D 组合键停止编辑，并发送，如图 5-1-1 所示。

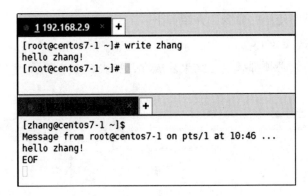

图 5-1-1　write 命令使用示例

（4）wall 命令

功能：向当前所有已登录用户发送广播消息。

回车后，进入消息编辑状态，Ctrl+D 组合键停止编辑，并发送，如图 5-1-2 所示：

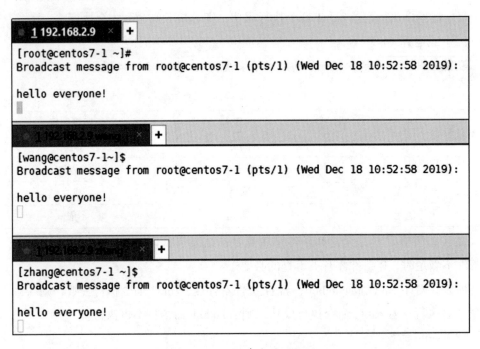

图 5-1-2　wall 命令使用示例

（5）mail 命令

功能：①向系统中存在的用户发送邮件，Linux 支持系统内用户的邮件发送；②查看当前用户的邮件。

mail zhang：向指定的用户 zhang 发送邮件。

回车后，在"subject:"后设置邮件主题，再次回车，编辑邮件内容，按 Ctrl+D 组合键，停止编辑并发送。

用户 zhang 登录后，使用 mail 命令可以查看自己邮箱的邮件，可以看到带有编号的邮件，输入编号，可以查看指定邮件，输入 r 回复邮件，输入 q 退出邮箱，如图 5-1-3 所示。

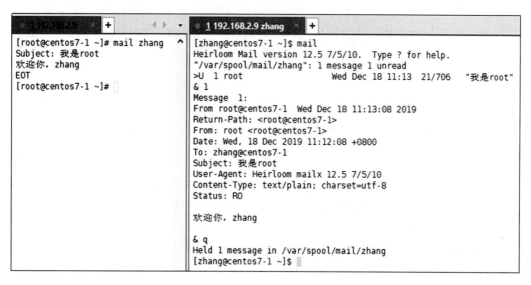

图 5-1-3　mail 命令使用示例

5.2　字符处理

视频讲解

在 Linux 中，有很多命令用于处理文档中的文字、字符，举例如下。

（1）head 命令和 tail 命令

文档中每行文字的读取都借助文档内部的行指针操作，指针指向哪一行，就会读取哪一行。读取文档前，指针指向第一行之前的空处，因此只有指针下移一行，才会读取到第一行的文字，如图 5-2-1 所示。

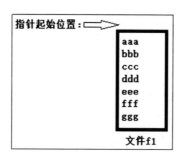

图 5-2-1　读取文字

head 命令和 tail 命令用于控制指针移动的行数，head 命令使指针从文件第一行开始下移，tail 命令使指针从文件最后一行开始上移，举例如下。

①head –n 3 f1：指针从文件第一行开始下移三行，显示文档的前三行。

②head –n –3 f1：指针从文件第一行开始下移，直到最后三行停止，不读取倒数第三行，显示文档的最后三行前面的文字。

③tail –n 3 f1：指针从文件最后一行开始上移三行，显示文档的最后三行。

④tail –n +3 f1：指针从文件最后一行开始上移，直到第三行停止，显示文档从第三行开始到结尾的文字。

⑤tail –n +3 f1 | head –n 3：显示 3–5 行。使用"|"管道符，tail –n +3 f1 显示第三行到最后一行的内容，head –n 3 将输出结果截取头 3 行内容。

注意，–n 表示结果中显示行号。

（2）grep 抓取命令

grep 命令用于从文档中抓取并显示包含指定字符的行，举例如下。

①grep "name" f1：抓取并显示 f1 中包含"name"的行。

②grep –n "name" f1：–n 表示结果中显示行号。

③grep –i "name" f1：–i 表示结果中忽略大小写。

④grep –v "name" f1：–v 表示抓取并显示不包含指定字符"name"的行。

⑤grep "^name" f1：抓取并显示以指定字符"name"开头的行，"^"代表开头。

⑥grep "name$" f1：抓取并显示"name"以指定字符结尾的行，"$"代表结尾。

⑦grep "^name$" f1：抓取并显示一行仅有"name"字符的行。

⑧grep –n "^$" f1：抓取并显示空行及其行号。

⑨ls –l /etc | grep "^d" | less：抓取并显示 /etc/ 所有目录。ls –l 后目录文件的第一个字符显示为 d，抓取并显示以指定字符"d"开头的行即是抓取并显示 /etc/ 所有目录。其中，ls –l 命令会显示文件的详细信息，如果文件详细信息第一个字符为 d，说明该文件是目录，即文件详细信息起始字符为"d"的都是目录。

（3）wc 统计命令

wc 命令用于对文档文字进行统计，举例如下。

①wc –l f1：统计文档中的文字行数。

②wc –c f1：统计文档中的字节数。

③wc –m f1：统计文档中的字符数。

④wc –w f1：统计文档中的单词数。

⑤wc –L f1：统计文档中最长行的长度。

⑥ls –l /etc | grep "^d" | wc –l：统计 /etc/ 下目录的个数。执行 ls –l 命令后，一个目录显示为一行，所以统计行数即为统计目录数，如图 5-2-2 所示。

```
[root@centos7-1 ~]# ls -l /etc|grep "^d"
drwxr-xr-x.  2 root   root       256 12月 18 11:02 alternatives
drwxr-x---.  3 root   root        43 4月  29 2019 audisp
drwxr-x---.  3 root   root        83 4月  29 2019 audit
drwxr-xr-x.  2 root   root        22 4月  29 2019 bash_completion.d
drwxr-xr-x.  2 root   root         6 11月  7 2016 binfmt.d
drwxr-xr-x.  2 root   root         6 11月  6 2016 chkconfig.d
drwxr-xr-x.  2 root   root        21 4月  29 2019 cron.d
drwxr-xr-x.  2 root   root        42 4月  29 2019 cron.daily
drwxr-xr-x.  2 root   root        22 4月  29 2019 cron.hourly
drwxr-xr-x.  2 root   root         6 6月  10 2014 cron.monthly
                    .......
[root@centos7-1 ~]# ls -l /etc|grep "^d"|wc -l
78
```

/etc目录下，文件详细信息以d开头的（即目录），一共有78行，也就是有78个目录

图 5-2-2　统计 /etc 下的目录数量

（4）sort 排序命令

sort 命令用于对文档内容进行排序处理。

① sort –rn –k 2 f1：按照文档第二列的数值大小进行降序排序。

② sort –rn –u –k 2 f1：–u 表示去除重复行。

③ sort –t ":" –rn –k 2 f1：–t 指定列之间的分隔符为 ":"，不写则默认空格作为分隔符。

注意，–n 表示按照数值大小比较排序，默认为升序，加上 –r 表示为降序，–k 指定按照第几列排序。

（5）cut 命令

cut 命令用于截取指定列显示。

cut –d " " –f 3 f1：截取文档中的第三列。–d 指定分隔符为几个空格，–f 指定显示第几列。但是，cut 命令对分隔符连续较多的情况，审核较为死板，很难按照我们想要的效果实现截取，如有以下文件：

aaa 111 ccc

bbb 222 ccc

每行文字中各列间的空格数不同，"aaa" 与 "111" 之间有一个空格，而 "bbb" 与 "222" 之间有两个空格，在使用 cut 命令时，如果设定分隔符为一个空格，希望截取用空格隔开的文字时，对于行 "bbb 222" 由于文字中存在二个空格，其中的第二个空格则被视为第二列，所以 cut 命令不会把 "222" 视为第二列而是第三列。因此，cut 在截取数量不确定的空格隔开的文字时十分不便。所以一般在连续分隔符个数不统一时，更习惯使用 awk 命令。

（6）awk 命令

awk 命令功能十分强大，可根据需要抓取、截取指定的列或行，举例如下。

① awk –F " " '{print $2,$3}' f1：截取显示文档的第二列和第三列，–F 指定分隔符为空格，$ 表示显示第几列。其中 print 表示要做输出信息的动作，$2 和 $3 表示要输出的列号，awk 要求将 print 已经输出列等内容放在 "'{}'" 之间。

② awk –F " " '($2>300){print $2,$3}' f1：选取第二列的值大于 300 的行，显示其第二列和第三列，在 "()" 中指定筛选条件。

③ awk 'NR==4 ‖ NR==3' f1：显示第三行和第四行，NR 表示行号。

④ awk '/data/ {print $2}' f1：抓取包含指定字符的行，再对列进行截取。此例中，awk 先按照 "data" 字符串对文件 f1 中的行筛选，找出包含 "data" 的行以后，再按照默认的空格作为分隔符对行的内容做切割，仅打印出第二列的内容。

⑤ awk '$4 ~ /data/ ' f1：抓取第四列包含指定字符的行。其中 "~" 表示是否匹配指定的 "data"，如果第四列的内容包含 "data" 就打印出整行内容。

⑥ awk '$4 !~ /data/ ' f1：抓取第四列不包含指定字符的行。其中 "!~" 表示是否不匹配指定的 "data"，如果第四列的内容不包含 "data" 就打印出整行内容。

（7）sed 命令

sed 命令是一个十分复杂的文字处理命令，其中有很多的参数和格式，但可以实现几乎所有的字符处理需求，常用的几个参数如下。

① sed '1,3d' f1：显示除第一行和第三行之外的行，"1,3" 表示第一行和第三行，"d" 表示删除。

② sed '/data/d' f1：不显示包含指定字符的行。"d" 表示删除，"/data/" 表示匹配 "data" 的行。

③ sed 's/data/hello/' f1：查找文档中的指定字符，替换成新字符。"s" 表示替换，将包含 "data" 的行中的第一个 "data" 替换成 "hello"。

④ sed 's/data/&123/g' f1：查找文档中的指定字符，在其后追加字符。"g" 表示行内全局替换，"&" 表示追加，在所有包含 "data" 的行中的 "data" 后面追加 "123" 字符串。

⑤ sed –n '/data/p' f1：显示包含指定字符的行。"-n" 表示只打印 f1 文件中被 sed 命令处理的行，"p" 表示打印输出，将包含 "data" 的行打印出来。

sed 常用的正则表达式匹配符号如表 5-2-1 所示。

表 5-2-1 sed 的匹配符号

匹配符号	功能	举例	匹配
^	指定行的开始	/^Linux/	所有以 Linux 开头的行
$	指定行的末尾	/Linux$/	所有以 Linux 结尾的行

匹配符号	功能	举例	匹配
.	匹配任意一个非换行符的字符	/l···x/	匹配所有包含字符"l",且"l"后接3个任意字符,然后再跟"x"字符的行,如1aaax、1abcx
*	匹配零或多个字符	/*Linux/	匹配所有模板是一个或多个空格后紧跟Linux的行
[]	匹配一个指定范围内的字符	[Ll]inux	匹配包含Linux或linux的行
[^]	匹配一个不在指定范围内的字符	/[^a-egz]tp/	匹配开头不是a、b、c、d、e、g、z的单个字符并紧跟字符串"tp"的行
&	保存所搜字符用来替换其他字符	s/Linux/**&**/	&表示搜索字符串,因此Linux将变为**Linux**
/<	指定单词的开始	/\<Linux/	匹配以Linux开头的单词的行
/>	指定单词的结束	/Linux\>/	匹配以Linux结尾的单词的行
x\{m\}	重复字符X,M多少次	/o\{5\}/	匹配包含5个o的行
x\{m,\}	重复字符X,至少M次	/o\{5,\}\	匹配至少5个o的行

第六章
用户和组

6.1 用户管理

6.1.1 用户创建

在 Linux 系统中，用户可以分为超级用户和普通用户。超级用户是用户 root，不受系统权限限制；普通用户由用户 root 创建，如用户名可为 zhang、wang 等，仅具有有限的权限。在真实的生产环境中（即实际的项目运行环境）中，管理员操控 Linux 系统，并不都是使用用户 root 的身份来操作，为了项目的安全与稳定，一般使用者都是以普通用户的身份登录系统，后续章节中会做进一步的详细介绍。

在 Linux 中，用户创建命令 useradd 与 adduser 的功能相同，只不过我们更习惯于使用 useradd，举例如下。

① useradd zhang：新建用户 zhang。

② passwd：设置当前用户的密码。

③ passwd zhang：为新用户设置密码。

注意，仅 root 管理员有权给其他用户设置密码。

6.1.2 用户配置文件

用户创建成功后，使用者即可使用这些用户来登录系统，并且系统重启后所创建的用户仍然存在。因此，在系统中必定会有相应的配置文件做记录。

记录用户信息的配置文件是 /etc/passed，使用 vi /etc/passwd 命令查看该文件，如图 6-1-1 所示。

```
sshd:x:74:74:Privilege-separated SSH:/var/empty/sshd:/sbin/nologin
chrony:x:997:995::/var/lib/chrony:/sbin/nologin
mysql:x:27:27:MySQL Server:/var/lib/mysql:/bin/false
redis:x:996:994:Redis Database Server:/var/lib/redis:/sbin/nologin
wang:x:1000:1000::/home/wang:/bin/bash
zhang:x:1001:1001::/home/zhang:/bin/bash
```

图 6-1-1 用户配置文件示例

可见文件中以一个用户对应一行文字描述的形式来存储用户信息，每个用户会有七列信息，之间用 ":" 分隔，这七列表示的意义分别如下。

第一列：用户名。

第二列：密码，但有专用的密码配置文件记录密码，所以用 x 填充。

第三列：用户 ID（简称 UID），UID 由 16bit 的二进制数组成，范围为 0~65535，0~99 表示系统用户，100~999 表示软件用户，1000 以上表示自定义用户。

第四列：用户所在私有组 ID（简称 GID）。范围及表示用户同 UID。

第五列：用户属性，如电话、邮箱、住址等，一般空着。

第六列：用户家目录。

第七列：用户登录后默认启用的 shell。

其中，第四列提到的私有组概念将会在下一节进行介绍，这里可以暂时认为是用户所在组的 ID 号。

结合之前所学的字符处理，可以灵活地对用户信息进行处理，举例如下。

① awk –F ":" '{print $1}' /etc/passwd：仅显示用户名。

② awk –F ":" '($3>=1000){print $1,$3}' /etc/passwd：显示自定义用户。

Linux 中有专用的密码配置文件 /etc/shadow 查看密码列，也可以使用 vi 编辑器查看其内容，如图 6-1-2 所示。

```
sshd:!!:18015::::::
chrony:!!:18015::::::
mysql:!!:18177::::::
redis:!!:18178::::::
wang:$6$4SaiSG5o$iW.RYsYH9HRwhQkK9L7eGe.dUA7nU4QC0FIy94GcDRGxGqsDr4ecG2jDZhCqxvKQyPTXsbFaKaVaOlls7d.RR/:18248:0:99999:7:::
zhang:$6$6ms4H5II$tg3vfIF00XlKaPX9SDp2VopfmBle0UOvwcqbflLiO3NWdGUSwOXZLecrTDZ./GsXVNpCzF9PaTUIn9kvv5Ha90:18248:0:99999:7:::
```

图 6-1-2　密码配置文件示例

密码配置文件内容如表 6-1-1 所示。

表 6-1-1　密码配置文件内容

列名	说明
用户名	用户登录到系统时使用的唯一名字
口令	即密码，存放加密的口令
最后一次修改时间	用户最后一次修改密码的日期，值为从 1970 年 1 月 1 日起到最后一次修改密码日期的间隔天数
最大时间间隔	口令保持有效的最大天数，即多少天后必须修改口令
最小时间间隔	再次修改口令之间的最小天数
警告时间	从系统开始警告到口令正式失效的天数
不活动时间	口令过期后的宽限天数，即口令过期多少天后，该账号被禁用

续表

列名	说明
失效时间	指示口令失效的绝对天数（从 1970 年 1 月 1 日开始计算）
标志	未使用

6.1.3　用户加锁、解锁

视频讲解

用户加锁即禁用账户，用户不可登录，有以下两种方式实现。

方式一：锁密码。

passwd –l zhang：锁住用户，使用者不能再以用户 zhang 的身份登录。

passwd –u zhang：解锁用户。

方式二：锁用户名。

usermod –L zhang：锁住用户，使用者不能再以用户 zhang 的身份登录。

usermod –U zhang：解锁用户。

按照 Linux 的命令规律，一般参数都是小写，既然用到了大写，说明小写 l 有其他功能，实际上，小写 l 用于用户改名，格式如下：

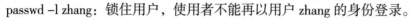

usermod –l 新名 旧名

改完名的用户，其 UID、家目录等信息仍然没变，所以改名功能对用户使用影响不大，使用并不多。

另外，Linux 中为了方便用户登录，还支持免密登录。

passwd –d zhang：删除密码，即免密登录。

passwd zhang：重新设置密码，即解除免密登录。

除了免密登录以外，Linux 还支持在不禁用用户的前提下拒绝用户登录。例如，本机安装了邮件服务，该服务可以使用操作系统的账号作为邮件服务的登录账号，则登录操作系统的用户同时也是登录邮件服务的用户，系统存在安全风险，此时需要设置该账号不可以登录系统，但可以登录服务。

6.1.4　用户切换

在 Linux 的命令操作界面中，除了可以使用 Alt+F1~F6 进行终端切换外，也支持使用 su 命令切换用户操作状态。例如，使用者正在用 wang 用户连接系统，同时也知道用户 zhang 的密码，就可以使用 su 命令把当前的 wang 用户切换到用户 zhang。

视频讲解

①su：su 后面不指定用户名，表示当前用户切换到 root 超级用户。

②su zhang：切换到用户 zhang 状态下。

③su – zhang：加"–"表示切换后使用目标用户的环境变量配置，不加"–"表示

仍使用原用户的环境变量配置。

注意，用户 root 状态切换到其他普通用户状态时不需要密码验证，但是普通用户状态切换到用户 root 状态下需要输入目标用户的密码。

④ exit：用于返回之前用户状态。

su 命令使用灵活、方便，所以使用率较高，但需要注意的是，在一个用户状态下若要再切换到另一个用户状态或返回到之前的用户状态，建议先使用 exit 命令返回后再进行切换，因为每次切换都会以目标用户的身份运行一个新的 shell 程序，切换的层次过多会造成系统资源（CPU、内存）的浪费。

6.1.5　用户删除

① userdel zhang：删除用户，但保留家目录等用户相关文件。

② userdel –r zhang：删除用户，并删除所有该用户的相关文件。

读者可以依次输入命令验证一下，不加 –r 参数可以在删除用户后保留其文件，以防止数据丢失，便于系统后续使用。若确定用户相关文件都是无用文件，即可彻底删除。

6.2　组管理

6.2.1　组的分类

在 Windows 和 Linux 中，组都可以实现批量用户的管理功能，但 Linux 增加了私有组的概念。

私有组：又称主组。Linux 中规定，一个用户必须属于且只能属于一个私有组，但一个私有组可以包含多个用户。新建用户时，若没有特殊指定，Linux 会自动创建一个与该用户同名的组作为其私有组，且不可删除。

标准组：又称附属组。一般用于多用户管理，用户可以属于一个或多个标准组，也可以不属于任何标准组。同样，标准组中可以有用户，也可以没有用户，且可删除。

平时在工作中，一般使用标准组，较少使用私有组，但必须知道私有组的存在和原理。可以认为私有组是一个人出生后的家庭，每个人出生后都会直接属于一个家庭，即私有组。在上学或工作后，进入了班级或单位，受班级或单位制度的限制，即标准组。

6.2.2　组管理命令

（1）新建组

groupadd zu11：新建组 zu11。

与创建用户类似，创建组后，系统中也有专用的配置文件记录组的配置信息。

视频讲解

输入 vi /etc/group，编辑组配置文件。组配置文件中包含组名、组密码（用 x 填充）、组 ID（即 GID）、标准组成员，如图 6-2-1 所示。

```
wang:x:1000:
zhang:x:1001:
saslauth:x:76:
mailnull:x:47:
smmsp:x:51:
gl:x:1002:zhang    ◀━━
```

图 6-2-1　组配置文件示例

值得注意的是，第四列中显示的是该组的标准组成员，所以很多组第四列不显示任何用户，如 root，因为用户 root 是 root 组的私有组成员。

（2）管理组中用户

① gpasswd –a zhang zu11：添加用户 zhang 到 zu11 组中。

② id zhang：查看用户 zhang 的用户 id 及其所在组的相关信息。

③ gpasswd –d zhang zu11：删除组中用户。

④ gpasswd –A zhang zu11：指定组的管理员为用户 zhang，只有组管理员才有权限给组添加、删除用户。

⑤ gpasswd –A root zu11：再次指定 zu11 组管理员为 root，原管理员用户 zhang 被撤销权限。由于组的管理员设置无法查看，因此需要做好操作记录，以便后期管理。

⑥ gpasswd –A root,zhang zu11：指定多个管理员。

除了 gpasswd 命令，usermod 命令也可以用于设置用户的标准组和私有组。

⑦ usermod –G zu22 zhang：–G 用于指定用户的标准组，但此命令将用户添加到指定的标准组后，会从其他标准组中退出。也就是说，假设用户 zhang 原来已在 zu11 中，则执行上述命令后，zhang 会加入 zu22，同时也会从 zu11 中退出。

⑧ usermod –g zu11 zhang：–g 用于替换用户的私有组。

（3）删除组

groupdel zu11：若组不是私有组，则删除该组。

在新建用户后可以直接指定 UID、GID、家目录、SHELL 等属性，不需要使用系统默认设置。例如，useradd –u 1100 –g zu11 –G zu22 –d /mnt/lisi –s /bin/bash lisi 中，–u UID 用于设置 UID，–g 私有组用于设置 GID，–G 标准组用于设置标准组，–d 家目录用于设置家目录，–s shell 用于设置 SHELL。

综上所述，新建用户后会产生关系的相关文件为 /etc/passwd、/etc/shadow、/etc/group、/home/、家目录、$HOME/ 和环境变量配置文件。

6.3　sudo 授权

6.3.1　挂载光盘

在讲 sudo 授权前，为了能够方便案例演示，先来简单介绍一下 Linux 中光盘的挂载使用。

首先，先在虚拟机中的光驱中放入光盘，右键单击虚拟机标签，选择"虚拟机设置"，找到光驱，指定光盘镜像，上侧选中"已连接"，单击"确定"，如图 6-3-1 所示。

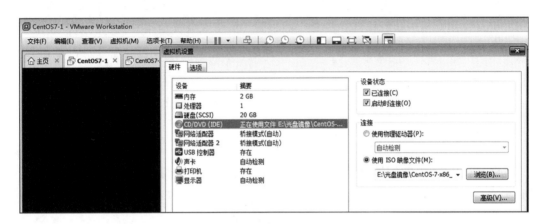

图 6-3-1　挂载光盘

光盘类似磁盘分区，都是存储类设备，必须挂载后才可以使用，而 Linux 安装完毕后，已经准备好了媒体的挂载点 /media，因此可以以用户 root 的身份登录到虚拟机中，直接输入如下命令。

① mount /dev/cdrom /media：挂载光驱（设备文件为 /dev/cdrom）到 /media 目录，可以使用 ll /dev/cdrom 命令查看。/dev/cdrom 是一个软链接，它指向同目录下的 sr0，即 /dev/sr0，真正的光驱设备文件是 /dev/sr0，因此也可以使用 mount /dev/sr0 /media 实现光盘挂载。

注意，/media 是 Linux 系统安装后自带的媒体类设备挂载点。光驱设备并不必须要挂载到 /media 下，也可以自行创建挂载点使用。

光驱成功挂载以后，所有软件安装程序包都被放在 Packages 目录中。不同版本的 Linux 光盘中，安装包的路径也不相同，有 RPMS、SERVER 等多种可能。

② umount /media：卸载光驱。

6.3.2　使用 sudo 命令

（1）授权

切换到普通用户身份下挂载光驱，会报如图 6-3-2 所示的错误。

视频讲解

```
[root@centos7-1 ~]# su moon
[moon@centos7-1 root]$ cd
[moon@centos7-1 ~]$ mount /dev/cdrom /media/
mount: 只有 root 能执行该操作
[moon@centos7-1 ~]$ █
```

图 6-3-2　切换到普通用户身份下挂载光驱

这是因为在 Linux 中，很多系统管理命令普通用户是无权使用的，若想允许特定用户执行某些特定的系统管理命令，就需要对普通用户授权。使其能执行特定的系统管理命令。如上述的普通用户"moon"，若允许其执行挂载光盘的命令，就需要对"moon"用户授予执行挂载光盘命令的权限。为了区分普通用户执行的是普通操作命令还是得到授权的系统管理命令，Linux 系统中对普通用户执行的命令进行了划分，执行普通操作命令时，直接输入命令；执行得到授权的系统管理命令时，命令前加 sudo。如用户 moon 得到挂载光盘的授权后，执行下列命令即可挂载光盘：

[moon@centos7-1 ~]$sudo mount /dev/cdrom /media

因此，通俗的称这种授权为 sodu 授权。

保存 sudo 授权的配置文件是 /etc/sudoers。对该文件进行更改，即是 sudo 授权。但 Linux 不允许直接对该文件进行修改，而是提供了专用于修改该文件的操作命令 visudo。用户 root 使用 visudo 命令编辑更改 /etc/sudoers 文件。

sudo 授权的步骤如下。

①输入 su – root，切换到用户 root 下。

②使用 visudo 命令打开 sudo 编辑界面，对 /etc/sudoers 文件进行编辑，如图 6-3-3 所示，输入 visudo 后会呈现如图 6-3-4 左侧窗口的内容。

```
[root@centos7-1~]#
[root@centos7-1~]#visudo
```

图 6-3-3　sudo 编辑界面

visudo 命令和 vim 命令使用方式方法相同。

移动光标，找到如图 6-3-4 所示的内容。

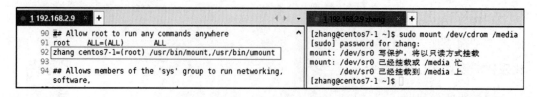

图 6-3-4　普通用户身份下挂载光驱

语句 root ALL=(ALL) ALL 表示允许用户 root 在任何主机（包括本机）上执行所有命令，在这一行语句的下添加满足以下格式的一行语句即可。

语句格式如下：

用户 主机名 =（以哪个用户的身份）命令的绝对路径

图中红框内的内容是新增加的配置。

zhang centos7-1=(root) /usr/bin/mount,/usr/bin/umount 表示给用户 zhang 进行 sudo 授权，允许其在 centos7-1 主机上以 root 的身份执行 mount 和 umount 命令。

注意，命令必须使用绝对路径，若对命令的绝对路径不清楚，可以使用 whereis 命令查看。

③保存退出即可。

注意，用 visudo 命令编辑的是 /etc/sudoers 配置文件，将授权的普通用户写在该配置文件中可以使该用户运行需要 root 权限的命令。

（2）验证

切换到普通用户 zhang 身份下进行验证，步骤如下：

①切换到用户 zhang 状态下，输入 su – zhang。

②输入命令 [zhang@Centos7-1 ~]sudo mount /dev/cdrom /media，会提示输入 zhang 的密码，验证成功后，则命令成功执行。

普通用户 zhang 默认没有权限使用 mount 挂载命令，但 root 用户通过使用 visudo 命令配置 /etc/sudoers 配置文件使用户 zhang 拥有了使用 mount 命令的权限（mount 命令原本只有 root 用户才能使用）。只是用户 zhang 在使用 mount 命令时，需要在 mount 命令前面加上 sudo 命令，表示用户 zhang 先变身成为 root，然后再执行 mount 命令。如图 6-3-5 所示。

```
[root@Centos7-1 ~]# su - zhang
上一次登录：三 2月 12 09:40:05 CST 2020pts/0 上
[zhang@Centos7-1 ~]$ sudo mount /dev/cdrom /media
mount: /dev/sr0 写保护，将以只读方式挂载
[zhang@Centos7-1 ~]$
```

图 6-3-5 普通用户 zhang 挂载光驱

（3）设置命令别名

在修改 /etc/sudoers 文件进行 sudo 授权时，还可以把多个命令设置成为命令别名，即把多个命令加入一个命令集合中，以便将命令集合多次授权给不同的用户使用，简化授权的设置。

设置命令别名的步骤如下：

①编辑 /etc/sudoers 文件，输入命令 visudo（相当于 vi /etc/sudoers），然后输入

"i"，进入插入模式，开始编辑。

②输入 Cmnd_Alias GUAZAI=/usr/bin/mount,/usr/bin/umount，设定命令别名，即把多个命令组成一个命令集。

注意，别名必须大写。

③输入 zhang centos 7-1=GUAZAI，授予用户 zhang 执行 mount 和 umount 命令的权限。

④输入 %g1 centos 7-1=(root) GUAZAI，"%"用于给组授权，表示给组 g1 的成员授予执行 sudo 的命令。

第七章
权限管理

7.1 用户使用资源限制文件

在 Linux 中，通过设置相关的配置文件，可以限制用户使用的系统资源，如 CPU、内存、磁盘空间等。

例如，vi /etc/security/limits.conf 表示编辑资源限制文件，可将以下内容存入该文件。

① zhang soft nproc 70：soft 用于设置软限制值，即警告值。

② zhang hard nproc 100：hard 用于设置硬限制值，即上限最大值。

注意，nproc 用于指定该用户可以运行的最大进程数。

以上步骤可以限制用户 zhang 运行进程的数量，进程数到达软限制值时，系统会发出警报，但用户 zhang 仍可继续运行进程；进程数到达 hard 硬限制值时，系统不允许用户 zhang 再运行更多的进程。

如图 7-1-1 所示，该文件注释中的 <item> 项用于解释可设定限制的资源项。

```
#<item> can be one of the following:
#        - core - limits the core file size (KB)
#        - data - max data size (KB)
#        - fsize - maximum filesize (KB)
#        - memlock - max locked-in-memory address space (KB)
#        - nofile - max number of open file descriptors
#        - rss - max resident set size (KB)
#        - stack - max stack size (KB)
#        - cpu - max CPU time (MIN)
#        - nproc - max number of processes
#        - as - address space limit (KB)
#        - maxlogins - max number of logins for this user
#        - maxsyslogins - max number of logins on the system
#        - priority - the priority to run user process with
#        - locks - max number of file locks the user can hold
#        - sigpending - max number of pending signals
#        - msgqueue - max memory used by POSIX message queues (bytes)
#        - nice - max nice priority allowed to raise to values: [-20, 19]
#        - rtprio - max realtime priority
```

图 7-1-1 文件注释

7.2　文件访问权限设置

7.2.1　文件详细信息介绍

执行 ls –l 或 ll 命令后，会显示目录下文件的详细信息，如图 7-2-1 所示。从左至右依次为文件权限、硬链接数、文件的所属者（属主）、文件的所属组（属组）、文件大小（单位：B）、上一次修改时间、文件名。

```
[root@centos7-1 mnt]# ll
total 0
-rw-r--r--. 1 root root 0 Apr  9 19:42 f1
```

图 7-2-1　目录下文件的详细信息

文件权限格式：文件类型 所属者权限 u 所属组权限 g 其他用户权限 o。

用不同字符表示不同类型的文件，具体如下。

–：二进制文件，即文档类。

d：目录。

l：软链接。

b：块设备，如磁盘。

c：字符设备，如磁带。

注意，块设备、字符设备的原理将在后续章节中进行介绍。

所属者、所属组和其他用户这三类用户，可以用 a 统一表示，每类用户的权限都由 rwx 组成，表示该类用户的访问权限，r 用于读取，w 用于写入，x 用于执行。例如，图 7-2-1 中的文件权限部分由 10 个字符"–rw-r--r--"组成，表示该文件为文档类文件，属主具备读写权限，属组成员具备只读权限，其他用户具备只读权限。

文件权限的 10 个字符后的数字 1 表示该文件的硬链接数，第一个 root 表示文件的所属者，即属主，第二个 root 表示文件的所属组，即属组。二者的权限分别对应所属者权限 u 和所属组权限 g。

7.2.2　权限配置

如图 7-2-2 所示，以用户 root 创建并写入一个文件 f1，切换到用户 zhang 下，可查看该文件但不可写入，这是因为对于 f1 文件来说，属主是 root，属组是 root，而用户 zhang 属于其他用户类别，所以只有读权限，没有写权限。

视频讲解

```
[root@centos7-1 mnt]# echo aaaaaa > f1
[root@centos7-1 mnt]# cat f1
aaaaaa
[root@centos7-1 mnt]# su zhang
[zhang@centos7-1 mnt]$ cat f1
aaaaaa
[zhang@centos7-1 mnt]$ echo bbbbbbb > f1
bash: f1: 权限不够
[zhang@centos7-1 mnt]$ ll
总用量 4
- rw- r- - r- - . 1 root root 7 4月   9 22:35 f1
[zhang@centos7-1 mnt]$ ▉
```

图 7-2-2　权限配置

若想允许用户 zhang 能够写入 f1，则需要更改权限。更改权限的命令是 chmod，它有以下三种设置方式。

① chmod u±x,g±w,o±r f1：使用增减方式更改权限。

若要统一使用增减方式配置三类用户权限，则可以使用 chmod a±x f1。

注意，增减方式是在原有权限的基础上进行增减。

② chmod u=rw,g=r,o=r f1：使用赋值方式更改权限。

若要统一使用赋值方式配置三类用户权限，则可以使用 chmod a=rw f1。

注意，赋值方式是指进行全新赋值，覆盖原有权限。

③ chmod 644 f1：使用数字赋值方式更改权限，即 u=6，g=4，o=4。

将 rwx 三个权限视为一组 3bit 的二进制数字，若有该权限，则对应位置为 1；若没有该权限，则对应位置为 0，再将二进制数转换成十进制即可。

例如，rw-=>110=>6，rwx=>111=>7，r-x=>101=>5。

因此，chmod 644 f1 即 u=rw-，g=r--，o=r--。

右匹配原则：若位数不足三位，则高位补零。

例如，chmod 66 f1 即 chmod 066 f1，表示 u=---，g=rw-，o=rw-。

7.2.3　目录的 rwx 对应的意义

视频讲解

对于文件，rwx 三种权限的功能分别为读取文档、写入文档和执行程序。对于目录，rwx 三种权限的功能具体如下。

r：显示目录下的内容。

w：允许在目录下创建子目录和子文件。

x：进入目录。

可参考如下实验，对于只有 x 权限的目录，其他用户只能进入目录，却无法查看目录下的内容；对于只有 r 权限的目录，其他用户只能查看目录下的内容，但无法进入目录；对于只有 w 权限的目录，其他用户能够在目录下创建、删除、重命名子目录或子文件。如图 7-2-3 和图 7-2-4 所示。

```
[root@centos7-1 mnt]# mkdir dd
[root@centos7-1 mnt]# cd dd
[root@centos7-1 dd]# touch f1 f2 f3
[root@centos7-1 dd]# cd ..
[root@centos7-1 mnt]# ll
total 4
drwxr-xr-x. 2 root root 4096 Apr  9 22:56 dd
[root@centos7-1 mnt]# chmod o-r dd
[root@centos7-1 mnt]# ll
total 4
drwxr-x--x. 2 root root 4096 Apr  9 22:56 dd
[root@centos7-1 mnt]# su zhang
[zhang@centos7-1 mnt]$ ll
总用量 4
drwxr-x--x. 2 root root 4096 4月   9 22:56 dd
[zhang@centos7-1 mnt]$ cd dd
[zhang@centos7-1 dd]$ ls
ls: 无法打开目录.: 权限不够
```

图 7-2-3 权限功能实验－目录只有执行权限

```
[root@centos7-1 mnt]# ll
total 4
drwxr-x--x. 2 root root 4096 Apr  9 22:56 dd
[root@centos7-1 mnt]# chmod o=r dd
[root@centos7-1 mnt]# ll
total 4
drwxr-xr--. 2 root root 4096 Apr  9 22:56 dd
[root@centos7-1 mnt]# su zhang
[zhang@centos7-1 mnt]$ ll
总用量 4
drwxr-xr--. 2 root root 4096 4月   9 22:56 dd
[zhang@centos7-1 mnt]$ cd dd
bash: cd: dd: 权限不够
[zhang@centos7-1 mnt]$ ls dd
ls: 无法访问dd/f3: 权限不够
ls: 无法访问dd/f2: 权限不够
ls: 无法访问dd/f1: 权限不够
f1  f2  f3
```

图 7-2-4 权限功能实验－目录只有读权限

7.2.4 默认权限

由前面的案例可见，root 创建目录后的默认权限是 755，创建文件后的默认权限是 644，这是因为 Linux 中有一个权限参数变量 umask，其默认值是 0022。可用 umask 命令查看 umask 变量的值。

默认权限是由满权限减去 umask 的后三位的值得到的，举例如下。

文件默认权限：满权限（666）－umask（022）＝默认权限（644）。

目录默认权限：满权限（777）－umask（022）＝默认权限（755）。

注意，因为普通文件一般不需要执行，所以满权限被认为是 666；而目录必须有 x 权限才可进入，所以满权限被认为是 777。

不同身份的用户 umask 值也不同，例如，管理员 root 的 umask 值为 0022，普通用户的 umask 值为 0002，读者可自行查看。

另外，除了在系统中会使用 umask 命令，很多文件传输类服务（如 FTP），在上传文件时也会设置 umask 值以配置默认权限。

7.2.5 安全位（set 位）

可以给所属者权限 u 或所属组权限 g 增加安全位，即 u+s 或 g+s。注意，安全位只能加给某个程序。安全位的作用是当用户运行该程序时，程序会以此文件的所属者或所属组设置的权限来运行，相当于运行程序时当前用户变成该文件所属者或所属组中的用户。

如图 7-2-5 所示，给 cat 命令的执行程序增加用户安全位，即 chmod u+s /usr/bin/cat，用户 zhang 使用 cat 命令访问 f1 时，以 f1 的所属者身份访问，但是如果使用 head、tail、more 等命令读取 f1 时，f1 仍拒绝被访问。

再使用 ll /usr/bin/cat 命令查看 cat 命令的权限信息，会发现 cat 命令权限信息中的安全位 "s" 显示在原先 x 权限的位置，且为大写则说明命令程序之前无 x 权限，为小写则说明该文件之前有 x 权限。

```
[root@centos7-1 mnt]# echo aaaaa > f1
[root@centos7-1 mnt]# chmod 600 f1
[root@centos7-1 mnt]# ll
total 4
-rw-------. 1 root root 6 Apr  9 23:11 f1
[root@centos7-1 mnt]# su zhang
[zhang@centos7-1 mnt]$ cat f1
cat: f1: 权限不够
[zhang@centos7-1 mnt]$ exit
exit
[root@centos7-1 mnt]# whereis cat
cat: /usr/bin/cat /usr/share/man/man1/cat.1.gz /usr/share/man/man1p/cat.1p.gz
[root@centos7-1 mnt]# chmod u+s /usr/bin/cat
[root@centos7-1 mnt]# ll /usr/bin/cat
-rwsr-xr-x. 1 root root 54080 Nov  6 2016 /usr/bin/cat
[root@centos7-1 mnt]# su zhang
[zhang@centos7-1 mnt]$ cat f1
aaaaa
```

图 7-2-5　给 cat 命令的执行程序增加用户安全位

类似地，如果给 cat 命令的执行程序增加了组安全位，即 chmod g+s /usr/bin/cat，则使用 cat 命令访问 f1 时，以 f1 的所属组身份访问。

7.2.6 粘贴位（sticky 位）

粘贴位又称粘连位。

若以用户的身份进入系统，在某目录下创建了自己的目录和文件，则当其他用户也进入系统时，若权限允许，可以删除原先创建的文件，如图 7-2-6 所示。

```
[ root@centos7- 1 mnt] # chmod o+w /mnt
[ root@centos7- 1 mnt] # ll - d /mnt
drwxr- xrwx. 2 root root 4096 Apr  9 23:31 /mnt
[ root@centos7- 1 mnt] # su zhang
[ zhang@centos7- 1 mnt] $ mkdir dd
[ zhang@centos7- 1 mnt] $ touch f1
[ zhang@centos7- 1 mnt] $ exit
exit
[ root@centos7- 1 mnt] # su moon
[ moon@centos7- 1 mnt] $ ls
dd  f1
[ moon@centos7- 1 mnt] $ rm - rf dd f1
[ moon@centos7- 1 mnt] $ ls
[ moon@centos7- 1 mnt] $
```

图 7-2-6 增加粘贴位前

因此为了保护用户的个人资料，可以使用增加目录粘贴位的方式加以保护。给其他用户权限 o 增加粘贴位，即 o+t，增加了粘贴位的目录，内容只有创建者有权删除。

图 7-2-6 中，首先给 /mnt 的其他用户权限 o 增加了 w 权限，因为默认 /mnt 目录的权限是 755，即其他用户无权写入。使用 ll –d /mnt 命令只显示 /mnt 目录的信息，不显示 /mnt 目录下内容的信息。再以用户 zhang 的身份进入 /mnt 中，创建目录和文件，此时切换到用户 moon 下，是可以删除目录和文件的。增加粘贴位后的效果如图 7-2-7 所示。

```
[ root@centos7- 1 mnt] # chmod o+t /mnt
[ root@centos7- 1 mnt] # ll - d /mnt
drwxr- xrwt. 2 root root 4096 Apr  9 23:33 /mnt
[ root@centos7- 1 mnt] # su zhang
[ zhang@centos7- 1 mnt] $ mkdir dd
[ zhang@centos7- 1 mnt] $ touch f1
[ zhang@centos7- 1 mnt] $ exit
exit
[ root@centos7- 1 mnt] # su moon
[ moon@centos7- 1 mnt] $ ls
dd  f1
[ moon@centos7- 1 mnt] $ rm - rf dd f1
rm: 无法删除"dd": 不允许的操作
```

图 7-2-7 增加粘贴位后

由上图可见，给 /mnt 增加了粘贴位后，用户 zhang 所创建的目录及文件，用户 moon 无权删除。

7.2.7 权限配置进阶

安全位和粘贴位也可以用四位数字赋值的方式来设置。

例如，chmod 5755 d1，第一位数字 5 表示所属者权限 u 和所属组权限 g 的安全位以及其他用户权限 o 的粘贴位组成的 3 位二进制数转换成的十进制数，5（101）表示 s-t，即 u+s，o+t。

当给目录设置权限后，目录内的子目录和子文件不会变化，若想要在改变目录权限的同时，其内部子目录和子文件一起变化，即实现配置的继承功能，则需要增加 –R 参数，如 chmod –R 755 /mnt/d1，–R 表示递归操作，即遍历当前目录，为所有子目录及其子目录下的所有文件设置相同的权限 755。

7.3　所属信息配置

使用 ls –l 命令查看的结果如图 7-3-1 所示，第三项和第四项表示文件的所属者和所属组。在创建文件或目录后，默认当前的创建者即是文件的所属者，所属者所在的私有组即是该文件的所属组。例如，对于权限为 644 的文件，如果禁止更改权限，却仍想要允许用户 zhang 写入文件，可以采用的方法是更改文件的所属者为用户 zhang，此时 zhang 就有写入权限了。

视频讲解

```
[wang@centos7-1 ~]$ id wang
uid=1000(wang) gid=1002(g1) 组=1002(g1)
[wang@centos7-1 ~]$ touch wangfile
[wang@centos7-1 ~]$ ls -l
总用量 0
-rw-r--r-- 1 wang g1 0 12月 19 09:09 wangfile
[wang@centos7-1 ~]$
```

图 7-3-1　文件的创建者即是文件的所属者

使用 chown 命令可以更改文件所属者和所属组。

（1）更改文件所属者和所属组

格式如下：

chown 所属者 : 所属组 文件名

例如，chown root:root f1，把文件 f1 的所属者设置成 root，所属组设置成 root。所属者和所属组之间的 ":" 也可以写成 "."，例如：chown root.root f1。

（2）更改文件所属者

格式如下：

chown 所属者 文件名

例如，chown zhang f1，把文件 f1 的所属者设置成 zhang，更改后可验证用户 zhang 对 f1 是否有写入权限。

（3）更改文件所属组

格式如下：

chown . 所属组 文件名 或 chown : 所属者 文件名

例如，chown .zhang f1 或 chown :zhang f1，不设定 "." 或 ":" 左边的内容，表示略过所属者，把文件 f1 的所属组设置成 zhang。

注意，还可以使用 chgrp 命令更改所属组，如 chgrp zhang f1。

如果更改的是目录所属，那么默认目录内的子文件和子目录并未跟着一起更改。若想让目录内容继承更改，则需要增加递归参数 –R。例如，chown –R zhang.zhang dd，表示更改目录 dd 及其内容的所属者和所属组。

文件复制对文件所属信息的影响如图 7-3-2 所示。

```
[ root@centos7- 1 mnt]# mkdir dd
[ root@centos7- 1 mnt]# chown zhang. zhang dd
[ root@centos7- 1 mnt]# ll
total 4
drwxr- xr- x. 2 zhang zhang 4096 Apr 10 16:41 dd
[ root@centos7- 1 mnt]# cp - r dd /var
[ root@centos7- 1 mnt]# ll - d /var/dd
drwxr- xr- x. 2 root root 4096 Apr 10 16:41 /var/dd
```

图 7-3-2　文件复制后文件所属信息改变示例

由上图可见复制目录后，文件的所属发生了变化，变回 root 属主 root 属组了。那么如果想要在复制后保持原所属信息不变，可增加 –p 参数，如图 7-3-3 所示。

```
[ root@centos7- 1 mnt]# ll
total 4
drwx- - - - - - . 2 zhang zhang 4096 Apr 10 16:41 dd
[ root@centos7- 1 mnt]# cp - r - p dd /var
[ root@centos7- 1 mnt]# ll - d /var/dd
drwx- - - - - - . 2 zhang zhang 4096 Apr 10 16:41 /var/dd
```

图 7-3-3　文件复制后保持文件所属信息不变示例

7.4　访问控制列表 ACL

7.4.1　ACL 的功能

ACL 的功能是给文件设置特权用户，即允许特定用户访问。

例如，f1 文件权限 644，属主 root，属组 root，则用户 zhang 无权写入，可给 zhang 设定特权，仅允许 zhang 写入。若使用 o+w 的操作，则不仅是用户 zhang，其他用户也具备了写入权限。

7.4.2　ACL 的命令

设置 ACL 命令的常用方式如下。

视频讲解

① getfacl f1：查看文件 f1 的 ACL 信息。

②setfacl –m u:zhang:rw f1：针对文件 f1，f1 文件的所属者和所属组均为 root，普通用户 zhang 没有 w 权限，可以用 setfacl 单独给普通用户 zhang 添加文件 f1 的 rw 权限，让用户 zhang 也能像用户 root 一样读写 f1 文件，这个过程称为设置用户 zhang 的 ACL。setfacl 命令的 –m 选项表示设置状态为"修改"，u:zhang:rw 表示设置用户 zhang 的 ACL 为 rw，如图 7-4-1 所示，用户 zhang 对 f1 有 rw 权限，可尝试编辑 f1 文件加以验证。

```
[root@centos7-1 mnt]# echo aaaaaa > f1
[root@centos7-1 mnt]# getfacl f1
# file: f1
# owner: root
# group: root
user::rw-
group::r--
other::r--

[root@centos7-1 mnt]# setfacl -m  u:zhang:rw f1
[root@centos7-1 mnt]# getfacl f1
# file: f1
# owner: root
# group: root
user::rw-
user:zhang:rw-
group::r--
mask::rw-
other::r--
```

图 7-4-1 设置用户的 ACL

③setfacl –m g:g1:rw f1："g:"表示设置组的 ACL。

④setfacl –x u:zhang f1：撤销单个 ACL。

⑤setfacl –b f1：撤销文件的所有 ACL。

7.5 文件属性设置

属性，即文件的某些特性，可使用 lsattr 命令查看，举例如下。

lsattr –aR /root：查看 /root 下的文件及目录权限。–a 用于显示指定目录下的文件及目录的属性，–R 用于递归显示，即查看 /root 下的所有文件的文件属性。

文件的常用属性如表 7-5-1 所示。

视频讲解

表 7-5-1 文件的常用属性

属性	说明
i	只读属性
A	不更新文件的访问时间，可减少磁盘 IO 操作

属性	说明
a	a 表示 append（附加），即只能向文件中追加数据内容，无法修改之前的内容以及删除、重命名文件
c	压缩，文件使用时自动解压，离开文件／目录时自动压缩，以节省使用空间
d	忽略 dump 备份命令，文件有此属性当使用 dump 命令做文件备份时当前文件将不允许备份
S	sync 同步，当修改文件时修改的内容会实时同步到磁盘中
s	文件删除后，不可恢复
u	文件删除后，可恢复

可以用 chattr 命令，使用 +、– 号来给文件增加或删除属性，如图 7-5-1 所示。

```
[root@centos7-1 mnt]# lsattr -aR f1
------------e-- f1
[root@centos7-1 mnt]# echo bbbbbb >> f1
[root@centos7-1 mnt]# chattr +i f1
[root@centos7-1 mnt]# lsattr -aR f1
----i-------e-- f1
[root@centos7-1 mnt]# echo cccccc >> f1
bash: f1: Permission denied
[root@centos7-1 mnt]# chattr -i f1
[root@centos7-1 mnt]# lsattr -aR f1
------------e-- f1
[root@centos7-1 mnt]# echo cccccc >> f1
[root@centos7-1 mnt]#
```

图 7-5-1　给文件增加或删除属性

可知在给 f1 增加 i 属性前，f1 可写入，给 f1 增加了 i 属性后，f1 处于只读状态，可使用 lsattr 命令查看，但不可再写入，之后去除 i 属性，f1 又可写入。

第八章 软件管理

8.1 rpm 包安装

视频讲解

Linux 安装光盘中的软件安装包是以 .rpm 为后缀的文件，简称 rpm 包。rpm 包也是 Redhat 发行的 Linux 中大多数软件安装包的打包格式，可以使用 rpm 命令来安装。以 dhcp 软件的安装为例，相关命令如下。

① mount /dev/sr0 /media：挂载光盘。

② cd /media/Packages：进入安装包存放路径。

③ ls | grep dhcp：查看抓取指定的包是否存在。

④ rpm –ivh dhcp–4.2.5–XXX.rpm：安装指定软件包，这里使用 XXX 替代包名中的中间字符。其中，–i 表示安装，–v 表示查错，查看该软件是否已安装过及指定的包是否可用，–h 表示以 "#" 显示安装进度，功能类似进度条，如图 8–1–1 所示。

```
[ root@centos7- 1 Packages]# rpm - ivh dhcp- 4. 2. 5- 58. el7. centos. x86_64. rpm
warning: dhcp- 4. 2. 5- 58. el7. centos. x86_64. rpm: Header V3 RSA/SHA256 Signature, key I
D f4a80eb5: NOKEY
Preparing...                        ############################### [ 100%]
Updating / installing...
   1:dhcp- 12: 4. 2. 5- 58. el7. centos    ############################### [ 100%]
[ root@centos7- 1 Packages]#
```

图 8-1-1　安装指定软件包

在安装之前，可以使用 rpm –q dhcp 命令查询指定包是否已安装过。安装完毕后，可以使用 rpm –ql dhcp 命令查看软件包所有文件的安装位置，如图 8–1–2 所示。

```
[ root@centos7- 1 Packages]# rpm - q dhcp
dhcp- 4. 2. 5- 58. el7. centos. x86_64
[ root@centos7- 1 Packages]# rpm - q mysql
package mysql is not installed
[ root@centos7- 1 Packages]#
```

图 8-1-2　查询指定软件包

由上图可知，已安装过的包会显示版本号，未安装过的包会显示未安装。

还可以使用 rpm –qa 命令显示本机已安装过的所有软件包。例如，命令 rpm –qa |

grep mail 表示显示抓取指定包是否安装过。这种格式适合在软件名较长或拼写单词较长时使用。

⑤ rpm –qf /etc/dhcp/dhcpd.conf：查看指定文件被哪个软件所使用。

⑥ rpm –e dhcp：卸载软件。

软件包的命名规范：软件名 – 版本号 – 发行号 . 硬件平台 .rpm。

例如，安装包的完整名称为 dhcp–4.2.5–47.el7.centos.x86_64.rpm，其中，dhcp 为软件名，4.2.5 为版本号，47.el7.centos 为发行号，x86_64 为所适用的硬件平台，.rpm 为文件后缀，表示 CentOS 企业 Linux 7 版本的第 47 次发行，该软件包适用于 PC 机硬件平台。

软件包的使用规范：只有在安装时才需要指定安装包名，在查询、卸载等非安装类操作时，只需要指定软件名即可。

rpm 的参数 –Uvh 和 –Fvh 都具备升级软件的功能，区别在于系统是否已安装了低版本的相同软件。若已安装，则 –Uvh 和 –Fvh 都能将软件升级为新版；若未安装，则 –Uvh 会直接安装该软件，–Fvh 不会安装。

8.2　yum 源安装

视频讲解

有时使用 rpm 命令安装软件会报错，信息提示一个或多个包被当前包所需要，如图 8-2-1 所示。

```
[root@centos7-1 Packages]# rpm -ivh mysql-connector-java-5.1.25-3.el7.noarch.rpm
warning: mysql-connector-java-5.1.25-3.el7.noarch.rpm: Header V3 RSA/SHA256 Signature,
key ID f4a80eb5: NOKEY
error: Failed dependencies:
        jta >= 1.0 is needed by mysql-connector-java-1:5.1.25-3.el7.noarch
        slf4j is needed by mysql-connector-java-1:5.1.25-3.el7.noarch
[root@centos7-1 Packages]# ▉
```

图 8-2-1　安装软件报错

需要事先安装某些包，才能安装当前包称为软件包间的依赖关系。使用 yum 命令可以解决具有依赖关系的软件包安装问题。

yum 命令的功能：在安装某个包前，自动查找到相关的依赖包并安装，再安装指定软件包。

yum 命令的工作原理：事先把所有可能会用到的 rpm 包，集中存放到一个目录下，然后在 yum 配置文件（简称 yum 源）中指定 rpm 包的目录路径，则使用 yum 命令安装软件时，会自动到该指定目录下查找到要安装的软件包以及该包所依赖的软件包并自动安装。

由于 Linux 安装光盘上具备全部的软件包，且都在同一目录下（如 /media），则只需要编写 yum 源配置文件，指定该目录为安装源目录即可，具体配置过程如下。

① 执行 cd /etc/yum.repos.d/，进入 yum 安装源配置文件所在目录，如图 8-2-2

所示。

```
[root@centos7-1 Packages]# cd /etc/yum.repos.d/
[root@centos7-1 yum.repos.d]# ls
CentOS-Base.repo   CentOS-Debuginfo.repo   CentOS-Sources.repo   CentOS-fasttrack.repo
CentOS-CR.repo     CentOS-Media.repo       CentOS-Vault.repo
[root@centos7-1 yum.repos.d]#
```

图 8-2-2　安装源配置文件所在目录

打开其中一个文件，文件内容显示 yum 安装软件的来源是 CentOS 的网络地址（即官方网站地址）或 CentOS 网络地址的镜像网络地址（开源软件鼓励使用者在本地建立软件的复制内容，提供复制内容的网址为原软件网址的镜像地址），这表明使用 yum 安装软件时，yum 命令自动到官网上下载指定的软件及其相关依赖包。如执行 vi CentOS-Base.repo 后，结果如图 8-2-3 所示。

```
[base]
name=CentOS-$releasever - Base
mirrorlist=http://mirrorlist.centos.org/?release=$releasever&arch=$basearch&repo=os&infra=$infra
#baseurl=http://mirror.centos.org/centos/$releasever/os/$basearch/
gpgcheck=1
gpgkey=file:///etc/pki/rpm-gpg/RPM-GPG-KEY-CentOS-7
```

图 8-2-3　官方提供 yum 源 CentOS-Base.repo 文件内容示例

图中用 mirrolist 关键字指定了安装软件时搜索的镜像网址。考虑到系统使用者有可能不具备联网条件，本书中为了方便实验，将配置本地 yum 源文件而不使用自带的官方 yum 源文件，但不建议删除官方提供的 yum 源文件，最好备份一下以便将来需要时再使用，备份源文件的步骤如下。

①输入 mkdir backup，创建备份用的目录。

②输入 mv centos-* backup/，备份原有的以 CentOS- 为前缀，后接任意字符的 yum 配置文件到 backup 目录下。"*"是通配符，指代任意字符。

③输入 vi cdrom.repo，创建本机安装源配置文件，文件名可以自定义，但是后缀必须是 .repo，并写入如下内容，如图 8-2-4 所示。

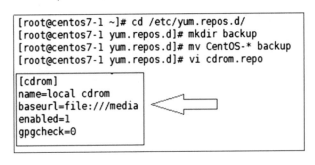

图 8-2-4　配置本地 yum 源操作示例

说明如下。

[cdrom]：创建一个安装源设置项，并在"[ ]"之间填写自定义的标签名 cdrom，该名称仅仅用于 yum 命令执行时显示 rpm 包的来源。

name=local cdrom：给安装源设置自定义名称为 local cdrom。

baseurl=file:///media：指定 rpm 包的存放位置。其中，"file://"是本地磁盘上查找文件的协议，其后的"/media"表示 rpm 包在 /media 目录中。

enabled=1：启用安装源设置项。

gpgcheck=0：关闭数字验证。

yum –y install mysql–connector–Java：安装指定软件包。不加 –y 参数时，安装过程中会在审核收集完所有软件包后，做一次确认，询问是否继续安装，输入 y 即可继续安装，所以在命令里直接加 –y 参数即等于询问时输入了 y，可以直接安装。

文件中的重要配置项及其说明如表 8-2-1 所示。

表 8-2-1　文件中的配置项

配置项	说明
baseurl	定义安装软件的来源地。有两种来源，表现形式不同 ①url：统一资源定位符，即寻址时的完整路径（通常所说的网址）。表示软件来源是网络地址 例如，http://www.baidu.com 即百度网站的 url，由协议和网址组成 ②file：关键字，表示 file 协议，即软件来源是系统本地上的目录。无论在 Windows 或 Linux 中，在磁盘上查找文件时使用的都是 file 协议 file 协议名后需要加"://"，而光盘的挂载位置在 /media 下 例如，对于 file:///media，前两个"/"是协议的格式要求，第三个"/"表示目录绝对路径
gpgcheck	数字验证是指某一款软件是否经过 Linux 的官方检测，若通过了检测则说明该软件与系统兼容性合格，会颁发一个数字证书。因此文件中若设置 gpgcheck=1 则表示要安装的软件必须有数字证书才允许安装，否则拒绝安装，gpgcheck=0 表示不需要数字证书，允许软件直接安装
gpgkey	若配置 gpgcheck=1，则必须在下一行写入 gpgkey 行，以指定数字证书秘钥的位置

输入 yum 后，按两次"Tab"键即可查看参数项。如图 8-2-5 所示。

```
[root@centos7-1 ~]# yum
check              groups          load-transaction   search
check-update       help            makecache          shell
clean              history         provides           update
deplist            info            reinstall          upgrade
distro-sync        install         remove             version
downgrade          list            repolist
[root@centos7-1 ~]# yum
```

图 8-2-5　yum 命令的参数项

其中，较常用的参数项如表 8-2-2 所示。

表 8-2-2　文件中的常用参数项

参数项	说明
yum search dhcp	查找可用安装源中有无指定软件的安装包
yum list	查找可用安装源中所有的包（结合 grep 命令，可查找指定的包） 例如，yum list | grep mysql 表示查找包名中包含"mysql"的包
yum remove mysql-connector-Java	卸载指定软件，但不卸载依赖包
yum makecache	重建缓存 若之前使用过 yum 设置，磁盘中留有 rpm 包信息缓存，如果更改 yum 配置后未能生效，说明缓存未更新，可用 yum makecache 重建缓存
yum history	查看 yum 操作历史记录
yum update	查看当前可用安装源，升级现在已安装过的包
yum update kernel	升级内核，一般需要设置官网源生效

8.3　源码包安装

之前所介绍的 rpm 安装、yum 安装针对的都是 rpm 包的安装过程，但是在 Linux 中还有一种软件安装包是非 rpm 格式的，称为源码包。源码包大多由非 Linux 官方的公司研发并推出，发布时并未打包成 rpm 格式，有些甚至接近于源代码格式。

Linux 的 GUI 图形界面与 Windows 相似，都可以通过浏览器访问页面，点击下载软件。但是在 Linux 的字符界面中，常用 wget url 命令直接下载软件，url 即软件的下载地址。例如，wget http://vault.centos.org/7.4.1708/isos/x86_64/CentOS-7-x86_64-DVD-1708.iso。

若下载的安装文件以 .tar.gz 或者 .tgz 为后缀，则说明该文件很可能是源码包，需要解压后再使用，具体步骤如下。

①使用 tar 命令将安装文件解压缩到当前目录下。

②使用 ls 命令查看解压出的目录。

③使用 cd 命令进入解压出的目录 XXX。

④使用 ls 命令查看目录下的内容，可能会出现以下两种情况。

a. 可见到软件的安装程序 ./install.pl，运行安装程序来安装软件。".pl" 通常是 perl 语言编写的程序名后缀。

b. 可见到可执行程序 configure，说明该安装包是 C 语言的源代码的，运行 configure，通常会检测源码包及其当前系统环境，生成需要编译的文件列表。

⑤使用 make 命令编译该源码包。

⑥使用 make install 命令安装软件。

注意，若在步骤④出现第二种情况，则在安装过程中，每个命令的执行时间可能会较长，因此生产环境中经常使用 ./configure && make && make install 命令逐一自动执行。

第九章
打包备份

9.1 文件打包

9.1.1 打包命令

视频讲解

与 Windows 下的 WinRAR 工具类似，Linux 中也有文件打包压缩的命令。例如，常用的 tar 命令可以将多个文件打包压缩成为一个文件。tar 命令可用于备份文件，打包后的 tar 文件通常被称作 tar 包。

例如，/mnt/ 下有 f1、f2、f3 三个文件，打包的命令为 tar –cvf back.tar f1 f2 f3，表示将文件列出并打包到 back.tar 文件。–c 用于创建包文件，–v 即 ––verbose，用于详细列出处理的文件，–f 表示对文件进行操作，back.tar 为新创建出的包文件，里面包含 f1、f2、f3 三个文件。

打包成功后，可以看到包文件用红色显示，如图 9-1-1 所示。

```
[root@CentOS7-1 mnt]# cd /mnt
[root@CentOS7-1 mnt]# ls
f1  f2  f3
[root@CentOS7-1 mnt]# tar -cvf back.tar f1 f2 f3
f1
f2
f3
[root@CentOS7-1 mnt]# ls
back.tar  f1  f2  f3
[root@CentOS7-1 mnt]# tar -tf back.tar
f1
f2
f3
[root@CentOS7-1 mnt]# tar -xvf back.tar
f1
f2
f3
[root@CentOS7-1 mnt]#
```

图 9-1-1　tar 命令备份文件示例

若要查看包文件的内容，但并不解包，可以使用 tar –tf back.tar 命令，其中 –t 表示列出包中的文件，–f 表示包文件的类型是文件。该命令将文件名为 back.tar 的包中的内容显示在屏幕上。–f 后必须是文件名，表示命令对象是指定的文件（由于 –f 有针对对象，必须是最后一个选项）；–t 表示显示包中的内容。

若要解包，可以使用 tar –xvf back.tar 命令，默认把解包后的文件存放到当前目录下。若当前目录下有重名文件，则直接覆盖。为了避免这种情况，可以使用 –C 参数指定解包路径为一个现有目录下。例如，tar –xvf back.tar –C /mnt/dd 表示把 back.tar 里面的所有文件还原到 /mnt/dd 目录中。

注意，对于文件来说，后缀并不能影响文件的存储格式，不写后缀，文件一样可以正常使用，但对于使用 tar 命令打包的文件通常习惯添加一个 .tar 的文件后缀，这主要是为了让解包者了解用什么命令来解包。因此，使用者应在使用 tar 命令打包时给包文件加上 .tar 后缀。

tar 的常用参数项如表 9-1-1 所示。

表 9-1-1　tar 的常用参数项

参数项	说明
tar –uf back.tar f4	包中加入文件
tar –f back.tar ––delete f1	包中删除指定文件
tar –f back.tar ––get f2 f3	从包中提取出指定的文件
tar –Af back1.tar back2.tar	把第二个包文件合并到第一个中
tar –cvf back.tar f1 f2 f3 ––remove–files	包文件创建完毕，删除原文件

9.1.2　文件压缩及解压

Linux 中可使用 gzip 命令对文件进行压缩，使用 gunzip 命令对文件进行解压缩。

视频讲解

例如，使用 gzip back.tar 命令压缩文件 back.tar，压缩后的文件在文件名后增加后缀 ".gz"，为 back.tar.gz。使用 gunzip back.tar.gz 命令解压文件 back.tar.gz，解压后的文件后缀减少 ".gz"，为 back.tar。

Linux 中还支持其他的压缩、解压命令，如 bzip、bunzip，compress、uncompress 等，但这些命令可能在装系统时并未安装，因此若要使用，需要手动安装其软件包。

Linux 系统安装时默认安装压缩命令是 gzip，该命令使用率高，兼容性好。使用 gzip 命令压缩的文件转到 Windows 中后，可以使用 window 系统上的应用程序 WinRAR 进行解压。

tar 命令支持打包时同时压缩文件，解包时同时解压文件。这项功能通过使用 tar 命令的选项 –z 即可实现。

例如，tar –zcvf back.tgz f1 f2 f3 命令将 f1、f2、f3 三个文件打包并压缩到 back.tgz

文件，back.tgz 是一个压缩包。实质上内部的处理过程是先打包后压缩，先用 tar 命令生成 back 文件，再用系统 gzip 命令 backup.tgz 压缩文件。形成的压缩包文件通常以 .tgz 或 .tar.gz 来命名。

反之，tar –zxvf back.tgz 命令用于解压后再解包，–x 表示解包，–z 表示用 gunzip来解压缩，实质上内部的处理过程还是先解压后解包，先用系统 gunzip 命令解压，再用 tar 命令解 tar 包。

tar 命令默认解包的目的地是当前目录（执行 tar 命令的目录），也可以使用 –C 指定解包路径到指定的目录中。

9.2 数据备份

9.2.1 光盘镜像备份

视频讲解

Linux 中有多种方法可对系统中的内容进行备份，其中一种方法是把重要资料所在的目录制作成光盘镜像文件，然后将该文件刻录到光盘中或转移存储到其他专用的备份磁盘中以实现备份。

制作镜像的命令为 genisoimage，例如，genisoimage –J –L –r –o /mnt/etc.iso /etc 表示备份整个 /etc/ 目录，生成镜像文件 /mnt/etc.iso（该文件保存到 /mnt 目录下）。–J 表示使用符合 Joliet 命名规范的方式处理文件名（Joliet 是一种文件命名规则，允许使用很长的文件名）；–L 表示需要备份隐藏文件；–r 表示开放所有文件的读权限，这是因为备份时若有文件权限拒绝读取，则会有文件遗漏；–o 表示使用指定的文件名作为输出的文件，即指定生成的镜像文件名为 /mnt/etc.iso。

有了光盘镜像文件后，若想要查找、使用镜像文件中的内容，或使用镜像文件中的数据恢复系统的数据，则可以把镜像文件当作光盘直接挂载使用。例如，mount /mnt/etc.iso /media 表示将镜像文件直接挂载到 /media 目录，/media 目录下的内容即是光盘镜像文件中的内容。

注意，老版的 Linux（如 RHEL5.0 之前的版本）需用命令 mount /mnt/etc.iso /media –o loop，参数 –o loop 表示采用伪设备方式挂载。因为此处的镜像文件，并不是真正的光驱设备，称为伪设备，但现在的 Linux 命令基本都可兼容和识别过去的使用方式。

9.2.2 数据导出备份

Linux 中还可以使用 dd 命令进行数据备份。dd 命令可以对文件（包括设备）的内容进行导入导出，导出数据后，原文件（或设备）的内容不会被删除或改变。用这种方式可实现任何文件（设备）到其他任何文件（设备）的数据导出，实现备份的目的。

格式如下：

> dd if= 源文件 / 设备 of= 目标文件 / 设备 bs= 每次操作的数据量 count= 操作次数

其中的 bs 和 count 可以省略，省略后采用默认值。bs 默认值是 512 字节，count 默认值和源文件大小有关。

举例如下。

① dd if=f1 of=f2：把 f1 文件导入到 f2 中，相当于将文件 f1 复制为文件 f2。

② dd if=f1 of=f2 bs=1 count=3：把 f1 文件导入到 f2 中，每次导入 1 字节，导入 3 次。

③ dd if=/dev/sda3 of=/mnt/f1：把 sda3 分区的数据导入到 f1 中，相当于用文件存储整个分区数据。

④ dd if=/dev/sda3 of=/dev/sdb1：把 sda3 分区的数据导入到 sdb1 中，相当于拷贝整个分区。

⑤ dd if=/dev/sda of=/dev/sdb：把 sda 磁盘的数据导入到 sdb 磁盘中，相当于拷贝整个磁盘。

⑥ dd if=/dev/zero of=/mnt/f1 bs=100M count=5：把空字符导入到 f1 中，每次导入 100M 字节，导入 5 次，相当于创建一个 500M 的全都是空字符的文件。

注意，/dev/zero 并非是真正的设备或文件，而是类似于程序，功能是无限生成二进制的 0，即空字符。

⑦ dd if=/dev/zero of=/dev/sdb2 bs=100M count=1：把空字符导入到 sdb2 分区中，每次导入 100M 字节，导入 1 次，相当于擦除分区前 100M 空间，多用于分区无法格式化时，先擦除再格式化。

9.2.3　系统备份

要对 Linux 进行备份，可以有多种方式，在企业实际的使用环境中（通常称为生产环境），主要有以下两种常用方法。

①使用 ghost 软件，对整个系统磁盘做备份镜像，一般镜像文件后缀是 .gho。

②使用 dd 命令，将整个系统所在磁盘导出到另一块磁盘中，以作备份盘使用，在系统故障后，再将备份盘中的数据导回即可，这种方法的缺点是系统所在磁盘未经压缩，所占磁盘空间较多。

9.2.4　数据备份的概念

数据备份分为以下几类。

①完全备份：备份所有数据，简称全备。

②差异备份：备份和上一次全备之间发生变化的数据。

③增量备份：备份和上一次备份操作之间发生变化的数据。

④累计增量备份：备份多次备份操作的变化总和。

数据备份共有 10 级，数字表示为 0~9 级。

0 级表示完全备份。

1 级表示备份和上一次 0 级之间的变化数据。

2 级表示备份上一次比本级别数字小的备份之间的变化数据。

3~9 级依此类推。

在生产环境中对重要的数据都需要制定周期性的备份方案，又称备份策略。举例如下。

> 周日晚 0 级备份 即完全备份
>
> 周一晚 2 级备份 即差异备份
>
> 周二晚 2 级备份 即差异备份
>
> 周三晚 1 级备份 即差异备份
>
> 周四晚 2 级备份 即增量备份
>
> 周五晚 2 级备份 即累计增量备份
>
> 周六晚 2 级备份 即累计增量备份

上例中的备份策略以一周为一个周期，每天进行不同级别的备份，如图 9-2-1 所示。

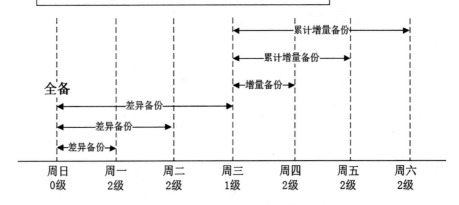

图 9-2-1　操作系统常见周备份策略示意图

分析：周一晚进行 2 级备份，向前寻找 1 级备份，由于最近的一次操作是 0 级，且级别数字小于 2 级，因此会直接备份和周日 0 级备份之间的变化数据，即周——天内的变化数据，属于差异备份；同样，周二晚进行 2 级备份时，向前找到周日晚的 0 级备份操作（因为周一的 2 级与周二的 2 级同级，同级之间不会做备份），因此周二晚也备份与周日 0 级备份之间产生的变化数据，即周一周二两天的变化，属于差异备份。

若周三早发生数据丢失，则恢复数据时，需要先恢复周日晚的 0 级数据，再恢复周二晚的 2 级数据，总共执行两次恢复操作。

周三晚进行 1 级备份，备份的是与周日 0 级备份之间的变化数据，仍属于差异备份；而周四晚进行 2 级备份，会备份与周三晚 1 级备份之间的变化数据，即仅备份周四一天的变化数据，由于周三晚进行的不是完全备份操作，因此周四晚进行的是增量备份。

若周五早发生数据丢失，则恢复数据时，需要先恢复周日晚的 0 级数据，再恢复周三晚的 1 级数据，然后恢复周四晚的 2 级数据，总共执行三次恢复操作。

周五晚进行 2 级备份，备份的是与周三晚 1 级备份之间的变化数据，因为包括了两天变化的总和，所以视为累计增量备份；周六的备份与周五类似。

通过上述例子可知，一周内备份最多时会备份三天变化的总和，数据量并不会很大；并且恢复时，最多执行三次恢复即可，次数也不多，因此此种策略较为合理。

9.2.5　数据备份实验案例

视频讲解

数据备份工具软件 dump 的配置步骤如下。

（1）新建分区

①输入 fdisk –l，查看所有磁盘分区表，可见到所有磁盘设备对应的分区信息，如图 9-2-2 所示。

```
[root@CentOS7-1 ~]# fdisk -l

磁盘 /dev/sda: 21.5 GB, 21474836480 字节, 41943040 个扇区
Units = 扇区 of 1 * 512 = 512 bytes
扇区大小(逻辑/物理): 512 字节 / 512 字节
I/O 大小(最小/最佳): 512 字节 / 512 字节
磁盘标签类型: dos
磁盘标识符: 0x00037beb

   设备 Boot      Start         End      Blocks   Id  System
/dev/sda1   *      2048     2099199     1048576   83  Linux
/dev/sda2       2099200    18876415     8388608   83  Linux
/dev/sda3      18876416    27265023     4194304   83  Linux
/dev/sda4      27265024    41943039     7339008    5  Extended
/dev/sda5      27267072    31461375     2097152   83  Linux
/dev/sda6      31463424    35657727     2097152   82  Linux swap / Solaris
[root@CentOS7-1 ~]#
[root@CentOS7-1 ~]#
```

图 9-2-2　使用 fdisk 命令查看分区表

②输入 fdisk /dev/sda，使用 fdisk 工具对 sda 磁盘进行分区管理。

③按 n 键创建新分区，多次按回车键，直到出现"命令（输入 m 获取帮助）："
行，按 w 键保存退出，如图 9-2-3 所示。

```
[root@CentOS7-1 ~]# fdisk /dev/sda
欢迎使用 fdisk (util-linux 2.23.2)。

更改将停留在内存中，直到您决定将更改写入磁盘。
使用写入命令前请三思。


命令(输入 m 获取帮助): n
All primary partitions are in use
添加逻辑分区 7
起始 扇区 (35659776-41943039, 默认为 35659776):
将使用默认值 35659776
Last 扇区, +扇区 or +size{K,M,G} (35659776-41943039, 默认为 41943039):
将使用默认值 41943039
分区 7 已设置为 Linux 类型, 大小设为 3 GiB

命令(输入 m 获取帮助): w
The partition table has been altered!

Calling ioctl() to re-read partition table.

WARNING: Re-reading the partition table failed with error 16: 设备或资源忙.
The kernel still uses the old table. The new table will be used at
the next reboot or after you run partprobe(8) or kpartx(8)
正在同步磁盘.
[root@CentOS7-1 ~]#
```

图 9-2-3　使用 fdisk 命令新建磁盘分区

④再次输入 fdisk –l，查看分区表，可见到新的分区 sda7，如图 9-2-4 所示。

```
[root@CentOS7-1 ~]# fdisk -l

磁盘 /dev/sda: 21.5 GB, 21474836480 字节, 41943040 个扇区
Units = 扇区 of 1 * 512 = 512 bytes
扇区大小(逻辑/物理): 512 字节 / 512 字节
I/O 大小(最小/最佳): 512 字节 / 512 字节
磁盘标签类型: dos
磁盘标识符: 0x00037beb

   设备 Boot      Start         End      Blocks   Id  System
/dev/sda1   *      2048     2099199     1048576   83  Linux
/dev/sda2       2099200    18876415     8388608   83  Linux
/dev/sda3      18876416    27265023     4194304   83  Linux
/dev/sda4      27265024    41943039     7339008    5  Extended
/dev/sda5      27267072    31461375     2097152   83  Linux
/dev/sda6      31463424    35657727     2097152   82  Linux swap / Solaris
/dev/sda7      35659776    41943039     3141632   83  Linux
[root@CentOS7-1 ~]#
```

图 9-2-4　使用 fdisk 命令查看新建的分区

⑤输入 partprobe，使新的分区生效。

⑥输入 mkfs –t ext4 /dev/sda7，将新分区格式化，如图 9-2-5 所示。

```
[root@CentOS7-1 ~]# mkfs -t ext4 /dev/sda7
mke2fs 1.42.9 (28-Dec-2013)
文件系统标签=
OS type: Linux
块大小=4096 (log=2)
分块大小=4096 (log=2)
Stride=0 blocks, Stripe width=0 blocks
196608 inodes, 785408 blocks
39270 blocks (5.00%) reserved for the super user
第一个数据块=0
Maximum filesystem blocks=805306368
24 block groups
32768 blocks per group, 32768 fragments per group
8192 inodes per group
Superblock backups stored on blocks:
        32768, 98304, 163840, 229376, 294912

Allocating group tables: 完成
正在写入inode表: 完成
Creating journal (16384 blocks): 完成
Writing superblocks and filesystem accounting information: 完成

[root@CentOS7-1 ~]#
```

图 9-2-5　将新建分区格式化

注意，用于做备份的分区不需要挂载。

由于在第一章安装系统时，预留了一部分磁盘空间，新建分区操作可以成功，但如果磁盘已经被所有分区占满，则此操作会失败。

关于 fdisk 磁盘分区工具的操作过程，将在下一章中详细介绍。这里先按此步骤操作即可。

（2）安装 dump 软件

dump 软件是一种操作系统文件备份工具，可提供增量备份。安装该软件的步骤如下。

①挂载系统光盘，由于要从光盘安装 dump 软件，需要输入 mount /dev/cdrom /media。

②输入 yum install dump，安装 dump 软件及其依赖包，如图 9-2-6 所示。

```
[root@CentOS7-1 ~]# yum install dump
己加载插件: fastestmirror, langpacks
cdrom
Loading mirror speeds from cached hostfile
正在解决依赖关系
--> 正在检查事务
---> 软件包 dump.x86_64.1.0.4-0.22.b44.el7 将被 安装
--> 正在处理依赖关系 rmt, 它被软件包 1:dump-0.4-0.22.b44.el7.x86_64 需要
--> 正在检查事务
---> 软件包 rmt.x86_64.2.1.5.2-13.el7 将被 安装
--> 解决依赖关系完成

依赖关系解决

======================================================================
 Package                                          架构
======================================================================
正在安装:
 dump                                             x86_64
为依赖而安装:
 rmt                                              x86_64

事务概要
======================================================================
安装  1 软件包 (+1 依赖软件包)

总下载量: 251 k
安装大小: 581 k
Is this ok [y/d/N]: y
Downloading packages:
----------------------------------------------------------------------
总计
Running transaction check
Running transaction test
Transaction test succeeded
Running transaction
  正在安装    : 2:rmt-1.5.2-13.el7.x86_64
  正在安装    : 1:dump-0.4-0.22.b44.el7.x86_64
  验证中      : 2:rmt-1.5.2-13.el7.x86_64
  验证中      : 1:dump-0.4-0.22.b44.el7.x86_64

已安装:
  dump.x86_64 1:0.4-0.22.b44.el7
```

图 9-2-6　使用 yum 命令安装 dump 备份命令

（3）指定要做备份的分区

①输入 df –h，查看当前的分区挂载。例如，如图 9-2-7 所示，/dev/sda5 挂载在 /home 上。

```
[root@CentOS7-1 ~]# df -h
文件系统          容量    已用    可用  已用% 挂载点
/dev/sda3         3.9G    253M   3.4G    7% /
devtmpfs          2.0G      0    2.0G    0% /dev
tmpfs             2.0G      0    2.0G    0% /dev/shm
tmpfs             2.0G    9.1M   2.0G    1% /run
tmpfs             2.0G      0    2.0G    0% /sys/fs/cgroup
/dev/sda2         8.0G    3.0G   5.1G   37% /usr
/dev/sda5         2.0G    37M    2.0G    2% /home
/dev/sda1        1014M   159M   856M   16% /boot
tmpfs             394M    40K    394M    1% /run/user/0
/dev/sr0          4.3G    4.3G     0   100% /media
[root@CentOS7-1 ~]#
```

图 9-2-7　当前分区挂载

②输入如下命令，创建文件和目录。

```
cd /home
touch f1 f2 f3
mkdir d1 d2 d3
touch d2/f4
```

③输入 dump –0 –u –f /dev/sda7 /home，备份 /home 所对应的分区，把数据备份到 /dev/sda7 中。–0 表示备份级别，–u 表示备份后产生日志，存储在位于 /etc/dumpdates 的日志文件中，–f 用于指定备份的分区，/home 即是要做备份的分区对应的挂载点目录。

④输入 dump –W，查看备份日志，如图 9-2-8 所示。

```
[root@Centos7-1 ~]# cd /home
[root@Centos7-1 home]# touch f1 f2 f3
[root@Centos7-1 home]# mkdir d1 d2 d3
[root@Centos7-1 home]# touch d2/f4
[root@Centos7-1 home]# dump -0 -u -f /dev/sda7 /home
  DUMP: Date of this level 0 dump: Fri Dec 20 17:15:39 2019
  DUMP: Dumping /dev/sda5 (/home) to /dev/sda7
  DUMP: Label: none
  DUMP: Writing 10 Kilobyte records
  DUMP: mapping (Pass I) [regular files]
  DUMP: mapping (Pass II) [directories]
  DUMP: estimated 99 blocks.
  DUMP: Volume 1 started with block 1 at: Fri Dec 20 17:15:39 2019
  DUMP: dumping (Pass III) [directories]
  DUMP: dumping (Pass IV) [regular files]
  DUMP: Closing /dev/sda7
  DUMP: Volume 1 completed at: Fri Dec 20 17:15:39 2019
  DUMP: Volume 1 110 blocks (0.11MB)
  DUMP: 110 blocks (0.11MB) on 1 volume(s)
  DUMP: finished in less than a second
  DUMP: Date of this level 0 dump: Fri Dec 20 17:15:39 2019
  DUMP: Date this dump completed:  Fri Dec 20 17:15:39 2019
  DUMP: Average transfer rate: 0 kB/s
  DUMP: DUMP IS DONE
[root@Centos7-1 home]# dump -W
Last dump(s) done (Dump '>' file systems):
> /dev/sda3     (      /) Last dump: never
> /dev/sda2     (  /usr) Last dump: never
> /dev/sda1     ( /boot) Last dump: never
  /dev/sda5     ( /home) Last dump: Level 0, Date Fri Dec 20 17:15:39 2019
[root@Centos7-1 home]#
```

图 9-2-8　使用 dump 命令备份磁盘分区数据

（4）数据恢复

①输入 restore –tf /dev/sda7，查看备份设备中的文件，如图 9-2-9 所示。

```
[root@Centos7-1 mnt]# restore -tf /dev/sda7
Dump    date: Fri Dec 20 17:15:39 2019
Dumped from: the epoch
Level 0 dump of /home on Centos7-1:/dev/sda5
Label: none
        2       .
       11       ./lost+found
       12       ./zhang
       13       ./zhang/.mozilla
       14       ./zhang/.mozilla/extensions
       15       ./zhang/.mozilla/plugins
       16       ./zhang/.bash_logout
       17       ./zhang/.bashrc
       18       ./zhang/.bash_profile
       19       ./f1
       20       ./f2
       21       ./f3
     8193       ./d1
     8194       ./d2
       22       ./d2/f4
     8195       ./d3
[root@Centos7-1 mnt]#
```

图 9-2-9   使用 restore 命令备份设备中的文件

②输入 restore –rf /dev/sda7，恢复所有文件到当前目录下，如图 9-2-10 所示。

```
[root@Centos7-1 ~]# cd /mnt
[root@Centos7-1 mnt]# ls
[root@Centos7-1 mnt]# restore -rf /dev/sda7
[root@Centos7-1 mnt]# ls
d1  d2  d3  f1  f2  f3  lost+found  restoresymtable  zhang
```

图 9-2-10   使用 restore 命令恢复备份文件到当前目录

③输入 restore –xf /dev/sda7 f1 f2 d1 d2，恢复指定文件，回车后，首先询问当前卷号（适用于备份设备为磁带，当前备份设备为磁盘的情况下），输入 1 回车即可；再询问是否给当前目录设置权限、所属者、所属组等信息，输入 y 回车即可。如图 9-2-11所示。

```
[root@Centos7-1 mnt]#
[root@Centos7-1 mnt]# restore -xf /dev/sda7 f1 f2 d1 d2
restore: ./d1: File exists
restore: ./d2: File exists
You have not read any volumes yet.
Unless you know which volume your file(s) are on you should start
with the last volume and work towards the first.
Specify next volume # (none if no more volumes): 1
set owner/mode for '.'? [yn] y
[root@Centos7-1 mnt]#
```

图 9-2-11   使用 restore 命令恢复指定的备份文件到当前目录

第十章
磁盘管理

10.1　磁盘基本概念

　　日常所用的台式机、笔记本电脑上的磁盘的容量能够达到几百 G，这种磁盘一般都是机械磁盘，即用一些精密的机械部件组成的磁盘。近几年来，越来越多的笔记本电脑中内置了固态磁盘，固态磁盘又称 SSD 磁盘。

　　SSD 磁盘使用存储芯片提供空间，和 U 盘一样，也属于芯片式存储。SSD 的特点是空间越大，读写性能越好，因此 SSD 正在慢慢向 PC 机主流磁盘的应用发展，但是由于其具有成本、价格较高，且故障率高、寿命低等缺点，暂时不适合应用在大型数据中心或磁盘阵列的环境中。

　　本章主要以机械磁盘为介绍对象。

10.1.1　磁盘结构

　　（1）磁盘的机械结构

　　机械磁盘是由机械组件组成的磁盘，主要的存储空间由盘片提供。盘片是一个圆形的薄片，样子类似于小一号的光盘，现今使用的材质一般是铝材料的金属或石英玻璃。盘片表面会均匀地分布一层带有磁性的磁介质，可以想象成一层极细的磁性粉末。磁盘通过识别磁介质的磁性不同，来区分二进制数字 0、1。盘片的一侧表面称为一个盘面。盘面上的磁介质会按照一定的规则排列成同心圆结构，每个同心圆称为一个磁道。每个磁道又被划分成多个小的弧形，称之为扇区，为了便于管理，每个扇区都会从 0 开始加以编号。如图 10-1-1 所示。

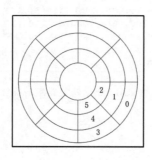

图 10-1-1　盘片

注意，无论是内层磁道上的扇区还是外层磁道上的扇区，每个扇区存储的容量都是 512 字节。

一块磁盘上的第一个扇区，即 0 号扇区，被称为磁盘首扇区（MBR），其上存放着本分区的分区表和引导程序相关信息。（关于引导程序的概念，会在后续章节讲解）

磁盘盘片的正面由各个磁道组成，侧视图如图 10-1-2 所示。

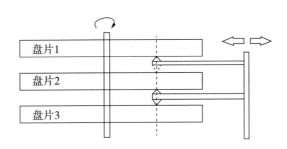

图 10-1-2　磁盘盘片侧视图

磁盘的侧面是多个盘片的罗列，不同的磁盘盘片数量也不尽相同。例如，笔记本电脑的磁盘和移动硬盘的磁盘中，可能只有一个盘片，台式机磁盘由于尺寸比较大，里面可能会有 1~3 个盘片。

以 3 个盘片为例，盘片罗列好后，中轴贯穿盘片中心，连接一个电机，电机带动 3 个盘片同时转动，盘片之间由磁头读写数据，多个磁盘的一侧共连一个杠杆，并连接一个电机控制磁头左右移动。因此盘片在转动的同时，磁头左右移动，能够读写到所有盘面任何位置的数据。

由于所有磁头在同一条垂直线上，当一个磁盘定位到一个盘面的某个磁道时，其他磁头也都定位到了相应盘面的对应磁道上。若把上下所有磁头定位的磁道连贯起来，就会形成一个圆柱体，称为柱面。磁盘在进行存储时，是按照柱面存储的，写满一个柱面后再写入另一个柱面，这样所有磁头可以同时工作，效率较高。

（2）磁盘盘片的转速

盘片中轴所连接的电机会有不同的转速，一般可以按照电机的转速将磁盘分为以下三种类型，其中 r/m 表示每分钟转多少圈。

①低速磁盘：5400r/m，常用于笔记本硬盘、移动硬盘。

②高速磁盘：7200r/m，常用于台式机硬盘。

③服务器磁盘：10000r/m~15000r/m，常用于普通服务器。

（3）分区的格式化

分区需要经过格式化后才可以使用，分区的格式化一般分为以下三种类型。

①快速格式化：仅清空分区数据，无修复功能，简称快格。

②高级格式化：可以修复逻辑坏道，简称高格。

③低级格式化：可以标记物理坏道，简称低格。

如图10-1-3所示，选中下侧的"快速格式化"，即是快格，取消选中"快速格式化"，即是高格。Windows和Linux本身不支持低级格式化。

（4）坏道

坏道分为以下两种类型。

①逻辑坏道：由于磁头的长期读写，可能会造成磁道上某块区域的磁介质排列不规范或磁性紊乱，导致无法正常读写。逻辑坏道可以使用高格修复，使磁介质重新按照正确格式排列或将磁性梳理正确。

②物理坏道：由于磁头的长时间磨损或受到磕碰、振荡等，导致磁道上某块区域的磁介质丢失或失去磁性。物理坏道无法修复，只能使用特殊的工具软件，通过低格标记出来，让磁头读写时跳过坏道区间，继续向下读写。如果一块磁盘的物理坏道过多，建议丢弃掉，因为物理坏道多会对磁头读写速度造成

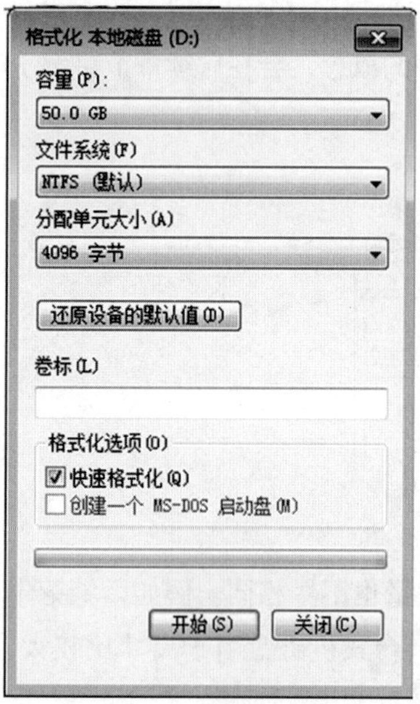

图 10-1-3　快速格式化

极大影响，并容易导致程序的数据丢失、电脑出现蓝屏现象。

10.1.2　磁盘分区类型

在Linux中，磁盘有两种使用方式，标准分区（又称基本磁盘）和LVM逻辑卷管理（又称动态磁盘），标准分区一旦设定好通常就不能灵活调整。例如，采用标准分区的磁盘sda中的"/"根分区已经使用了95%的空间，没有额外存储空间，而现有一块硬盘sdb中有一个闲置分区sdb1，一共100G，由于磁盘sda采用的是标准分区，无法实现将sdb1的限制存储空间添加到sda的根分区中扩充其存储容量，而磁盘的LVM逻辑卷管理方式却可以很好解决标准分区不能动态扩容的缺陷。本节主要介绍标准分区，LVM逻辑卷管理将在下一章重点介绍。

磁盘的标准分区有以下三种类型。

①主分区：允许安装系统的分区，一块磁盘最多允许划分四个主分区。

②扩展分区：不可以直接使用的分区，即不允许存入数据的分区，占主分区的一个名额。

③逻辑分区：必须建立在扩展分区之内，仅用于存入数据，不支持安装系统，允许划分多个。

如果一块磁盘已经划分了四个主分区，但仍然有空闲空间，那么剩余的空闲空间

不允许再划分分区。因此磁盘一般划分为三个主分区和一个扩展分区，在扩展分区内再建立多个逻辑分区，即创建三个主分区，将磁盘剩余空间都划分给一个扩展分区，再在扩展分区内建立多个逻辑分区。

10.1.3 磁盘接口类型

在磁盘连接到主机时，接口一般有以下四种类型。

① IDE：并口，已基本被淘汰。

② SATA：串口，PC 机主流接口。

③ SAS：串口，服务器主流接口，磁盘转速可达 10000r/m、15000r/m，与 SATA 接口可兼容。

④ SCSI：串口，用于小型机或大中型磁盘阵列。

10.1.4 存储设备分类

按照设备存储数据方式的不同，可将存储设备分为块设备和字符设备。

①块设备：磁盘属于典型的块设备。系统从块设备读写数据时，是按照固定大小来读写数据的。如以 4K 字节为固定大小，则若向磁盘文件中存入超过 4K 的数据，系统会在磁盘中再找其他多个空闲块来存放数据，这些空闲块有可能在盘片上连续分布，也有可能不连续。例如，某个分区中创建了 f1、f2、f3 三个文件，并占用了连续的磁盘存储空间，当删除 f2 后，f2 文件占用的块就会处于空闲状态，在 f1 和 f3 之间会产生存储空间的间隙。若一个分区使用时间过长，磁盘经历过多次的文件写入和删除，势必会产生很多类似的存储空间间隙。

②字符设备：要求空间使用必须连续，不允许有空间间隙，如磁带设备。

当使用 ls –l 命令查看目录下的内容时，若显示的第一个字符为"b"，则表示该设备为块设备；若显示的第一个字符为"c"，则表示该设备为字符设备。

10.2 fdisk 磁盘管理

10.2.1 分区表查看

使用 fdisk –l 命令查看本机磁盘的分区表信息，结果如图 10-2-1 所示。

视频讲解

```
[ root@centos7-1 ~]# fdisk -l

Disk /dev/sda: 21.5 GB, 21474836480 bytes, 41943040 sectors
Units = sectors of 1 * 512 = 512 bytes
Sector size (logical/physical): 512 bytes / 512 bytes
I/O size (minimum/optimal): 512 bytes / 512 bytes
Disk label type: dos
Disk identifier: 0x000cd9ef

   Device Boot      Start         End      Blocks   Id  System
/dev/sda1   *        2048     2099199     1048576   83  Linux
/dev/sda2         2099200    18876415     8388608   83  Linux
/dev/sda3        18876416    27265023     4194304   83  Linux
/dev/sda4        27265024    41943039     7339008    5  Extended
/dev/sda5        27267072    31461375     2097152   83  Linux
/dev/sda6        31463424    35657727     2097152   82  Linux swap / Solaris
```

图 10-2-1 磁盘的分区表信息

第一行的"Disk /dev/sda"表示本机连接磁盘的名字,"21.5GB"表示磁盘总容量;第二行和第三行表示磁盘的基本单位是扇区,扇区大小为512字节;第四行表示磁盘读写的单位为512字节;第五行表示磁盘引导类型,若为"dos",则说明磁盘采用MBR引导方式;第六行是已被写入到MBR扇区中的磁盘随机产生的标识符。

在下方的具体分区表中,Device列表示该分区所对应的设备文件名;Boot列表示该分区是否可以用来启动系统;Start列表示该分区的开始扇区号;End列表示该分区的结束扇区号;Blocks列表示分区大小,单位为KB;Id列表示该分区的文件系统编号;System列表示该分区的文件类型,若显示的是83 Linux,则表示为ext4文件系统。

对于sda4,System列显示为Extended,表示其为扩展分区,占据了所有剩余空间。

对于sda5和sda6,开始扇区号和结束扇区号在sda4范围内,说明二者是逻辑分区。

通过sda4、sda5、sda6的Blocks列,可计算出本块磁盘未做分区的空间大小为7339008-2097152-2097152=3144704。

注意,在RHEL 7.0之前的版本中,分区表中会显示柱面(cylinder),Start列表示该分区的开始柱面号;End列表示该分区的结束柱面号。

若要查看块设备的分区信息,可使用lsblk命令,如图10-2-2所示。

```
[ root@centos7-1 ~]# lsblk
NAME   MAJ:MIN RM   SIZE RO TYPE MOUNTPOINT
sda      8:0   0    20G  0 disk
├─sda1   8:1   0     1G  0 part /boot
├─sda2   8:2   0     8G  0 part /usr
├─sda3   8:3   0     4G  0 part /
├─sda4   8:4   0     1K  0 part
├─sda5   8:5   0     2G  0 part /home
└─sda6   8:6   0     2G  0 part [SWAP]
sr0     11:0   1  1024M  0 rom
[ root@centos7-1 ~]#
```

图 10-2-2 使用 lsblk 命令查看块设备的分区信息

若要查看已挂载分区的使用信息，可使用 df -h 命令，-h 表示按照合适的单位显示空间大小，若不加 -h，显示时默认以 K 作为单位，如图 10-2-3 所示。

```
[root@centos7-1 ~]# df -h
文件系统          容量    已用    可用   已用% 挂载点
/dev/sda3        3.9G    162M   3.5G    5% /
devtmpfs         978M      0    978M    0% /dev
tmpfs            993M      0    993M    0% /dev/shm
tmpfs            993M    9.1M   984M    1% /run
tmpfs            993M      0    993M    0% /sys/fs/cgroup
/dev/sda2        8.0G    3.0G   5.1G   37% /usr
/dev/sda5        2.0G     11M   1.8G    1% /home
/dev/sda1        976M    129M   780M   15% /boot
tmpfs            199M    4.0K   199M    1% /run/user/42
tmpfs            199M     20K   199M    1% /run/user/0
[root@centos7-1 ~]#
```

图 10-2-3　查看已挂载分区的使用信息

注意，文件系统列中的 tmp 字符表示临时空间。

10.2.2　fdisk 分区工具使用简介

使用 fdisk /dev/sda 命令可以对磁盘的剩余空间进行分区管理。

回车后进入 fdisk 菜单界面，提示输入操作命令，根据括号中的提示输入 m，显示帮助列表，即所有可用命令的列表，如图 10-2-4 所示。

```
Command (m for help): m
Command action
   a   toggle a bootable flag
   b   edit bsd disklabel
   c   toggle the dos compatibility flag
   d   delete a partition
   g   create a new empty GPT partition table
   G   create an IRIX (SGI) partition table
   l   list known partition types
   m   print this menu
   n   add a new partition
   o   create a new empty DOS partition table
   p   print the partition table
   q   quit without saving changes
   s   create a new empty Sun disklabel
   t   change a partition's system id
   u   change display/entry units
   v   verify the partition table
   w   write table to disk and exit
   x   extra functionality (experts only)

Command (m for help):
```

图 10-2-4　磁盘分区管理所有可用命令选项

常用命令如表 10-2-1 所示。

表 10-2-1　磁盘分区管理常用命令选项

命令	说明
d	删除分区
n	创建新分区
t	更改文件系统类型，即格式化类型
p	查看分区表，等同于 fdisk –l 命令
w	保存新的分区表，退出
q	不保存新的分区表，退出
g	创建新的 GPT 分区表（GPT 分区的功能后续再做介绍）
o	创建新的 dos 分区表

10.2.3　磁盘分区

视频讲解

磁盘分区时主要包括以下四种操作。

（1）新建分区

根据 fdisk 菜单的提示信息来新建分区，步骤如下：

①输入 fdisk /dev/sda 命令，进入 fdisk 管理菜单。

②输入 n，创建分区。

③输入开始扇区号，回车，表示使用默认开始扇区的值。

④输入结束扇区号或指定添加存储空间的大小。

注意，若输入的是数字，则表示指定结束扇区号，如 40000000；若输入的是 "+ 数字"，则表示占用的扇区数，如 +1000 表示占用 1000 个扇区；若输入的是 "+ 数字 M/G"，则表示占用的空间大小，如 +800M 表示占用 800M 字节。

⑤重复以上过程，创建分区 sda8，大小为 1000M，如图 10-2-5 所示。

```
Command (m for help): n
All primary partitions are in use
Adding logical partition 7
First sector (35659776-41943039, default 35659776):
Using default value 35659776
Last sector, +sectors or +size{K,M,G} (35659776-41943039, default 41943039): +80
0M
Partition 7 of type Linux and of size 800 MiB is set

Command (m for help): n
All primary partitions are in use
Adding logical partition 8
First sector (37300224-41943039, default 37300224):
Using default value 37300224
Last sector, +sectors or +size{K,M,G} (37300224-41943039, default 41943039): +10
00M
Partition 8 of type Linux and of size 1000 MiB is set

Command (m for help):
```

图 10-2-5　创建分区 sda7 和 sda8

⑥输入 t，更改分区的文件系统类型。

⑦指定分区号。例如，输入 8 表示指定更改 sda8，如图 10-2-6 所示。

```
Command (m for help): t
Partition number (1- 8, default 8): 8
Hex code (type L to list all codes): l
```

图 10-2-6　更改分区文件系统类型并指定分区号

⑧输入文件系统编号 l，表示显示所有可用文件系统编号，如图 10-2-7 所示。

```
Hex code (type L to list all codes): l

0   Empty            24  NEC DOS          81  Minix / old Lin  bf  Solaris
1   FAT12            27  Hidden NTFS Win  82  Linux swap / So  c1  DRDOS/sec (FAT-
2   XENIX root       39  Plan 9           83  Linux            c4  DRDOS/sec (FAT-
3   XENIX usr        3c  PartitionMagic   84  OS/2 hidden C:   c6  DRDOS/sec (FAT-
4   FAT16 <32M       40  Venix 80286      85  Linux extended   c7  Syrinx
5   Extended         41  PPC PReP Boot    86  NTFS volume set  da  Non- FS data
6   FAT16            42  SFS              87  NTFS volume set  db  CP/M / CTOS / .
7   HPFS/NTFS/exFAT  4d  QNX4. x          88  Linux plaintext  de  Dell Utility
8   AIX              4e  QNX4. x 2nd part 8e  Linux LVM        df  BootIt
9   AIX bootable     4f  QNX4. x 3rd part 93  Amoeba           e1  DOS access
a   OS/2 Boot Manag  50  OnTrack DM       94  Amoeba BBT       e3  DOS R/O
b   W95 FAT32        51  OnTrack DM6 Aux  9f  BSD/OS           e4  SpeedStor
c   W95 FAT32 (LBA)  52  CP/M             a0  IBM Thinkpad hi  eb  BeOS fs
e   W95 FAT16 (LBA)  53  OnTrack DM6 Aux  a5  FreeBSD          ee  GPT
f   W95 Ext'd (LBA)  54  OnTrackDM6       a6  OpenBSD          ef  EFI (FAT- 12/16/
10  OPUS             55  EZ- Drive        a7  NeXTSTEP         f0  Linux/PA- RISC b
11  Hidden FAT12     56  Golden Bow       a8  Darwin UFS       f1  SpeedStor
12  Compaq diagnost  5c  Priam Edisk      a9  NetBSD           f4  SpeedStor
14  Hidden FAT16 <3  61  SpeedStor        ab  Darwin boot      f2  DOS secondary
16  Hidden FAT16     63  GNU HURD or Sys  af  HFS / HFS+       fb  VMware VMFS
17  Hidden HPFS/NTF  64  Novell Netware   b7  BSDI fs          fc  VMware VMKCORE
18  AST SmartSleep   65  Novell Netware   b8  BSDI swap        fd  Linux raid auto
1b  Hidden W95 FAT3  70  DiskSecure Mult  bb  Boot Wizard hid  fe  LANstep
1c  Hidden W95 FAT3  75  PC/IX            be  Solaris boot     ff  BBT
1e  Hidden W95 FAT1  80  Old Minix
Hex code (type L to list all codes): ■
```

图 10-2-7　显示所有可用文件系统编号

⑨输入 86 或 87，设置 sda8 的文件系统为 Windows 的 NTFS，表示 Linux 支持多种文件系统。

注意，这是为了让 sda8 分区可以被 Windows 所使用。从兼容性的角度分析，Windows 是不能兼容 Linux 文件系统的，所以用 Linux 创建的分区若采用 ext4 类型做格式化，则在双系统的主机上（Windows、Linux 并存的主机）使用 Windows 登录进入界面后，无法查看 Linux 所做的分区。若在 Linux 中把某个分区按 Windows 的 NTFS 或 FAT 格式化，则在 Windows 中便可访问该分区。

⑩输入 p，即可看到新建了分区 sda7 和 sda8，如图 10-2-8 所示。

```
Hex code (type L to list all codes): 86
Changed type of partition 'Linux' to 'NTFS volume set'

Command (m for help): p

Disk /dev/sda: 21.5 GB, 21474836480 bytes, 41943040 sectors
Units = sectors of 1 * 512 = 512 bytes
Sector size (logical/physical): 512 bytes / 512 bytes
I/O size (minimum/optimal): 512 bytes / 512 bytes
Disk label type: dos
Disk identifier: 0x000cd9ef

   Device Boot      Start         End      Blocks   Id  System
/dev/sda1   *        2048     2099199     1048576   83  Linux
/dev/sda2         2099200    18876415     8388608   83  Linux
/dev/sda3        18876416    27265023     4194304   83  Linux
/dev/sda4        27265024    41943039     7339008    5  Extended
/dev/sda5        27267072    31461375     2097152   83  Linux
/dev/sda6        31463424    35657727     2097152   82  Linux swap / Solaris
/dev/sda7        35659776    37298175      819200   83  Linux
/dev/sda8        37300224    39348223     1024000   86  NTFS volume set
```

图 10-2-8　查看磁盘分区表

输入 w，即可保存新的分区表并退出，新的分区表被写入到磁盘中，但是在 Linux 中分区表信息并未更新，使用 lsblk 命令无法查看到分区 sda7、sda8，此时可以使用 partprobe 命令进行更新，或使用 reboot 命令重启后自动更新。

更新成功后，执行 lsblk 命令便可见到新建的分区。

（2）制作文件系统

在 Linux 中，制作文件系统即是格式化的意思，且称已经格式化好的、可以使用的分区为文件系统。

在步骤（1）中，fdisk 菜单中设置的文件系统类型，如 83 Linux、86 NTFS，都只是对分区的文件系统类型做了个标签、标记而已，并未真正对分区进行格式化。

若要格式化分区，可以使用 mkfs –t 命令或 mkfs. 命令，–t 用于指定文件系统类型。例如，mkfs –t ext4 /dev/sda7 或 mkfs.ext4 /dev/sda7 表示指定分区 sda7 为 ext4 类型，mkfs –t vfat /dev/sda8 或 mkfs.vfat /dev/sda8 表示指定分区 sda8 为 vfat 类型。

注意，Linux 中无法真正区分 Windows 的 NTFS、FAT 类型，统一定义为 vfat 类型。

（3）挂载分区

按照 Linux 的特性，分区必须挂载后才可使用，因此还需要创建挂载点，步骤如下。

①输入 cd /mnt。Linux 中习惯在 /mnt 目录中存放设备的挂载点。

②输入 mkdir d1 d2，创建挂载点 d1、d2。

③输入 mount 命令挂载分区，格式如下：

mount 源设备 挂载点

例如，mount /dev/sda7 /mnt/d1 表示将 sda7 挂载到 /mnt/d1 目录下，mount /dev/sda8

/mnt/d2 表示将 sda8 挂载到 /mnt/d2 目录下。

输入 lsblk 和 fdisk –l 命令可查看已挂载分区的使用信息，如图 10-2-9 所示。

```
[root@Centos7-1 ~]# lsblk
NAME    MAJ:MIN RM   SIZE RO TYPE MOUNTPOINT
sda       8:0    0    20G  0 disk
├─sda1    8:1    0     1G  0 part /boot
├─sda2    8:2    0     8G  0 part /usr
├─sda3    8:3    0     4G  0 part /
├─sda4    8:4    0   512B  0 part
├─sda5    8:5    0     2G  0 part /home
├─sda6    8:6    0     2G  0 part [SWAP]
├─sda7    8:7    0   800M  0 part
└─sda8    8:8    0  1000M  0 part
sr0      11:0    1  1024M  0 rom
[root@Centos7-1 ~]# fdisk -l

磁盘 /dev/sda: 21.5 GB, 21474836480 字节, 41943040 个扇区
Units = 扇区 of 1 * 512 = 512 bytes
扇区大小(逻辑/物理): 512 字节 / 512 字节
I/O 大小(最小/最佳): 512 字节 / 512 字节
磁盘标签类型: dos
磁盘标识符: 0x00038b33

   设备 Boot      Start         End      Blocks   Id  System
/dev/sda1   *      2048     2099199     1048576   83  Linux
/dev/sda2       2099200    18876415     8388608   83  Linux
/dev/sda3      18876416    27265023     4194304   83  Linux
/dev/sda4      27265024    41943039     7339008    5  Extended
/dev/sda5      27269120    31463423     2097152   83  Linux
/dev/sda6      31465472    35659775     2097152   82  Linux swap / Solaris
/dev/sda7      35661824    37300223      819200   83  Linux
/dev/sda8      37302272    39350271     1024000   86  NTFS volume set
```

图 10-2-9　查看已挂载分区信息

④输入 mount 命令查看本机挂载表，其中显示的 type 表示文件系统类型，如图 10-2-10 所示。

```
[root@Centos7-1 ~]# mount
......
/dev/sr0 on /media type iso9660 (ro,relatime)
/dev/sda7 on /mnt/d1 type ext4 (rw,relatime,data=ordered)
/dev/sda8 on /mnt/d2 type vfat (rw,relatime,fmask=0022,dmask=0022,codepage=437,iocharset=ascii,shortname=mixed,errors=remount-ro)
[root@Centos7-1 ~]#
```

图 10-2-10　使用 mount 命令查看本机挂载表

（4）卸载分区

若想卸载分区，可以使用 umount 命令。格式如下：

umount 源设备或 umount 挂载点

例如，umount /dev/sda7 表示卸载源设备 sda7，umount /mnt/d2 表示卸载挂载点 d2。

注意，卸载分区后，挂载点内的原有文件会和分区一起脱离现有的目录结构，挂载点恢复成空目录状态。

若当前路径已经在挂载点中，卸载分区时会提示设备正忙，卸载失败，如图 10-

2–11 所示，因此卸载前一定要先退出挂载点目录。

```
[root@centos7-1 mnt]# mount /dev/sda7 /mnt/d1
[root@centos7-1 mnt]# cd /mnt/d1
[root@centos7-1 d1]# umount /dev/sda7
umount: /mnt/d1: target is busy.
        (In some cases useful info about processes that use
         the device is found by lsof(8) or fuser(1))
[root@centos7-1 d1]#
```

图 10-2-11　分区卸载失败

如果在挂载分区时限制只能读取分区中的文件而不能修改，可在 mount 命令后增加参数 –o ro，–o 指定挂载权限，ro 表示挂载后只读。例如，mount /dev/sda7 /mnt/d1 –o ro 表示分区 sda7 挂载后只允许读取，不允许写入。使用 mount 命令查看，可见到该分区信息的 "{}" 之间显示为 ro，即只读状态挂载，如图 10-2-12 所示。

```
[root@Centos/-1 ~]# umount /dev/sda7
[root@Centos7-1 ~]# mount -o ro /dev/sda7 /mnt/d1
[root@Centos7-1 ~]# mount
sysfs on /sys type sysfs (rw,nosuid,nodev,noexec,relatime,seclabel)
proc on /proc type proc (rw,nosuid,nodev,noexec,relatime)
devtmpfs on /dev type devtmpfs (rw,nosuid,seclabel,size=1001444k,nr_inodes=250361,mode=755)
      ......
sunrpc on /var/lib/nfs/rpc_pipefs type rpc_pipefs (rw,relatime)
tmpfs on /run/user/0 type tmpfs (rw,nosuid,nodev,relatime,seclabel,size=203192k,mode=700)
gvfsd-fuse on /run/user/0/gvfs type fuse.gvfsd-fuse (rw,nosuid,nodev,relatime,user_id=0,group_id=0)
fusectl on /sys/fs/fuse/connections type fusectl (rw,relatime)
/dev/sda8 on /mnt/d2 type vfat (rw,relatime,fmask=0022,dmask=0022,codepage=437,iocharset=ascii,shortname=mixed,errors=remount-ro)
/dev/sda7 on /mnt/d1 type ext4 (ro,relatime,seclabel,data=ordered)
[root@Centos7-1 ~]#
```

图 10-2-12　只读方式挂载分区

10.3　自动挂载

视频讲解

与环境变量配置类似，分区挂载在系统重启后也会失效。若要在系统重启后实现自动挂载，则需要使用 vi /etc/fstab 命令编辑文件系统的配置文件，fstab 的内容由以空格分隔的六列信息组成，说明如下。

列 1：源设备。

列 2：挂载点。

列 3：文件系统类型。

列 4：挂载选项。

列 5：是否自动备份。

列 6：是否自动扫描。

其中，"是否自动备份"列表示该分区是否支持自动备份。如果该列值为 "0" 表示使用 dump 命令备份时不会备份分区的文件；如果该列值为 "1" 表示会备份分区文件。

关机时未能及时保存的数据会备份到挂载点下的 lost+found 目录中，对于使用

Windows 文件系统的分区，即 vfat 格式的文件系统，不支持自动备份。

"是否自动扫描"列表示开机后该分区是否支持自动扫描，扫描即检查有无逻辑坏道并修复。

如果该列值为"0"表示不扫描；如果该列值为"1"表示自动扫描；如果该列值为"2"表示手动扫描。

例如，/dev/sda7 /mnt/d1 ext4 rw,user 1 2 表示设置分区 sda7 挂载在 /mnt/d1 下，文件系统类型为 ext4，rw,user 表示设置挂载时允许普通用户读写访问，支持自动备份，支持手动扫描。

/dev/sda8 /mnt/d2 vfat defaults 0 2 表示设置分区 sda8 挂载在 /mnt/d2 下，文件系统类型为 vfat，挂载时使用默认权限，不支持自动备份，支持手动扫描。

若不需要自动挂载，则可把第四列的"defaults"改成"noauto"。

若想立即挂载 fstab 中新设定的新添加的挂载点，可以使用 mount –a 命令，挂载 /etc/fstab 文件中指定的所有分区，已处于挂载状态的则不再挂载，处于卸载状态的则会立即挂载。

10.4　UUID 的使用

UUID 是设备在系统中的唯一编号，使用如下命令可查看设备的 UUID。

① blkid：查看块设备 id，即所有磁盘设备的 UUID。

② blkid /dev/sda7：只查看指定分区的 UUID，本例中为 sda7。

注意，可以把 UUID 写入文件系统的配置文件中，模仿原有分区挂载的格式，设置自动挂载。

10.5　分区卷标

卷标是分区的一个标签或别名，可用于标记该分区中存放数据的说明，方便使用者识别。

若要设置卷标，可使用 e2label 命令。例如，假设在 sda7 中放置常用的软件安装包，则为了便于长期管理，可使用 e2label /dev/sda7 "SoftPackage" 命令给分区 /dev/sda7 设置卷标，卷标名称为"SoftPackage"。

若要使用卷标挂载，可使用 mount 命令。例如，mount LABEL=SoftPackage /mnt/d1 表示将卷标名为"SoftPackage"的分区挂载到 /mnt/d1 目录下。

若要使用卷标实现自动挂载，可使用 vi 编辑 /etc/fstab 文件。例如，添加一行 LABEL= SoftPackage /mnt/d1 ext4 defaults 1 2 表示设置卷标挂载在 /mnt/d1 下，文件系统类型为 ext4，挂载时使用默认挂载选项，支持自动备份，支持手动扫描。

若要查看分区卷标，可使用 e2label 命令。例如，e2label /dev/sda7 表示查看分区 sda7 的卷标。

若要撤销卷标，可使用 e2label 命令。例如，e2label /dev/sda7 "" 表示撤销分区 sda7 的卷标。

10.6　USB 存储设备的连接

U 盘属于已格式化的热插拔设备，因此不需要再次格式化，且当插入 U 盘后，Linux 会自动识别并安装驱动，等驱动安装完毕后，执行 fdisk –l 或 lsblk 命令即可查看到新加入的 U 盘对应的设备文件名，记录下其设备文件名，创建挂载点，挂载使用即可。

mkdir /mnt/uDisk：创建挂载点 uDisk。

mount /dev/sdc /mnt/uDisk：挂载使用。

同样，如果连接的是移动硬盘，而且已经创建好了分区，执行 fdisk –l 命令后可查看到移动硬盘中的各个分区，创建挂载点后挂载使用即可。

10.7　block 存储块

视频讲解

对于一个分区，在制作文件系统（即格式化）时，会按照一个固定的大小，把分区空间划分成多个存储块，称为 block。向分区中存入文件时，会根据文件的大小，给其分配足够多的 block，即使 block 中有空间浪费，也不再使用。磁头在分区内寻址时，可以根据 block 的大小，快速后移，找到目标文件所在位置。因此，以 block 的形式存储文件，能够缩短分区内文件的寻址时间。

block 是一个分区给文件分配的最小空间单位，即一个文件在分区上占据的最小空间。例如，假设一个分区格式化时设定的 block 大小为 4KB（4096B），则若有一个 50B 的文件，会在分区内占据 1 个 block 空间，剩余的 4046B 会浪费掉；若有一个 500B 的文件，同样占据 1 个 block 空间；但若有一个 5000B 的文件，则会占据 2 个 block 空间。

Linux 中，默认的 block 大小为 4KB，即制作文件系统时，若不做指定，默认按 4KB 创建 block。

执行 ls –l 命令后显示的文件大小，是指文件的内容大小。例如，文件 f1 内容只有一个字母"a"，使用 ls –l f1 命令会看到文件 f1 只有 1 个字节大小，而文件在文件系统中是以 block 块的方式存储的，文件 f1 会占用一个 block 的存储空间，文件所占据的 block 的总和往往称作文件的真实大小，需要用 du 命令来查看，举例如下。

du f1：查看文件 f1 在分区内占据的真实大小，显示单位为 KB。

du –s /var：仅查看指定目录 /var 在分区内占据的真实大小，–s 表示只显示合计数。

可以用 tune2fs 命令查看一个文件系统（即分区）的 block 信息，举例如下。

tune2fs –l /dev/sda5：查看分区 sda5 的 block 信息。如图 10-7-1 所示。

```
[root@Centos7-1 ~]# tune2fs -l /dev/sda5
tune2fs 1.42.9 (28-Dec-2013)
Filesystem volume name:   <none>
Last mounted on:          /home
Filesystem UUID:          2b38437f-f489-44fd-8b0d-7edf10d
Filesystem magic number:  0xEF53
Filesystem revision #:    1 (dynamic)
Filesystem features:      has_journal ext_attr resize_ino
Filesystem flags:         signed_directory_hash
Default mount options:    user_xattr acl
Filesystem state:         clean
Errors behavior:          Continue
Filesystem OS type:       Linux
Inode count:              131072
Block count:              524288
Reserved block count:     26214
Free blocks:              498122
Free inodes:              131047
First block:              0
Block size:      ◀                4096      ◀
```

图 10-7-1　查看分区 block 信息

一个文件系统的 block 大小，只有在制作文件系统时才可以设定，文件系统制作完毕后不可修改。制作文件系统时使用 –b 参数设置 block 大小，例如，mkfs –t ext4 –b 2K /dev/sda7 表示指定分区 sda7 为 ext4 类型，block 大小为 2KB。

注意，使用 –b 指定 block 大小时，最大值为 4KB，若设置大于 4KB，则询问是否强制执行，但强制执行后，分区将不可被挂载使用，如图 10-7-2 所示。

10.8　磁盘扫描

在节 10.3 中，介绍了使用 vi /etc/fstab 命令编辑文件系统的配置文件的内容，给需要挂载的设备添加以下格式的一行信息，实现自动挂载。

行格式：源设备 挂载点 文件系统类型 挂载选项 是否自动备份 是否自动扫描

"是否自动扫描"列表示开机后该分区是否支持自动扫描，若为 2，则表示手动扫描。

可以使用 fsck 命令进行扫描，举例如下。

fsck –t ext4 /dev/sda7 或 fsck.ext4 /dev/sda7：扫描文件系统。

注意，sda7 为未挂载的分区。

也可以使用 tune2fs 命令设置系统自动进行周期性扫描，举例如下。

① tune2fs –c 5 /dev/sda7：–c 指定扫描的挂载频率，即该分区被挂载 5 次，自动扫描一次。

② tune2fs –i 5d /dev/sda7：–i 指定扫描的时间频率，5d 代表 5 天，即每隔 5 天自

动扫描一次。

③ tune2fs –c –1 /dev/sda7：设定挂载频率为负一，表示取消自动周期性扫描。

④ tune2fs –i 0 /dev/sda7：设定扫描的时间间隔为零，表示取消自动周期性扫描。

10.9 文件系统中 block 的使用

10.9.1 inode 节点

视频讲解

在为一个分区制作文件系统后，所有的 block 块会被划分成两个区域：inode 区、数据 IO 区。如图 10-9-1 所示。

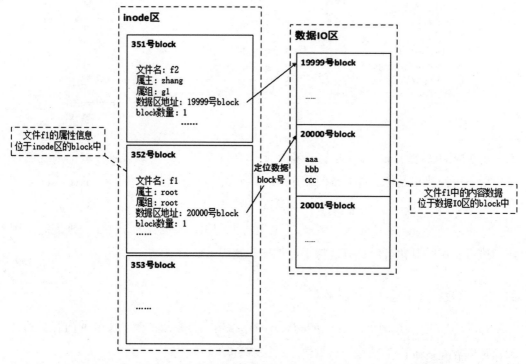

图 10-9-1 文件系统中的 inode 区与数据 IO 区

说明如下。

inode 区：每一个 block 对应一个文件，存放该文件的属性信息，如文件名、大小、权限、所属、数据区地址指针等。该 block 被称为文件的 inode 节点，简称 i 节点。可以认为，inode 区中有多少个 block 就代表该分区能够存放多少个文件，即有多少个 inode 节点。

数据 IO 区：由 inode 节点中的数据区地址指针指向该文件在数据区中占据的地址编号，存放文件中的数据。

可以使用 tune2fs –l 命令或 stat 命令查看分区或文件的 inode 节点信息，举例如下。

① tune2fs –l /dev/sda7：查看分区 sda7 的 inode 信息。

② stat f1：查看文件 f1 的 inode 信息。

可以使用 df 命令查看分区和文件的 inode 信息，举例如下。

① df –h：查看已挂载各分区磁盘的使用率。

② df –i：查看已挂载各分区 inode 区的使用率。显示的单位是个数，即分区总共有多少个 inode，用了多少个，剩余多少个。如图 10-9-2 所示。

```
[root@Centos7-1 mnt]# df -i
文件系统              Inode  已用(I)  可用(I)  已用(I)%  挂载点
/dev/sda3          262144     9130   253014      4%  /
devtmpfs           250361      407   249954      1%  /dev
tmpfs              253986        1   253985      1%  /dev/shm
tmpfs              253986      605   253381      1%  /run
tmpfs              253986       16   253970      1%  /sys/fs/cgroup
/dev/sda2          524288   109680   414608     21%  /usr
/dev/sda5          131072       25   131047      1%  /home
/dev/sda1           65536      335    65201      1%  /boot
tmpfs              253986        9   253977      1%  /run/user/42
tmpfs              253986        1   253985      1%  /run/user/0
[root@Centos7-1 mnt]#
```

图 10-9-2　查看已挂载各分区 inode 使用率

③ ls –i：查看文件的 inode 编号。如图 10-9-3 所示。

```
[root@Centos7-1 mnt]# ls -i
133396 d1   133397 d2   133595 f1   133404 f2   133405 f3
[root@Centos7-1 mnt]#
```

图 10-9-3　查看文件 inode 号

inode 区中的第一个 block（即 0 号 inode 节点）专门用于记录本分区的属性信息，如分区大小、已用分区大小、未用分区大小、分区地址范围等。该 inode 被称为"超级块"，如果超级块故障了，整个分区将不可使用。为了超级块的数据安全，使用 inode 区中第 31 个 inode 作为超级块的备份，称为"次超级块"。

10.9.2　分区空间存满的原因分析

若向一个分区中存入文件时，提示分区已存满，则可能是由以下两种情况造成的。

①分区中存放较大的文件，把数据 IO 区占满，但 inode 区仍有空闲的 inode 节点。

②分区中存放较小的文件，文件个数多，把 inode 区占满，inode 节点被占满，但数据 IO 区仍有空闲。

总结：在对分区制作文件系统时，需要提前思考该分区将要存放什么类型的数据，以便制定更合理的 block 方案。

10.10 find 命令总结

视频讲解

find 的常用命令及其参数如表 10-10-1 所示。

表 10-10-1 find 的常用命令及其参数

命令	说明
find / −name f1	查找文件名是 f1 的文件
find / −user zhang	查找属主是 zhang 的文件
find / −group zu11	查找属组是 zu11 的文件
find / −perm 644	按指定的权限查找文件
find / −perm −111	−111 表示 ugo 三项中都包括 x 执行权限的文件
find / −perm +111	+111 表示 ugo 三项中至少有一项包括 x 执行权限的文件
find / −type f	按照指定的文件类型 "f" 来查找文件，文件类型 f 代表普通文件 f：普通文件；d：目录；l：软链接；b：块设备；c：字符设备
find / −inum 166633	查找 inode 编号是 166633 的文件
find / −size +100M	查找大小是 100M 字节的文件
find /mnt/ −perm −111 −type f −exec {} \;	查找到每个符合条件的可执行文件后立即执行该文件 −exec 表示查找后立即执行；{} 是 find 命令要求的占位符，即每找到的一个文件就会放到 {} 中，在此例中找到的可执行命令将直接执行；\; 是找到的可执行命令的分隔符
find /mnt/ −perm −111 −type f −exec chmod a−x {} \;	查找到符合条件的一个文件，立即使用 chmod 命令去除该文件 x 权限

10.11 GPT 分区

（1）定义

GPT（Globally Unique Identifier Partition Table Format，全局唯一标示磁盘分区表格式）分区是指在磁盘硬件不断发展过程中产生的一种较新的磁盘分区格式，为大容量磁盘使用者提供了更加灵活的分区管理方式。

（2）特点

在前文中，无论是在原系统磁盘上新建分区还是为新加磁盘制作分区，默认使用的都是以 MBR 为引导方式的 dos 分区表格式。dos 分区表格式是传统的 Linux、Windows 所采用的分区方案，该方案只能支持最多四个主分区或扩展分区。但是随着磁盘容量的逐年增大，使用者对磁盘的启动方式、读写、分区大小与数量的要求越来越高，传统 dos 分区表格式的局限性越来越明显。于是，几年前出现了 UEFI 启动方式，其主要优势是突破了以 MBR 为方式引导的 dos 分区表仅支持四个主分区的限制，UEFI 引导方式主要支持 GPT 分区表格式，主要特点如下：

①支撑更大的分区和独立文件。

②分区的个数没有限制，但 Windows 最多支持 128 个分区。

③支持大于 2TB 的分区，$1TB=10^3GB$。

④最大支持 18EB 容量的硬盘，$1EB=10^9GB$。

⑤使用灵活、管理简单。

⑥安全性高。GPT 不允许对整个硬盘进行复制，提高了磁盘内数据的安全性；针对不同的数据建立不同的分区，可同时为不同分区创建不同的权限，保证磁盘分区的 GUID 唯一性。

输入 fdisk /dev/sdb，给新磁盘 sdb 创建 GPT 分区表格式的磁盘分区，磁盘管理菜单中的 g 键即是创建 GPT 分区表的项。如图 10-11-1 和 10-11-2 所示。

```
[root@Centos7-1 /]# fdisk /dev/sdb
Welcome to fdisk (util-linux 2.23.2).

Changes will remain in memory only, until you decide to write them.
Be careful before using the write command.


Command (m for help): m
Command action
   a   toggle a bootable flag
   b   edit bsd disklabel
   c   toggle the dos compatibility flag
   d   delete a partition
   g   create a new empty GPT partition table   ⬅
   G   create an IRIX (SGI) partition table
   l   list known partition types
   m   print this menu
   n   add a new partition
   o   create a new empty DOS partition table
   p   print the partition table
   q   quit without saving changes
   s   create a new empty Sun disklabel
   t   change a partition's system id
   u   change display/entry units
   v   verify the partition table
   w   write table to disk and exit
   x   extra functionality (experts only)

Command (m for help): g
Building a new GPT disklabel (GUID: 11E845B8-69CD-470C-BE3A-AD4C85A65F9B)


Command (m for help):
```

图 10-11-1　创建 GPT 分区表格式的磁盘分区

```
Command (m for help): n
Partition number (1-128, default 1): 1
First sector (2048-20971486, default 2048):
Last sector, +sectors or +size{K,M,G,T,P} (2048-20971486, default 20971486):
Created partition 1


Command (m for help): p

Disk /dev/sdb: 10.7 GB, 10737418240 bytes, 20971520 sectors
Units = sectors of 1 * 512 = 512 bytes
Sector size (logical/physical): 512 bytes / 512 bytes
I/O size (minimum/optimal): 512 bytes / 512 bytes
Disk label type: gpt    ◄━━
Disk identifier: 11E845B8-69CD-470C-BE3A-AD4C85A65F9B


#         Start         End    Size  Type            Name
 1         2048     20971486    10G  Linux filesyste

Command (m for help): w
The partition table has been altered!

Calling ioctl() to re-read partition table.
Syncing disks.
[root@Centos7-1 /]#
```

图 10-11-2　创建 GPT 分区表格式的磁盘分区

第十一章
LVM逻辑卷管理

11.1 LVM 基本概念

11.1.1 LVM 简介

上一章讲解了标准分区的原理，可以看到，标准分区的配置比较简单，但是也有很显著的缺点。例如，分区创建后不可动态扩容，分区的空间必须连续，不允许跨越多个磁盘等。因此在生产环境中，标准分区无法满足诸如空间扩容等常见需求。为了解决这一问题，Linux 提供了 LVM 技术。

LVM 是一种十分灵活的磁盘管理方案，其原理是把多块磁盘或分区组织成一个磁盘组，划分分区时从磁盘组中的成员（各个单独的磁盘或磁盘分区）上划分空间，最终的磁盘分区可以跨越多块原始的磁盘或多个磁盘分区，实现按需扩容或缩容。

11.1.2 LVM 原理

首先了解以下几个概念。

PV：物理卷，即一块用于存储数据的磁盘空间。可以把一个分区或一块磁盘制作成 PV。

VG：卷组。多个 PV 组成一个 VG。

LV：逻辑卷。从 VG 中划分出的一块制作文件系统后的存储空间，并挂载使用，LV 允许跨越 VG 中多个 PV 的空间。

PE：物理单元。PV 组成 VG 时，按照 VG 事先制定好的固定大小划分出的多个存储单元。

LE：逻辑单元。从 VG 划分 LV 时，按照 VG 事先制定好的 PE 固定大小划分出的多个一一对应的逻辑存储单元。

LV 使用并占用的 PE，在 LV 中称为 LE，即 LE 是 PE 在 LV 中的映射。

PV、VG、LV、PE、LE 的关系如图 11-1-1 所示。

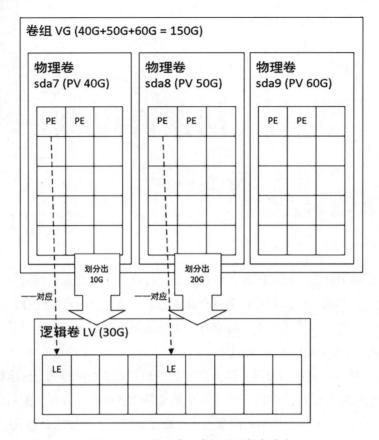

图 11-1-1　物理卷、卷组和逻辑卷关系

　　分区制作成 PV 再组成 VG 时，被划分成了多个 PE。假设 PE 大小为 1G，则 sda7 的 40G 空间会被分成 40 个 PE，sda8 的 50G 空间会被分成 50 个 PE，可以认为 VG 管理的其实是内部的 PE 资源。当要划分 LV 时，LV 所需空间为 30G，则 VG 会从 PE 池中划分出 30 个 PE 映射给 LV 使用，这些 PE 可以来自不同的 PV 上。当 LV 空间被占满时，可以随时增加空间，若 VG 中剩余空间不足，则可以先给 VG 中增加新的 PV，再给 LV 扩容。

11.2　LVM 创建文件系统

视频讲解

　　使用 LVM 技术创建 LV 并制作文件系统的步骤如下。

　　（1）新建分区

　　①输入 fdisk /dev/sda，管理 /dev/sda。

　　②创建三个分区 sda7（600M）、sda8（800M）、sda9（1000M）。

　　③设置三个分区的文件系统类型均为 8e Linux LVM，输入 p 查看后，结果如图 11-2-1 所示。

```
命令(输入 m 获取帮助): p

磁盘 /dev/sda: 21.5 GB, 21474836480 字节, 41943040 个扇区
Units = 扇区 of 1 * 512 = 512 bytes
扇区大小(逻辑/物理): 512 字节 / 512 字节
I/O 大小(最小/最佳): 512 字节 / 512 字节
磁盘标签类型: dos
磁盘标识符: 0x00038b33

   设备 Boot      Start        End      Blocks   Id  System
/dev/sda1   *      2048    2099199     1048576   83  Linux
/dev/sda2       2099200   18876415     8388608   83  Linux
/dev/sda3      18876416   27265023     4194304   83  Linux
/dev/sda4      27265024   41943039     7339008    5  Extended
/dev/sda5      27269120   31463423     2097152   83  Linux
/dev/sda6      31465472   35659775     2097152   82  Linux swap / Solaris
/dev/sda7      35661824   36890623      614400   8e  Linux LVM
/dev/sda8      36892672   38531071      819200   8e  Linux LVM
/dev/sda9      38533120   40581119     1024000   8e  Linux LVM

命令(输入 m 获取帮助):
```

图 11-2-1 设置分区的文件系统类型

④输入 partprobe，使更新生效。

（2）创建 PV

①输入 pvcreate /dev/sda7、pvcreate /dev/sda8、pvcreate /dev/sda9，将新建的 sda7、sda8 和 sda9 分区转化成物理卷。

注意，PV 的来源可以是分区，也可以是整个磁盘，为了使实验更简单明了，此处使用分区制作成 PV，但在生产环境中，更多的是把整个磁盘制作成一个 PV。

②输入 pvdisplay，可查看本机所有 PV 信息。

③输入 pvdisplay /dev/sda7，可查看指定的 PV 信息。

（3）创建 VG，组成 PV

①输入 vgcreate -s 8M vg01 /dev/sda7 /dev/sda8 创建 VG，-s 用于指定 PE 大小为 8M，若不写，则默认为 4M，vg01 是给新 VG 定义的卷组名称，sda7、sda8 是组成 VG 的 PV。

②输入 vgdisplay，可查看本机所有 VG 信息，如当前 LV 数、当前 PV 数、活动 PV 数、VG 大小、PE 大小、总 PE 数、被用 PE 数、空闲 PE 数等。如图 11-2-2 所示。

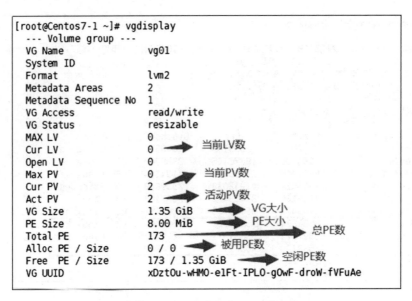

图 11-2-2　本机所有 VG 信息

③输入 pvdisplay，可查看到 PV 加入 VG 后的信息，如当前总 PE 数、被用 PE 数、空闲 PE 数等。

（4）基于已建 VG 创建 LV

①输入 lvcreate −L 500M −n lv01 vg01 创建 LV，−L 用于指定 LV 大小为 500M，−n 用于指定创建的 LV 名称为 lv01，vg01 表示从 vg01 中划分。创建 LV 时，也可以在命令最后指定 PV。例如，输入 lvcreate −L 500M −n lv01 vg01 /dev/sda8，即设定新建 LV 逻辑卷 lv01 的 LE 占用 dev/sda8 的空间。

②输入 lvdisplay，可查看 LV 信息。

③输入 lvdisplay −m /dev/vg01/lv01，可查看 LV 信息及 LE、PE 的映射关系。

（5）给 LV 制作文件系统并挂载使用

①输入 mkfs −t ext4 /dev/vg01/lv01，制作文件系统。

②输入 mkdir /mnt/d1，创建挂载点。

③输入 mount /dev/vg01/lv01 /mnt/d1，挂载使用。

④输入 df −h 或 lsblk 命令可查看已挂载分区的使用信息。

⑤输入 vi /etc/fstab，添加行 /dev/vg01/lv01 /mnt/d1 ext4 defaults 1 2，配置开机自动挂载。

11.3　LVM 管理

11.3.1　LVM 扩容

LVM 扩容的命令如下。

① vgextend vg01 /dev/sda9：VG 扩容，给 VG 增加 sda9 这个 PV。

② lvextend –L +200M /dev/vg01/lv01：LV 扩容，给逻辑卷 lv01 增加 200M 空间。

注意，–L 表示按大小扩容。不写"+"表示扩容到多大，写"+"表示增加多大。也可以指定在哪个 PV 上增加 200M 空间，如 lvextend –L +200M /dev/vg01/lv01 /dev/sda8 表示指定在 sda8 上增加 200M 空间。

③使用 lsblk 或 lvdisplay 命令都可以查看到 LV 扩容成功，空间大小已增加。

若使用 df –h 命令查看文件系统的使用信息，会发现 LV 所在的文件系统大小未发生变化。这是因为扩容增加的空间并未制作文件系统。但若使用 mkfs 命令重新制作文件系统，原有数据将丢失，因此只需给新增空间制作文件系统。

输入 resize2fs /dev/vg01/lv01，可重置 LV 大小，自动将未做文件系统的空间格式化；也可以输入 lvextend –L +200M –r /dev/vg01/lv01，在扩容的同时，增加参数 –r，扩容后直接对新增空间制作文件系统。

11.3.2 数据转移

数据转移主要有以下两种情况。

①若有一块磁盘已经有了明显的故障迹象，则需要在磁盘还能够读写，但已经有故障的初级现象时就提前更换，并将原有磁盘上的数据转移到新磁盘，否则容易产生数据丢失。

可以使用 pvmove 命令进行数据转移，如 pvmove /dev/sda7 /dev/sda9 表示存在于 sda7 上的所有逻辑卷的逻辑存储单元 LE，原来映射到物理卷 /dev/sda7 的物理存储单元 PE 上，命令执行成功后，会转移映射到物理卷 /dev/sda9 的物理存储单元 PE 上。结果是原来在 sda7 上的逻辑卷中的相应数据复制到物理卷 /dev/sda9 中，不会造成逻辑卷中数据的丢失。

②若 VG 中的 PV 使用不合理，有些 PV 上 LV 比较多，使用率高，有些 PV 很少被 LV 所占用，造成 PV 使用不均衡，单个 PV 数据读写压力大的现象，则需要把 PV 上的部分被 LV 占用的映射 PE 转移到其他 PV 上。

同样地，也可以使用 pvmove 命令进行数据转移。如 pvmove /dev/sda9:0–10 /dev/sda8 表示把 sda9 上的 0~9 号 PE 对 LE 的映射转移到 sda8 上，以实现磁盘使用的均衡化。

注意，在指定源 PV 时，指定的是 PV 上的 PE 号，而不是在 LV 中的映射 LE 号。

转移完毕后，输入 lvdisplay –m /dev/vg01/lv01，即可查看到新的映射关系。

11.3.3 LVM 缩容

LVM 缩容的命令如下。

lvreduce –L –200M /dev/vg01/lv01：LV 缩容，给 lv01 减少 200M 空间。

缩容后，文件系统的超级块将被破坏，文件系统不可再用。只能使用 mkfs 命令重新制作文件系统再使用，原数据会丢失。若重新制作文件系统时报错失败，则可以使用 dd 命令把 0 导入到 LV，通常可以将前 100M 数据用二进制的 0 擦除后，再制作文件系统。

删除 PV 也属于缩容，若 VG 中有未使用的 PV，可以使用 vgreduce 命令将其从 VG 中删除，如 vgreduce /dev/vg01 /dev/sda7 表示删除 sda7 这个 PV，VG 缩容。

11.3.4　LVM 删除

LVM 删除的命令如下。

① umount /dev/vg01/lv01：卸载文件系统。

② lvremove /dev/vg01/lv01：删除 LV。

③ vgremove /dev/vg01：在 VG 中已没有 LV 的前提下，删除 VG。

④ pvremove /dev/sda[789]：删除 PV。sda[789] 表示 sda7、sda8 和 sda9。

⑤ fdisk /dev/sda：进入 fdisk 菜单，删除分区。

11.3.5　小结

①文件系统是指可用的，被格式化好的存储空间，存储空间，可由分区提供，也可以从多块磁盘上占用。

②LV 实质是由 PE 组成的存储空间，在该空间内可以制作文件系统，划分 Block，也可认为是在 PE 内划分 Block。

11.4　swap 交换分区

视频讲解

swap 分区又称交换分区，即虚拟内存。当系统物理内存不足或使用空间紧张时，系统会在磁盘上开辟一块空间，临时作为内存使用，称为虚拟内存。swap 空间的大小与物理内存的大小相关，最大可用量是物理内存的 2 倍。

主机物理内存扩容后，swap 也需要进行扩容，可以通过创建 swap 分区来实现。

使用标准分区模式创建 swap 分区的具体步骤如下：

①输入 free –h，查看内存系统信息，swap 行表示 swap 空间使用信息。

②输入 fdisk /dev/sda，在磁盘内创建一个分区 sda10，指定大小为 500M，将文件系统类型设置为 82 Linux swap，效果如图 11-4-1 所示。

```
命令(输入 m 获取帮助): t
分区号 (1-10, 默认 10): 10
Hex 代码(输入 L 列出所有代码): 82
已将分区"Linux"的类型更改为"Linux swap / Solaris"

命令(输入 m 获取帮助): p

磁盘 /dev/sda: 21.5 GB, 21474836480 字节, 41943040 个扇区
Units = 扇区 of 1 * 512 = 512 bytes
扇区大小(逻辑/物理): 512 字节 / 512 字节
I/O 大小(最小/最佳): 512 字节 / 512 字节
磁盘标签类型: dos
磁盘标识符: 0x00038b33

   设备 Boot      Start         End      Blocks   Id  System
/dev/sda1    *      2048     2099199     1048576   83  Linux
/dev/sda2        2099200    18876415     8388608   83  Linux
/dev/sda3       18876416    27265023     4194304   83  Linux
/dev/sda4       27265024    41943039     7339008    5  Extended
/dev/sda5       27269120    31463423     2097152   83  Linux
/dev/sda6       31465472    35659775     2097152   82  Linux swap / Solaris
/dev/sda7       35661824    36890623      614400   8e  Linux LVM
/dev/sda8       36892672    38531071      819200   8e  Linux LVM
/dev/sda9       38533120    40581119     1024000   8e  Linux LVM
/dev/sda10      40583168    41607167      512000   82  Linux swap / Solaris
```

图 11-4-1　将标准分区设置为交换分区

③输入 partprobe，使更新生效。

④输入 mkswap /dev/sda10，制作 swap 文件系统。

⑤输入 swapon /dev/sda10，启用 swap 分区。

⑥输入 free –h 或 lsblk，查看到 swap 空间已增加。

⑦输入 vi /etc/fstab，然后在文件中输入 /dev/sda10 swap swap default 0 0，配置开机自动挂载。

注意，若想关闭新添加的 swap 分区，可输入 swapoff /dev/sda10。

使用 LV 创建 swap 分区的具体步骤如下，如图 11–4–2 所示。

①输入 lvcreate –L 400M –n lv03 vg01，创建 lv03。

②输入 mkswap /dev/vg01/lv03，制作 swap 文件系统。

③输入 swapon /dev/vg01/lv03，启用 swap。

```
[root@Centos7-1 mnt]# lvcreate -L 400M -n lv03 vg01
WARNING: ext4 signature detected on /dev/vg01/lv03 at offset 1080. Wipe it? [y/n]: y
  Wiping ext4 signature on /dev/vg01/lv03.
  Logical volume "lv03" created.
[root@Centos7-1 mnt]# mkswap /dev/vg01/lv03
正在设置交换空间版本 1, 大小 = 409596 KiB
无标签, UUID=f9c7b8e9-8abb-4262-bb64-1cd88ac60fdb
[root@Centos7-1 mnt]# swapon /dev/vg01/lv03
```

图 11-4-2　使用 LV 创建交换分区

第十二章
磁盘阵列 RAID

12.1 RAID 技术简介

因为单块磁盘的空间容量相对较小，当一台服务器需要较大存储空间时，需要连接多块磁盘。但是一般计算机上的磁盘接口只有 2~4 块，服务器的磁盘接口可能有 4~8 块，不管怎样，接口数总是较少的。所以连接更多磁盘时，就需要外界设备的辅助，磁盘阵列就是最常用的外界设备之一。

磁盘阵列（Redundant Arrays of Independent Drives，RAID）简称盘阵，其上有很多磁盘接口，可连接多块磁盘。家庭或小型机房环境使用到的 RAID 控制器，一般有 4 盘位、6 盘位、12 盘位等规格，操作简单，功能有限，也被称为 RAID 卡。但在正规的数据中心机房中，使用的磁盘阵列设备类似于一台主机，里面有自己的操作系统，可以设置多种磁盘组合方案（即不同磁盘组合方案往往对应具体的 RAID 级别）。

在生产环境中，对数据的读写性能、稳定性、安全性有较高的要求，因此可以借助于盘阵上的多块磁盘，按照特定的数据存储方案来组织、划分分区，以实现数据自动备份、数据恢复等功能，以及提升磁盘读写性能。

12.2 RAID 技术

12.2.1 RAID0

在 Linux 或 Unix 中，RAID0 被称为条带化，在 Windows 中，RAID0 被称为带区卷。

RAID0 技术将多块磁盘组合在一起，磁盘少则两块，多则几十块，生产环境中一般使用 2~3 块。RAID0 在每块磁盘上占用相同大小的空间，总容量是多块磁盘所占空间的总和。如两块磁盘组成 RAID0，每块占用 10G 空间，则 RAID0 占用空间总大小为 20G。

在存储文件时，RAID0 技术将文件平均存储到每块磁盘。如由两块磁盘组成的 RAID0，存放 100M 的文件，则每块磁盘存放 50M 数据；由三块磁盘组成的 RAID0，存放 90M 数据，则每块磁盘存放 30M 数据，依此类推。又因为磁盘是相互独立的，所以存入数据的工作是由多块磁盘同时进行的，即并行存入，读取时也是如此。

由此可见，RAID0 技术可以很好地提升数据的读写速度，使用 n 块磁盘，速度提升 n 倍。磁盘越多，速度提升越快，但 RAID0 不具备数据备份功能，当磁盘较多时，故障率也会随之提高，存在安全风险。因此 RAID0 中一般只使用 2~3 块磁盘。

RAID0 的存储原理：以两块磁盘为例，使用 RAID0 技术存储文件时，会将磁盘空间分成 n 个小的存储区域，称为区块，手动指定区块大小（一般在 64K~256K 之间）后，先把第一块盘的第一个区块存满，再转去存入第二块盘的第一个区块，直到存满，然后转去存入第一块盘的第二个区块，依此类推，如图 12-2-1 所示。

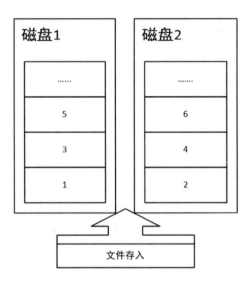

图 12-2-1　RAID0 的存储原理

12.2.2　RAID1

在 Linux 或 Unix 中，RAID1 被称为镜像分区，在 Windows 中，RAID1 被称为镜像卷。

RAID1 也使用多块磁盘组成，且每块磁盘占用相同大小的空间。这多块磁盘之间互为镜像关系，即备份。一般 RAID1 会使用 2~3 块磁盘，文件存入一块磁盘时，其他磁盘也将文件全部再存一份，即所有操作都会在每块磁盘上完整操作一次。如两块磁盘组成的 RAID1 会把文件存储两份，三块磁盘组成的 RAID1 会把文件存储三份。

由此可见，RAID1 可以保证数据的安全性，若出现故障磁盘，其他磁盘上也会有完整的数据，不至于数据丢失。但 RAID1 牺牲了存储空间，同一文件要占据多份磁盘空间，造成空间的浪费，即磁盘冗余。如一个两块磁盘组成的 RAID1，每块磁盘占用 10G 空间，总空间占用量是 20G，但实际可用空间只有 10G，磁盘冗余度是 50%，若是三块磁盘组成的 RAID1，磁盘冗余度更高。

RAID1 的存储原理：每块磁盘上的一份数据称为一份 copy。两块磁盘组成的 RAID1，数据有两个 copy，如图 12-2-2 所示。当数据改变时，多块磁盘的数据一起改变，以保证数据的一致性，称为数据同步。但在性能上，RAID1 没有提升读写速度。

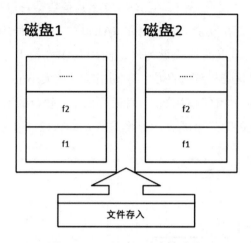

图 12-2-2 RAID1 的存储原理

12.2.3 RAID5

由于 RAID0 性能提升但缺少数据安全性机制，而 RAID1 的数据安全性高但磁盘空间利用率低，后来研发推出了 RAID5 技术，该技术有效地结合了 RAID0 和 RAID1 的优点。RAID5 要求至少由三块磁盘组成，且占用相同大小的空间，采用多存一备的机制保证数据安全，并减少冗余。

RAID5 的存储原理：占用三块以上的磁盘，一般 3~5 块即可。每个磁盘空间都会按照 64KB 为单位划分成 n 个存储区域。以三块磁盘为例，前两块存满 64KB 数据，第三块使用前两块的数据，按照特定的奇偶校验算法，计算出结果当作备份并存入三块磁盘。三者轮流存数据，轮流做备份，磁盘冗余度为 $1/n$。

以加法运算为例，具体过程如图 12-2-3 所示。

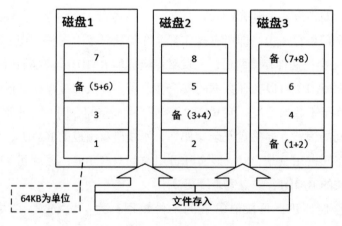

图 12-2-3 RAID5 的存储原理

RAID5 在存放数据时，先把第一块磁盘的第一个 64KB 的区块存满，再去存第二块磁盘的第一个区块，然后前两块磁盘的数据进行加法运算，结果存入第三块磁盘。同理，再在第 1、3 块磁盘上存入数据，第二块磁盘存入结果备份，然后在第 2、3 块磁盘存入数据，第 1 块磁盘存入结果备份，依此类推。

数据将被分别存放在多块磁盘上，当有一块磁盘故障时，更换新的磁盘，通过算法的逆运算（图例中逆运算即是减法）就能够找回丢失的数据，冗余度只有 1/3。若 RAID5 中有四块磁盘，则三存一备，冗余度为 1/4。RAID5 中磁盘越多，冗余度越低。RAID5 只能允许有一块故障盘，通过备份数据可以算出故障盘中的数据，但是 RAID5 不支持同时有两块或两块以上故障盘的数据修复，因此 RAID5 中一般只使用 3~5 块磁盘。

12.2.4　RAID 技术总结

三种 RAID 技术的总结如下。

（1）RAID0

特性：占用两块以上的磁盘，多块磁盘占用的空间必须一样大，存储文件时，把文件平均存储到各个磁盘上，且各个磁盘同时做读写操作。

优点：提升读写性能。

缺点：不具备数据备份、恢复功能，若有一块故障盘，则所有数据丢失。

（2）RAID1

特性：占用两块以上的磁盘，一般 3~4 块即可，多块磁盘占用的空间必须一样大，存储文件时，每个磁盘都把文件完整的保存一份。

优点：磁盘间互为备份，若有故障盘，可进行数据恢复。

缺点：浪费磁盘空间。冗余度高。

（3）RAID5

优点：支持数据备份、恢复，冗余度低。

缺点：不支持同时对两块或两块以上故障盘的数据进行修复。

其实 RAID 技术还有很多其他级别，如 RAID2、RAID3、RAID4 等，最高可达 RAID9，但是其他 RAID 技术在实现时较为复杂，因此当前使用最多的只是 RAID0、RAID1、RAID5 三种。

12.3　RAID 复用

由上节可知，每种 RAID 技术都有各自的优点与缺点，若既想提高读写速度，又想保证数据安全性，可以使用 RAID 复用技术来实现。

12.3.1　RAID0+1

　　RAID0+1 又称 RAID01，存储原理是将多块磁盘分为两组，组内采用 RAID0 机制，组间采用 RAID1 机制，如图 12-3-1 所示。

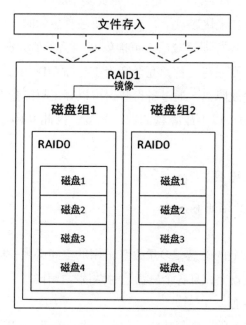

图 12-3-1　RAID01 的存储机制

　　若要存入一个 100MB 的文件，先按照 RAID1 机制存入，即组间的两侧各存入 100MB，然后每组内按照 RAID0 机制存入，即组内的两块磁盘各存 50MB，则花费的实际存入时间等于存入 50MB 的时间，不仅提升了读写速度，还具备数据备份功能。

　　当有一块磁盘故障时，一侧的数据丢失，但另一侧的数据是完整的。因此即便一侧多块磁盘同时故障，另一侧也不受影响。但是，RAID01 不能接受互为镜像的磁盘组同时有故障盘的情况。

12.3.2　RAID1+0

　　RAID1+0 又称 RAID10，存储原理是将多块磁盘分为两组，组内采用 RAID1 机制，组间采用 RAID0 机制，如图 12-3-2 所示。

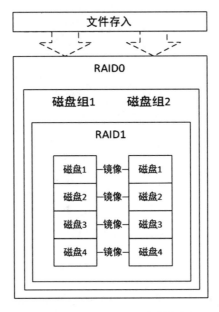

图 12-3-2 RAID10 的存储机制

若要存入一个 100MB 的文件，先按照 RAID0 机制存入，即组间的两侧各存入 50MB，然后每组内按照 RAID1 机制存入，即组内的每块磁盘都存放 50MB 数据，则花费的实际存入时间也等于存入 50MB 的时间，不仅提升了读写速度，还具备数据备份功能。

当有一块磁盘故障时，同侧的磁盘上即有备份；当两侧各坏一块磁盘时，可以通过备份恢复数据；但是当同一侧两块磁盘都故障时，丢失一半的数据，且不可恢复。

与 RAID0+1 组内磁盘先做条带然后磁盘组再做镜像相比，RAID1+0 是组间磁盘先做镜像然后磁盘组再做条带，磁盘利用率相同，都为 50%，而且两种 RAID 复用方式均可以接受一块硬盘故障的情况。RAID1+0 的数据安全性较 RAID0+1 更高，这是因为 RAID1+0 可以接受不同磁盘组的两块硬盘故障的情况，而 RAID0+1 却不行。

12.3.3 RAID5+1

使用 RAID0+1、RAID1+0 这两种复用技术时，虽然采用了提供数据镜像的 RAID1，但是在数据可用性方面仍然存在一定的风险，在对数据安全性要求较高的项目中，需要使用安全性和稳定性更高的复用技术。例如，在设计 RAID 复用时针对每个磁盘组采用 RAID5 机制。

RAID5+1 又称 RAID51，存储原理是将多块磁盘分为两组，组内采用 RAID5 机制，组间采用 RAID1 机制，如图 12-3-3 所示。

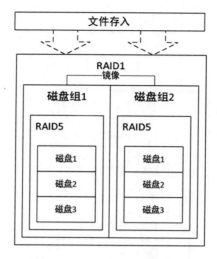

图 12-3-3　RAID51 的存储机制

两组磁盘内部按照 RAID5 机制存入，两组之间按照 RAID1 机制存入，这种组合虽然对数据的读写速度没有太大提升，但是在数据修复方面却具有较强的健壮性。

当一侧内部的一块磁盘故障时，可以通过同组内的另外两块磁盘恢复数据，若一侧内部的两块磁盘故障时，则该侧数据丢失，但另一侧的数据仍然完整，如果另一侧磁盘组也有一块磁盘故障，由于使用的是 RAID5 机制，数据仍然可用。只要不是两侧的磁盘组中同时有两块以上磁盘的硬盘出现故障，数据就仍然可用。因此 RAID51 较 RAID01 和 RAID10 的数据安全性更高。

但是 RAID5+1 的缺点也是很明显的，分析可知，在六块磁盘的环境下，真正有效存储的磁盘只有两块，冗余度高达 2/3，因此这种方案只在对数据稳定性要求较高的项目中使用。

12.3.4　RAID 复用技术总结

（1）RAID0+1（RAID01）

原理：两组磁盘，每组内部按照 RAID0 机制存入，两组之间按照 RAID1 机制存入，存储数据时，先按照 RAID1 机制两组各存完整的一份，组内再按照 RAID0 机制平均存储。

特性：提升读写速度，且支持数据备份与恢复。

缺点：无法解决两组内各坏一块磁盘的故障，可解决单侧坏两块磁盘的故障。

（2）RAID1+0（RAID10）

原理：两组磁盘，每组内部按照 RAID1 机制存入，两组之间按照 RAID0 机制存入，存储数据时，先按照 RAID0 机制平均存储，组内再按照 RAID1 机制两组各存完整的一份。

特性：提升读写速度，且支持数据备份与恢复。

缺点：无法解决一组内坏两块磁盘的故障，可解决两侧各坏一块磁盘的故障。

（3）RAID5+1（RAID51）

原理：两组磁盘，每组内部按照 RAID5 机制存入，两组之间按照 RAID1 机制存入，存储数据时，先按照 RAID1 机制两组各存完整的一份，组内再按照 RAID5 机制存储。

优点：提升读写速度，硬件故障容忍度高。

缺点：无法优化读写速度，冗余度高。

12.4　Linux 中实现 RAID 技术

在实际生产环境中，一般都是在物理盘阵上使用多块磁盘组成各种 RAID 分区，也就是通过硬件设备来实现各类 RAID 机制。通常很多知名企业如 IBM、惠普等都提供各自的存储服务器，简称盘柜或盘阵，其中的硬盘可以通过专用软件根据用户的需求设置成相应的 RAID 方案，这种实现 RAID 的手段通常称作硬 RAID，会有专职的磁盘管理人员（即存储岗）负责盘阵的日常运维。然而，RAID 机制也可以通过软件的方式来实现。例如，可以通过 Linux 软件工具来组成各种 RAID 分区，这种使用软件实现 RAID 的手段通常称为软 RAID。

12.4.1　Linux 中创建 RAID1 分区

视频讲解

要在 Linux 中创建 RAID 分区，需要先安装 RAID 的管理包，可直接使用 Linux 安装光盘上自带的 mdadm。

输入 yum –y install mdadm 进行安装后，步骤如下。

（1）创建分区

输入 fdisk /dev/sda，新建三个分区 sda7、sda8、sda9，大小分别为 600M、800M、1000M，且设定文件系统分区类型均为 "fd"，即 Linux RAID。

注意，本实验中使用三个分区为 RAID 提供存储空间，但在实际生产环境中更常使用整块磁盘做 RAID，如 sdb、sdc、sdd 等。

（2）创建 RAID1 分区

①输入 mdadm –C /dev/md0 –a yes –l 1 –n 2 –x 1 /dev/sda7 /dev/sda8 /dev/sda9，创建 RAID1 分区。–C 用于创建新分区；RAID 分区名必须为 /dev/mdX，X 表示是第几个分区的编号；–a yes 表示自动创建设备；–l 用于设定 RAID 等级；–n 用于指定 RAID 中的可用设备数，即使用几块磁盘组建 RAID；–x 用于指定热备盘数，热备盘即多准备的一块备用盘，在有磁盘出现故障时，RAID 设备会将故障盘中的数据从其他硬盘中获取并自动复制到热备盘中，不需要等待人为发现故障后再手动解决，缩短了故障的

解决反应时间。

注意，命令执行后会提示由于三个分区空间不一致，将按照最小的磁盘（即 sda7）的大小（即 613824K）创建 RAID1，sda8、sda9 上会存在浪费，然后询问"是否继续?"，输入 y，确认继续创建即可，如图 12-4-1 所示。

```
[root@centos7-1 ~]# mdadm -C /dev/md0 -a yes -l 1 -n 2 -x 1 /dev/sda7 /dev/sda8
 /dev/sda9
mdadm: Note: this array has metadata at the start and
    may not be suitable as a boot device. If you plan to
    store '/boot' on this device please ensure that
    your boot-loader understands md/v1.x metadata, or use
    --metadata=0.90
mdadm: largest drive (/dev/sda9) exceeds size (613824K) by more than 1%
Continue creating array? y
mdadm: Defaulting to version 1.2 metadata
mdadm: array /dev/md0 started.
[root@centos7-1 ~]#
```

图 12-4-1　创建 RAID1 分区

②输入 mdadm –D /dev/md0，可查看 RAID 分区详细信息，–D 表示显示指定 RAID 盘的详细信息。sda7、sda8 为活动的镜像盘 active sync，sda9 为热备盘 spare。

③输入 cat /proc/mdstat，可查看本机所有 RAID 分区状态。

（3）制作文件系统并挂载

输入如下代码，制作文件系统并挂载。

mkfs –t ext4 /dev/md0

mkdir /mnt/d1

mount /dev/md0 /mnt/d1

（4）关闭 RAID 分区

输入 mdadm –S /dev/md0，关闭、清除 RAID 分区，–S 表示停止指定的 RAID 盘。注意，关闭操作会直接删除分区文件 /dev/md0。

12.4.2　制作配置文件

视频讲解

在有些版本的 Linux 系统中，通过 mdadm 命令创建的 RAID 分区在系统重启后会出现 RAID 分区不能被系统识别的情况，解决办法是将分区信息写入到 mdadm 的配置文件中，主要有以下两种方式：

①输入 mdadm –Ds >> /etc/mdadm.conf，创建 mdadm 的配置文件 mdadm.conf。

注意，mdadm –Ds 用于扫描当前 RAID 分区的信息，–s 表示扫描。

②手动创建配置文件。输入 vi /etc/mdadm.conf，编辑 /etc/mdadm.conf 文件，并在文档开头写入 device /dev/sda7 /dev/sda8 /dev/sda9，指定创建 RAID 分区的磁盘或源分区。

可以用如下代码进行验证，若删除分区后，可以重新找到 RAID 分区，说明重新启动后，系统能够自动识别 RAID 分区，此时可继续配置分区在重启后自动挂载。具体步骤如下：

①输入 mdadm –S /dev/md0，停止 RAID 盘。

②输入 mdadm –As /dev/md0，重新装配 RAID 分区，随即启动 RAID。

注意，mdadm –As 用于重新加载 /etc/mdadm.conf 中的 RAID 分区的信息，–A 表示重新装配（Assemble），–s 表示扫描。

若没有创建 mdadm 的配置文件，在删除 RAID 分区后，可以使用 mdadm –A /dev/md0 /dev/sd[789] 命令手动重建。

12.4.3 故障盘处理

当 RAID 中出现故障磁盘时，若该磁盘彻底故障不可读写，则 RAID 会自动发现并启用热备盘，从正常可用的盘上把数据复制到热备盘，热备盘即变成镜像盘。

但是对于读写变慢，有故障风险的磁盘，在磁盘并未彻底故障前，RAID 仍会视该磁盘为可用盘，此时需要人为标记其为故障盘，让 RAID 启用热备盘，步骤如下：

①输入 mdadm /dev/md0 –f /dev/sda8，–f 用于强制设定故障磁盘，即标记故障盘。

②输入 mdadm –D /dev/md0，可查看到故障磁盘的状态变为 faulty，意思是处于故障状态，同时开始启用热备盘。

③输入 mdadm /dev/md0 –r /dev/sda8，把故障盘从 RAID 中删除。

④输入 mdadm /dev/md0 –a /dev/sda10，加入新盘，作为热备盘使用。

⑤输入 mdadm –D /dev/md0，可查看到新加入的盘为热备盘。

12.4.4 设定 RAID 监控报警

视频讲解

当 RAID 发生故障时，可以如下命令设置监控程序给用户发送邮件进行通知。

```
mdadm --monitor --mail=root --delay=30 /dev/md0 &
```

命令执行后显示进程 ID，可以使用 jobs 命令查看到后台监控进程，如图 12-4-2 所示。

```
[root@Centos7-1 ~]# mdadm --monitor --mail=root --delay=30 /dev/md0 &
[1] 2040
[root@Centos7-1 ~]#
```

图 12-4-2 设置 RAID 监控

其中，--monitor 用于启动监控进程；--mail 用于指定出现故障后给谁发邮件，上述命令中设定给用户 root 发邮件；--delay 用于指定检测 RAID 分区的时间间隔，单位为秒。

为验证上述设置正确，可执行下图 12-4-3 的过程。

```
[root@Centos7-1 ~]# mdadm /dev/md0 -f /dev/sda9
mdadm: set /dev/sda9 faulty in /dev/md0            ← 人为手动制造坏盘sda9
[root@Centos7-1 ~]# mdadm -D /dev/md0
/dev/md0:
              Version : 1.2
        Creation Time : Fri Jan  3 10:55:42 2020
           Raid Level : raid1
           Array Size : 613376 (599.00 MiB 628.10 MB)
        Used Dev Size : 613376 (599.00 MiB 628.10 MB)
         Raid Devices : 2
        Total Devices : 3
          Persistence : Superblock is persistent

          Update Time : Fri Jan  3 14:46:05 2020
                State : clean
       Active Devices : 2
      Working Devices : 2
       Failed Devices : 1
        Spare Devices : 0

   Consistency Policy : resync

                 Name : Centos7-1:0  (local to host Centos7-1)
                 UUID : 9caf1304:b7eddd2e:36291d49:5230fcb0
               Events : 59

    Number   Major   Minor   RaidDevice State
       0       8       7        0       active sync   /dev/sda7
       3       8      10        1       active sync   /dev/sda10

       2       8       9        -       faulty   /dev/sda9
[root@Centos7-1 ~]# mail
Heirloom Mail version 12.5 7/5/10.  Type ? for help.
"/var/spool/mail/root": 1 message 1 new   ←
>N  1 mdadm monitoring      Fri Jan  3 14:46  29/926    "Fail event on /dev/md0:Centos7-1"
```

图 12-4-3　RAID 监控报警

若想关闭后台监控进程，则需要使用如下命令。

kill –9 进程 ID：杀死后台的监控进程。

12.5　给 LV 配置 RAID

12.5.1　制作 RAID0 级别的 LV

视频讲解

由于现有的已经制作好文件系统的 LV，无法直接升级为 RAID0 级别的 LV 逻辑卷，故只能在创建 LV 时设定其为 RAID0 级别，步骤如下。

（1）创建 VG

清空 RAID 后，输入 vgcreate /dev/vg01 /dev/sda[789]，重建 sda[789] 三个分区，并使用 fdisk 命令重新设定三个分区的文件系统为 LVM。

（2）创建 LV

输入 lvcreate –L 300M –i 2 –I 64K –n lv_r0 vg01，在 VG 中创建 RAID0 级别的 LV。其中，–i 2 表示使用 RAID0，条带化数据为两份，分别存放到不同的磁盘分区

中；–I 64K 表示条带的数据量为 64K，写入的文件将会按照 64K 为单位均分到两个不同的分区中。

（3）查看 LV 信息

输入 lvdisplay –m，可查看到 RAID 类型，如图 12-5-1 所示。

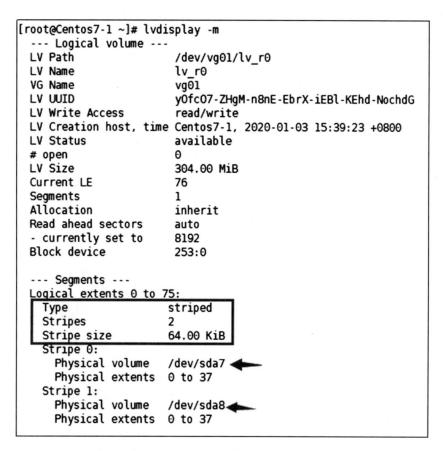

图 12-5-1　在 LV 逻辑卷中使用 RAID0

12.5.2　制作 RAID1 级别的 LV

视频讲解

也可以在创建 LV 时，输入 lvcreate –L 400M –m 1 –n lv_r1 vg01，设定其为带镜像功能的 LV，即 RAID1 级别的 LV。–m 表示增加一个镜像，即存入当前逻辑卷的数据将保存两份。

注意，镜像又称为 mirror，给源数据增加一份镜像，又称为增加一个 mirror。

输入 lvdisplay –m /dev/vg01/lv01，可查看到 RAID1 镜像信息，如图 12-5-2 所示。

```
[root@Centos7-1 ~]# lvdisplay -m /dev/vg01/lv_r1
   --- Logical volume ---
   LV Path                /dev/vg01/lv_r1
   LV Name                lv_r1
   VG Name                vg01
   LV UUID                8qCCHU-NfXO-YXcZ-j9VW-KRxf-0kJr-OMCzpD
   LV Write Access        read/write
   LV Creation host, time Centos7-1, 2020-02-17 20:45:06 +0800
   LV Status              available
   # open                 0
   LV Size                400.00 MiB
   Current LE             100
   Mirrored volumes       2
   Segments               1
   Allocation             inherit
   Read ahead sectors     auto
   - currently set to     8192
   Block device           253:5

   --- Segments ---
   Logical extents 0 to 99:
   Type                   raid1
   Monitoring             monitored
   Raid Data LV 0
     Logical volume       lv_r1_rimage_0
     Logical extents      0 to 99
   Raid Data LV 1
     Logical volume       lv_r1_rimage_1
     Logical extents      0 to 99
   Raid Metadata LV 0  lv_r1_rmeta_0
   Raid Metadata LV 1  lv_r1_rmeta_1
```

图 12-5-2　在 LV 逻辑卷中使用 RAID1

输入 lvs –a –o +devices，查看 LV 信息，+devices 表示在 lvs 原有的显示结果后增加 Devices 列，显示逻辑卷所在的分区设备，如图 12-5-3 所示。

```
[root@Centos7-1 ~]# lvs -a -o +devices
  LV               VG    Attr       LSize   Pool Origin Data% Meta% Move Log Cpy%Sync Convert Devices
  lv_r0            vg01  -wi-a----- 304.00m                                                   /dev/sda7(0),/dev/sda8(0)
  lv_r1            vg01  rwi-a-r--- 400.00m                                        100.00      lv_r1_rimage_0(0),lv_r1_rimage_1(0)
  [lv_r1_rimage_0] vg01  iwi-aor--- 400.00m                                                   /dev/sda7(39)
  [lv_r1_rimage_1] vg01  iwi-aor--- 400.00m                                                   /dev/sda8(39)
  [lv_r1_rmeta_0]  vg01  ewi-aor---   4.00m                                                   /dev/sda7(38)
  [lv_r1_rmeta_1]  vg01  ewi-aor---   4.00m                                                   /dev/sda8(38)
```

图 12-5-3　查看逻辑卷所在的分区设备

12.5.3　RAID1 级 LV 故障修复

视频讲解

RAID1 级别的 LV 逻辑卷出现故障时的解决思路如下：

①先通知 LV 去除镜像功能，把 RAID1 中故障盘上的 mirror 删除。

②从 VG 中的一个可用 PV 上，重新与 LV 建立镜像关系，重建 mirror，或重新加入新 PV 到 VG 中，恢复镜像。

具体步骤如下。

（1）模拟故障盘

故意破坏一个分区，模拟故障盘。例如，输入 dd if=/dev/zero of=/dev/sda7 bs=100M count=3，模拟 sda7 故障。

输入 lvs –a –o +devices，可查看到故障盘，显示为 unknown 未知状态，如图 12-5-4 所示。

```
[root@Centos7-1 ~]# lvs -a -o +devices
  WARNING: Device for PV 1L9oP1-TQRi-aboz-N3gA-hALN-MaIr-lLdMHD not found or rejected by a filter.
  WARNING: Couldn't find all devices for LV vg01/lv_r0 while checking used and assumed devices.
  WARNING: Couldn't find all devices for LV vg01/lv_r1_rimage_0 while checking used and assumed devices.
  WARNING: Couldn't find all devices for LV vg01/lv_r1_rmeta_0 while checking used and assumed devices.
  LV                 VG    Attr       LSize   Pool Origin Data%  Meta%  Move Log Cpy%Sync Convert Devices
  lv_r0              vg01  -wi-a---p- 304.00m                                                      [unknown](0),/dev/sda8(0)
  lv_r1              vg01  rwi-a-r-p- 400.00m                     100.00                           lv_r1_rimage_0(0),lv_r1_rimage_1(0)
  [lv_r1_rimage_0]   vg01  iwi-aor-p- 400.00m                                                      [unknown](39)
  [lv_r1_rimage_1]   vg01  iwi-aor--- 400.00m                                                      /dev/sda8(39)
  [lv_r1_rmeta_0]    vg01  ewi-aor-p-   4.00m                                                      [unknown](38)
  [lv_r1_rmeta_1]    vg01  ewi-aor---   4.00m                                                      /dev/sda8(38)
```

图 12-5-4　查看故障逻辑卷所在的分区设备

输入 pvdisplay，查看 PV 信息，上文中使用 dd 命令破坏了 /dev/sda7 分区中的数据，因此可查看到丢失的磁盘，如图 12-5-5 所示。

```
[root@Centos7-1 ~]# pvdisplay
  WARNING: Device for PV 1L9oP1-TQRi-aboz-N3gA-hALN-MaIr-lLdMHD not found or rejected by a filter.
  WARNING: Couldn't find all devices for LV vg01/lv_r0 while checking used and assumed devices.
  WARNING: Couldn't find all devices for LV vg01/lv_r1_rimage_0 while checking used and assumed devices.
  WARNING: Couldn't find all devices for LV vg01/lv_r1_rmeta_0 while checking used and assumed devices.
  --- Physical volume ---
  PV Name               [unknown]
  VG Name               vg01
  PV Size               600.00 MiB / not usable 4.00 MiB
  Allocatable           yes
  PE Size               4.00 MiB
  Total PE              149
  Free PE               10
  Allocated PE          139
  PV UUID               1L9oP1-TQRi-aboz-N3gA-hALN-MaIr-lLdMHD

  --- Physical volume ---
  PV Name               /dev/sda8
  VG Name               vg01
  PV Size               800.00 MiB / not usable 4.00 MiB
  Allocatable           yes
  PE Size               4.00 MiB
  Total PE              199
  Free PE               60
  Allocated PE          139
  PV UUID               Y0xCkN-kSIa-cza0-0fyQ-mSsl-5Ph6-HaKAKV

  --- Physical volume ---
  PV Name               /dev/sda9
  VG Name               vg01
  PV Size               1000.00 MiB / not usable 4.00 MiB
  Allocatable           yes
  PE Size               4.00 MiB
  Total PE              249
```

图 12-5-5　使用 pvdisplay 命令查看故障盘

（2）剔除故障磁盘

在有故障磁盘（miss 或 unknown 状态）的情况下，VG、LV 是不可删除、清理的，因此必须先把故障磁盘剔除后，才可对 VG、LV 进行正常操作，命令如下。

输入 vgreduce --removemissing --force vg01，把故障的磁盘从 vg01 中剔除。

输入 pvdisplay，再次查看会发现故障的磁盘消失，如图 12-5-6 所示。

```
[root@Centos7-1 ~]# pvdisplay
  WARNING: Not using lvmetad because a repair command was run.
  --- Physical volume ---
  PV Name               /dev/sda8
  VG Name               vg01
  PV Size               800.00 MiB / not usable 4.00 MiB
  Allocatable           yes
  PE Size               4.00 MiB
  Total PE              199
  Free PE               98
  Allocated PE          101
  PV UUID               Y0xCkN-kSIa-cza0-0fyQ-mSsl-5Ph6-HaKAKV

  --- Physical volume ---
  PV Name               /dev/sda9
  VG Name               vg01
  PV Size               1000.00 MiB / not usable 4.00 MiB
  Allocatable           yes
  PE Size               4.00 MiB
  Total PE              249
  Free PE               249
  Allocated PE          0
  PV UUID               wWsO0B-LiQ4-XcTe-RutZ-CAXz-yg6q-v2GH6r
```

图 12-5-6 剔除故障盘后使用 pvdisplay 命令查看

输入 lvs –a –o +devices，查看 LV 信息，会发现某个镜像无磁盘存放，如图 12-5-7 所示。

```
[root@Centos7-1 ~]# lvs -a -o +devices
  WARNING: Not using lvmetad because a repair command was run.
  LV                 VG   Attr       LSize   Pool Origin Data% Meta%  Move Log Cpy%Sync Convert Devices
  lv_r1              vg01 rwi-a-r-r- 400.00m                                   100.00           lv_r1_rimage_0(0),lv_r1_rimage_1(0)
  [lv_r1_rimage_0]   vg01 vwi-aor-r- 400.00m
  [lv_r1_rimage_1]   vg01 iwi-aor--- 400.00m                                                    /dev/sda8(39)
  [lv_r1_rmeta_0]    vg01 ewi-aor-r-   4.00m
  [lv_r1_rmeta_1]    vg01 ewi-aor---   4.00m                                                    /dev/sda8(38)
```

图 12-5-7 查看逻辑卷所在的分区设备

（3）通知 LV 删除 mirror

输入 lvconvert –m 0 /dev/vg01/lv_r1，更改 LV 的镜像数为 0，即去除镜像功能，成为普通 LV。

（4）重建 mirror

输入 lvconvert –m 1 /dev/vg01/lv_r1 /dev/sda9，指定在 PV 中的 sda9 上增加镜像。

输入 lvs –a –o +devices，再次查看 LV 信息，恢复正常，如图 12-5-8 所示。

```
[root@Centos7-1 ~]# lvs -a -o +devices
  WARNING: Not using lvmetad because a repair command was run.
  LV                 VG   Attr       LSize   Pool Origin Data% Meta%  Move Log Cpy%Sync Convert Devices
  lv_r1              vg01 rwi-a-r--- 400.00m                                   100.00           lv_r1_rimage_0(0),lv_r1_rimage_1(0)
  [lv_r1_rimage_0]   vg01 iwi-aor--- 400.00m                                                    /dev/sda8(39)
  [lv_r1_rimage_1]   vg01 iwi-aor--- 400.00m                                                    /dev/sda9(1)
  [lv_r1_rmeta_0]    vg01 ewi-aor---   4.00m                                                    /dev/sda8(0)
  [lv_r1_rmeta_1]    vg01 ewi-aor---   4.00m                                                    /dev/sda9(0)
```

图 12-5-8 添加新镜像盘后查看逻辑卷所在的分区设备

重建 mirror 的过程，即是给现有 LV 增加 mirror，升级成 RAID1 级 LV 的过程。

注意，在 RAID 级别的 LV 逻辑卷创建成功后，与前文讲述的 LV 逻辑卷使用方式一样，仍然需要先制作文件系统，然后挂载到目录后才能正常使用。

第十三章
系统资源管理

13.1　系统配置查看

系统资源主要分为运行资源和存储资源。

运行资源：又称计算资源，主要是 CPU、内存资源。

存储资源：即文件系统资源。磁盘大小、分区大小、LV 大小并不代表系统可用空间的大小，只有制作了文件系统的空间，才可被系统使用。系统的存储资源主要是指可用的文件系统大小。

主机安装 Linux 后，可用如下命令查看系统版本及各个硬件的配置信息。

uname –a：查看系统内核版本。

cat /etc/RedHat-release：查看系统版本。

lscpu：查看 CPU 参数，包括 CPU 数、每个 CPU 的核数，以及每个核支持几个线程。如图 13-1-1 所示。

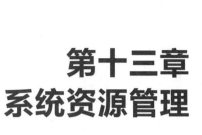

图 13-1-1　查看系统 CPU 信息

通常把 CPU 中计算引擎的芯片称作核（core），当前 CPU 往往设计成多个核，以提高并行计算的能力，CPU 运行时的最小程序执行单位称作线程，有些 CPU 采用了超线程技术，一个核心可以支持两个线程。

cat /proc/cpuinfo：查看 CPU 信息。

由于本书的 Linux 系统是建立在虚拟机上的，在给虚拟机分配硬件时，为了使主机运行顺畅，默认给虚拟机分配了最小核数的 CPU，但在真实的服务器上，执行 lscpu 命令后显示的信息会有差异。可以想象到，如果一台服务器有两个 CPU，每个 CPU 里面有八个核，则图 13-1-1 中的各项应该显示为：

CPU(s)：	2
Thread(s) per core：	2
core(s) per socket：	8

可计算得到，这台主机的 CPU 可用核数为 $2 \times 2 \times 8=32$。

还可用如下命令查看内存的信息。

free -h：查看内存使用。

cat /proc/meminfo：查看内存信息。

注意，/proc 用于记录系统当前的硬件配置信息。每次开机时都会将当时的硬件配置状况写入到 /proc 下的相关文件中，关机再删除。实质上 /proc 中的内容并没有存放在磁盘中，而是存放在内存中，Linux 系统启动后在内存中开辟了一块空间，同时制作了文件系统，将其挂载到了 /proc 目录下使用，因此目录 /proc 下的文件系统通常被称作伪文件系统。

输入 lspci、lsscsi、lsusb，可查看 PCI 总线及其相关设备连接信息。

注意，有的系统中若无这三个命令，使用 yum 安装命令对应的 pciutils、lsscsi 和 lsscsi 安装命令包即可。

每次开机时，Linux 都会扫描检查一下主机上各个硬件的连接及可用情况，并生成相应的检测报告，可使用 dmesg 命令查看开机硬件检测报告，其中包括所有硬件的连接信息。

13.2 系统时间管理

可使用 date 命令配置系统时间，具体命令如下。

date：查看日期、时间。

date -s 2019-4-17：设置日期，设置后时间归零。

date -s 09:50:00：仅设置时间，维持原来的日期不变。

注意，配置系统时间时，不可以使用一条命令同时设置日期和时间，而要先设置日期，后设置时间。

可使用 cal 命令查看当前月历，具体命令如下。

cal：查看当前月历。

cal 2019：查看指定年份月历。

除了系统时间以外，计算机主板上也有一个硬件时间，记录在 bios 中，可以使用如下命令进行操作。

hwclock：查看硬件时间，即主板 bios 上的时间。

hwclock –s：以硬件时间为准，同步到系统中。

hwclock –w：以系统时间为准，同步到硬件中。

13.3　CPU 性能分析

13.3.1　CPU 使用率分析

可以使用 sar 命令来查看 CPU 的使用信息。

sar 1 3：查看 CPU 使用率。"1"表示每秒显示 1 次 CPU 使用率统计结果（称为采样 1 次），"3"表示一共显示 3 次。主要显示六列 CPU 相关信息，并在下方显示 CPU 使用情况的平均值，如图 13-3-1 所示。

```
[root@centos7-1 ~]# sar 1 3
Linux 3.10.0-693.el7.x86_64 (centos7-1)        2019年04月17日    _x86_64_    (1 CPU)

17时34分55秒    CPU    %user    %nice    %system    %iowait    %steal    %idle
17时34分56秒    all     7.07     0.00       1.01       0.00      0.00    91.92
17时34分57秒    all    11.11     0.00       3.03       1.01      0.00    84.85
17时34分58秒    all     8.08     0.00       2.02       0.00      0.00    89.90
平均时间:       all     8.75     0.00       2.02       0.34      0.00    88.89
[root@centos7-1 ~]#
```

图 13-3-1　使用 sar 命令查看 CPU 使用率

说明如下。

%user：用户进程占 CPU 资源的比例。

%nice：被修改了优先级的进程占 CPU 资源的比例。

%system：系统进程占 CPU 资源的比例。

%iowait：等待读写进程占 CPU 资源的比例。等待读写进程是指由于正在等待网络、磁盘读写完毕而暂停的进程，它不会退出 CPU，也不处于运行状态。

%steal：被偷盗的 CPU 资源的比例。系统中若安装有虚拟机，被虚拟机占用的 CPU 资源视为被偷盗资源。

%idle：CPU 资源空闲率，正常在 60% 上下，即 CPU 总使用率在 40% 上下。计算公式为 %idle=100%-%user-%nice-%system-%iowait-%steal。

在生产环境下，CPU 在正常、警告和故障三种情况下的使用率如表 13-3-1 所示。

表 13-3-1　CPU 在正常、警告和故障三种情况下的使用率

	%idle	%user	%system	%iowait
正常	60% 上下	30% 上下	5% 上下	10% 上下
警告	30% 以上	50% 以上	—	30% 以上
故障	10% 上下	70% 上下	—	50% 上下

在真实的生产环境中，会有专用的监控软件实时监控 CPU 的使用率，当使用率到达我们预先设定的阈值时，监控软件会报警。一般报警的级别分为两种，警告级和故障级（或严重警告级）。到达警告级时，说明 CPU 当前压力略大，但是还可以正常工作，不至于影响程序运行。但当到达故障级时，说明 CPU 压力过大，会处于半死机或死机状态。所以应该在到达警告级时就开始分析参数，查找原因，及时解决，避免 CPU 到达故障值状态。

分析表中数据，当 CPU 使用率到达警告值时，即 CPU 使用率达到 60% 以上（空闲率 %idle 不足 40%），此时一般会有两种可能。

① CPU 的 %user 超过 50%，表示本机上的应用程序、服务程序占据较多 CPU 资源，这可能是由于本机的访问量、业务量上涨（如网站服务器的客户点击量突然大幅上涨）。此时需要查看该业务的进程数、网络连接数等信息来确定原因，若都有明显上涨，则要考虑是否需要增加业务主机来实现访问的负载均衡（即增加相同功能的主机，来分担这些访问业务）。

② CPU 的 %user 基本正常，但是 %iowait 过高，超过 30%，说明本机的读写压力略大，这可能是由于当前有数据备份、数据转移等工作正在执行，但也有可能是由于磁盘故障，导致读写速度慢。此时需要观察所有磁盘的读写速度，对比以往每天、每周的历史监控记录。若有速度明显降低的磁盘，判断为疑似故障盘，再查看磁盘是否是常用程序的数据存放盘。这是因为非常用程序的数据存放盘读写业务少、压力小，磁盘读写速度（每秒磁盘读取或写入的字节数）显示不会很大。若是，则基本可确定为故障盘，需要更换。

若各项监控数据到达了故障级，则需立即查找原理，尽快处理。

可以使用 iostat 命令查看磁盘读写速度，如图 13-3-2 所示。

```
[root@centos7-1 ~]# iostat
Linux 3.10.0-693.el7.x86_64 (centos7-1)        2019年04月17日    _x86_64_       (1 CPU)

avg-cpu:   %user   %nice %system %iowait   %steal    %idle
            0.71    0.01    0.38    0.03     0.00    98.86

Device:            tps    kB_read/s    kB_wrtn/s    kB_read    kB_wrtn
sda               0.92       16.68         3.24     552045     107225
```

图 13-3-2 使用 iostat 命令查看磁盘读写速度

最后一行显示的是本机磁盘的读写性能，说明如下。

tps：每秒钟传输 IO 请求的数量。

kB_read/s：设备每秒钟读取磁盘块的数量。

kB_wrtn/s：设备每秒钟写入磁盘块的数量。

kB_read：设备读出磁盘块的总数。

kB_wrtn：设备写入磁盘块的总数。

13.3.2　CPU 负载分析

CPU 的结构：一个 CPU 内可以放置多个处理芯片，称为核（core）。每个 core 若开启了 CPU 虚拟化技术（vtd），则一个 core 可以虚拟成两个 core 的工作状态，称为一核双线程，即可以同时运行两个任务。CPU 虚拟后的双线程也可以视为 core。

CPU 的每个 core 运行线程时，会把线程放入运行队列中，若队列中有多个线程待运行，则 core 就会给队列中的每个线程分配时间片，依次运行，具体步骤如下：

①把要运行的多个线程放入队列中，称为运行队列或就绪队列。

② core 从队列中提取出第一个线程，运行一个固定的时间（如 10ms），称为一个时间片。

③时间片到期后，若该线程未能运行完毕，暂停并放入运行队列尾。再提取队列中第二个线程入 core 执行，同样运行一个时间片的时间后，放入队列尾，再提取下一个，依此类推。

线程在运行过程中若有读写需求，该线程将被暂停，放入等待队列，以待读写完毕后再转回运行队列。

对于正在运行的线程，若当前有一个优先级更高的线程需要紧急运行，即便正在运行的线程时间片未到期，也会被暂停放入队列尾，core 转去运行高优先级的线程。若两个线程优先级对等，则队列中的下一线程会被插队排后。

CPU 的平均负载：每个 core 当前被分配了几个线程，即运行队列中有几个线程在排队运行，视为该 core 的负载量。假设双核四线程的 CPU（相当于 4core）中，现有 4 个线程请求运行，则平均一个 core 上一个线程，称平均负载为 1，若只有 2 个线程请求运行，则有两个 core 各运行一个线程，另两个 core 空闲，称平均负载为 0.5。

可使用 uptime 命令查看 CPU 每个 core 的负载情况，如图 13-3-3 所示。

```
[root@Centos7-1 ~]# uptime
 15:28:00 up 56 min,  1 user,  load average: 0.00, 0.01, 0.05
[root@Centos7-1 ~]#
```

图 13-3-3　使用 uptime 命令查看 CPU 负载

uptime：查看系统当前时间，启动后运行的总时间，当前登录的用户和平均负载。

其中，load average 显示的是最近 1min，5min，15min 的平均负载值。

CPU 的平均负载正常时一般在 0.7~1 之间，若到达 1.2~1.5，则视为负载略高，超过 2 则视为压力过大，需要做进程分析，甚至将一些业务转移到其他主机上，以降低 CPU 的平均负载。

也可以使用 sar –q 命令来查看 CPU 的运行队列信息。输入 sar –q 1 1，表示间隔 1 秒统计 1 次 CPU 运行队列信息。结果如图 13–3–4 所示。

```
[root@Centos7-1 ~]# sar -q 1 1
Linux 3.10.0-693.el7.x86_64 (Centos7-1)        2020年01月06日 _x86_64_       (1 CPU)

15时45分35秒   runq-sz  plist-sz  ldavg-1  ldavg-5  ldavg-15  blocked
15时45分36秒        1       233     0.14     0.05     0.06        0
平均时间：         1       233     0.14     0.05     0.06        0
```

图 13-3-4 sar 命令查看 CPU 运行队列信息

说明如下。

runq-sz：运行队列的长度，即等待运行的进程数。

plist-sz：进程列表中的进程（processes）和线程（threads）的数量。

ldavg-1：最后 1 分钟的 CPU 平均负载，即将多核 CPU 过去一分钟的负载相加再除以核数得出的平均值，5 分钟和 15 分钟依此类推。

ldavg-5：最后 5 分钟的 CPU 平均负载。

ldavg-15：最后 15 分钟的 CPU 平均负载。

13.4 内存性能分析

可以使用 free 命令查看内存系统的使用情况，如图 13–4–1 所示。

```
[root@centos7-1 ~]# free
              total        used        free      shared  buff/cache   available
Mem:        2031888      794824      545512       10868      691552      974636
Swap:       2097148           0     2097148
[root@centos7-1 ~]#
```

图 13-4-1 使用 free 命令查看内存系统的使用情况

说明如下。

total：内存总量。

used：已使用的内存大小。

free：空闲的内存大小。

shared：共享内存的大小。

cache/buff：存储 / 文件的缓存大小。cache 和 buffer 分别表示读和写时不同方向的缓存功能。buffer 表示有数据写入磁盘时的缓冲区，cache 表示从磁盘读取文件时在内存中使用的缓存。

available：允许进程使用的大小。

还可以使用 sar –r 1 1 命令查看内存和 swap 的使用情况，使用 sar –W 1 1 命令查看

swap 空间的读写速率，如图 13-4-2 所示。

```
[root@centos7-1 ~]# sar -r 1 1
Linux 3.10.0-693.el7.x86_64 (centos7-1)        2019年04月17日 _x86_64_      (1 CPU)

21时26分21秒  kbmemfree kbmemused  %memused kbbuffers  kbcached  kbcommit   %commit  kbactive   kbinact   kbdirty
21时26分22秒   521040   1510848     74.36    25024    488880   3315664    80.30   785432    391448     124
平均时间:       521040   1510848     74.36    25024    488880   3315664    80.30   785432    391448     124
[root@centos7-1 ~]# sar -W 1 1
Linux 3.10.0-693.el7.x86_64 (centos7-1)        2019年04月17日 _x86_64_      (1 CPU)

21时29分38秒  pswpin/s pswpout/s
21时29分39秒     0.00      0.00
平均时间:         0.00      0.00
[root@centos7-1 ~]#
```

图 13-4-2 使用 sar 命令查看内存和交换分区统计信息

注意，%commit 表示当前负载下保证系统正常运行的所需内存大小的比例，此处的内存包括物理内存和 swap。

内存的使用率情况如表 13-4-1 所示。

表 13-4-1 内存在正常、警告和故障三种情况下的使用率

	正常	警告	故障
内存	40% 上下	60% 以上	80% 以上
swap	10% 以上	30% 以上	50% 以上

注意，swap 使用率过高一般是由物理内存不够大造成的，需要扩容物理内存。

在系统正常的情况下，内存的使用率应该在 40% 左右。但是有些软件会占据所有剩余内存或部分内存（虽然实际不会真正全部使用到），导致内存使用率较高，甚至会达到 90% 以上，不过这对系统速度和正常使用的影响不大。

13.5 sar 命令小结

sar 命令可以用于查看系统性能，sar 命令常用方式如表 13-5-1 所示。

表 13-5-1 sar 命令常用方式参考表

参数	说明
sar –b 5 5	查看 IO 传送速率
sar –B 5 5	查看页交换速率
sar –c 5 5	查看进程创建速率
sar –d 5 5	查看系统块设备的状态信息
sar –n DEV 5 5	查看网络设备的状态信息
sar –n SOCK 5 5	查看 SOCK 的使用情况
sar –n ALL 5 5	查看所有的网络状态信息
sar –P ALL 5 5	查看每个 CPU 的使用状态信息和 IOWAIT 统计状态信息

参数	说明
sar −q 5 5	查看队列的长度（等待运行的进程数）和负载的状态信息
sar −r 5 5	查看内存和 swap 空间的使用情况
sar −R 5 5	查看内存的统计信息（内存页的分配和释放、系统每秒作为 buffer 使用的内存页、系统每秒作为 cache 使用的内存页）

13.6 进程初步管理

13.6.1 程序、进程、线程

程序：由开发人员编写，具备完整功能的软件。从操作系统的角度出发，可以把存放于磁盘上，未被运行的软件（即非运行状态的软件）称为程序。

进程：被运行且占用 CPU 和内存资源的程序，即运行状态的软件称为进程。

线程：进程的分步骤，只能完成进程的一部分功能。

以 QQ 程序为例，未运行时，QQ 程序存放于磁盘分区中，运行后，在 Windows 任务管理器的进程页面中会看到名为 QQ.exe 的进程。QQ 程序的运行过程又可分为以下多个步骤，如图 13-6-1 所示。

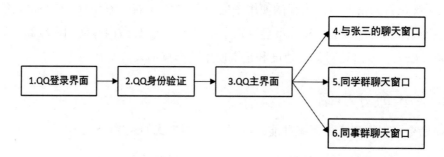

图 13-6-1　QQ 进程示例

由图可知，1、2、3 号线程必须依次执行，不允许打乱顺序或同时运行，称为顺序执行的线程。而 4、5、6 号线程之间没有相互制约关系，允许同时运行，可以分布在 CPU 的多个 core 上同时运行，称为并行线程。

13.6.2 进程管理（基础）

（1）查看进程

查看进程的命令如下。

视频讲解

① ps：查看当前终端的进程，即当前 tty 或终端下的进程。

② ps −aux：查看本机内的所有进程，如图 13-6-2 所示。

```
[root@centos7-1 ~]# ps -aux
USER        PID %CPU %MEM    VSZ    RSS TTY      STAT START   TIME COMMAND
root          1  0.0  0.3 128164   6836 ?        Ss   08:53   0:09 /usr/lib/systemd/systemd
root          2  0.0  0.0      0      0 ?        S    08:53   0:00 [kthreadd]
root          3  0.0  0.0      0      0 ?        S    08:53   0:01 [ksoftirqd/0]
root          5  0.0  0.0      0      0 ?        S<   08:53   0:00 [kworker/0:0H]
```

图 13-6-2　使用 ps 命令查看系统所有进程

说明如下。

USER：进程所属用户。

PID：进程 ID。

%CPU：进程占 CPU 的比例。

%MEM：进程占物理内存的比例。

VSZ：进程占 swap 的大小。

RSS：进程占物理内存的大小。

TTY：进程所在的终端。若为"?"，则表示该进程为所有终端都会使用的系统进程，由于无法确认进程所在的具体终端，故用问号来表示。

STAT：进程当前所处的状态。

START：进程的启动时间。

TIME：CPU 中进程的运行时间。

COMMAND：进程名。

还可与字符处理命令结合。例如，ps –aux | sort –rn –k 3 | head –n 10 表示查看占 CPU 最多的前 10 个进程；ps –aux | grep mysql | wc –l 表示统计指定服务的进程数。

③ ps –ef 或 ps –efl：查看本机内的所有进程，如图 13-6-3 所示。

```
[root@Centos7-1 ~]# ps -ef
UID         PID   PPID  C STIME TTY          TIME CMD
root          1      0  0 06:29 ?        00:00:02 /usr/lib/systemd/systemd --switched-root --system --deserialize 21
root          2      0  0 06:29 ?        00:00:00 [kthreadd]
root          3      2  0 06:29 ?        00:00:00 [ksoftirqd/0]
root          5      2  0 06:29 ?        00:00:00 [kworker/0:0H]
root          6      2  0 06:29 ?        00:00:00 [kworker/u256:0]
root          7      2  0 06:29 ?        00:00:00 [migration/0]
```

图 13-6-3　使用 ps 命令查看本机内的所有进程

说明如下。

UID：进程对应的用户。

PID：进程 ID。

PPID：进程的父进程 ID。

C：进程所占 CPU 比例。

STIME：进程的启动时间。

TIME：进程的运行时间。

CMD：进程名称。

注意，若一个进程派生出了另一个进程，则该进程为父进程，两个进程被视为父子关系。在 RHEL 7.X 之后的版本，系统的第一个进程是 systemd，即根进程，它是启动系统的主进程，进而陆续派生出了系统中的其他进程。

④ pstree：查看进程树，即按父子调用关系显示所有进程。

（2）关闭进程

查看到进程后，若有进程想要人为关闭，则可以使用 kill –9 命令，命令格式如下：

① kill –9 PID：强制终止运行进程。

② killall –9 进程名：强制终止运行指定名字的进程，可同时强制终止运行多个同名进程。

注意，pstree 和 killall 命令需要在安装 psmisc 软件包的前提下才可使用。

13.7 系统综合性能查看

视频讲解

top 命令用于每 3s 刷新显示一次当前系统的进程状态信息，可以实现实时跟踪显示进程状态，如图 13-7-1 所示。

```
top - 23:24:57 up 14:31,  2 users,  load average: 0.28, 0.09, 0.06
Tasks: 174 total,   2 running, 172 sleeping,   0 stopped,   0 zombie
%Cpu(s):  1.4 us,   1.4 sy,  0.0 ni, 97.2 id,  0.0 wa,  0.0 hi,  0.0 si,  0.0 st
KiB Mem : 2031888 total,  514184 free,  824592 used,  693112 buff/cache
KiB Swap: 2097148 total, 2097148 free,       0 used.  944796 avail Mem

   PID USER      PR  NI    VIRT    RES    SHR S %CPU %MEM     TIME+ COMMAND
  1116 root      20   0  298316  39828  10664 S  1.3  2.0   1:18.41 X
  1685 root      20   0 1982372 272144  52320 S  1.3 13.4   3:10.08 gnome- shell
 68010 root      20   0  157716   2256   1548 R  1.3  0.1   0:00.11 top
  2266 root      20   0  741360  33928  17700 S  1.0  1.7   0:20.47 gnome- terminal-
  1875 root      20   0  386012  19588  15268 S  0.3  1.0   0:58.10 vmtoolsd
 62170 root      20   0       0      0      0 S  0.3  0.0   0:07.86 kworker/0: 2
     1 root      20   0  128164   6836   4072 S  0.0  0.3   0:11.38 systemd
     2 root      20   0       0      0      0 S  0.0  0.0   0:00.00 kthreadd
```

图 13-7-1　使用 top 命令实时监控系统当前进程

显示结果中包括 CPU 负载（第一行）、进程信息（第二行）、CPU 使用率（第三行）、内存使用信息（第四行）、swap 使用信息（第五行）等多项。下侧为最近运行的进程信息。其中列"PR"表示进程的优先级；"NI"表示进程优先级对应的"nice"值，后续章节会进行介绍。

在 top 界面中，还可以输入不同命令以实现不同功能，如表 13-7-1 所示。

表 13-7-1　top 命令常用功能键表

功能键	功能
h	显示帮助
q	退出
space	立刻刷新
s	设置刷新时间，单位为秒
k	终止运行一个进程
r	定义一个进程的优先级
C	按占 CPU 比例排序显示进程
M	按占内存比例排序显示进程

其中，C、M、k、q 使用率最高。

除了 top，系统中还有 vmstat，smart 等多个命令可用于查看系统综合性能参数或单项设备参数。

13.8　僵尸进程查杀

僵尸进程：不运行，也不退出内存，始终占据着资源的进程。

造成僵尸进程的主要原因是父子进程调用时，一方异常关闭，造成另一方无法正常执行，出现卡死的状态。例如，某个进程运行过程中需要用到一些素材数据，暂停并调用子进程以收集、计算素材数据，当子进程运行完毕，把素材数据返回父进程，从而让父进程继续运行。但是，若子进程运行时被异常关闭，则会造成父进程持续等待，无法继续运行，从而变为僵尸进程；若父进程调用子进程后被异常关闭，则会造成子进程返回执行结果给父进程时因无返回点而被长期驻留在内存中，从而变为僵尸进程。

若系统中僵尸进程过多，则会严重影响系统的运行速度。

处理僵尸进程的步骤如下：

①输入 top，如图 13-8-1 所示。第二行最后的 zombie 项表示当前存在的僵尸进程数。若 zombie 项不为 0，则说明系统中存在僵尸进程。

```
top - 11:56:03 up  5:22,  5 users,  load average: 0.00, 0.10, 0.11
Tasks: 178 total,   1 running, 176 sleeping,   0 stopped, │1 zombie│
%Cpu(s):  0.0 us,  0.7 sy,  0.0 ni, 99.3 id,  0.0 wa,  0.0 hi,  0.0 si,  0.0 st
KiB Mem : 2031888 total,   252388 free,   711012 used,  1068488 buff/cache
KiB Swap: 2097148 total,  2097148 free,        0 used.  1079332 avail Mem
```

图 13-8-1　使用 top 命令发现系统存在僵尸进程

②输入 ps –aux | awk '($8 ~ /Z/) {print $1,$2,$8,$11}'，如图 13-8-2 所示。第八列表示进程状态，若显示为 Z，则表示该进程是僵尸进程。awk '($8 ~ /Z/) {print $1,$2,$8,$11}' 中，$8 ~ 表示字符匹配审核，/Z/ 表示匹配字符中是否包含 Z 字符，整体上，($8 ~ /Z/) 表示找出第八列包含 Z 字符的行，print $1,$2,$8,$11 表示对符合条件的行显示其第一、二、八和十一列的值。

```
[root@Centos7-1 ~]# ps -aux | awk '($8 ~ /Z/) {print $1,$2,$8,$11}'
root 7124 Z+ [z]
[root@Centos7-1 ~]#
```

图 13-8-2　使用 ps 命令发现系统存在僵尸进程 - 方式 1

或输入 ps –ef | grep defunct，如图 13-8-3 所示。在 ps –ef 的显示结果中，僵尸进程会有 <defunct> 的标记。

```
[root@Centos7-1 ~]# ps -ef | grep defunct | grep -v grep
root        7124    7123  0 11:55 pts/0    00:00:00 [z] <defunct>
[root@Centos7-1 ~]#
```

图 13-8-3　使用 ps 命令发现系统存在僵尸进程 - 方式 2

③记录僵尸进程的 PID。

④使用 kill –9 PID 格式的命令将其强制终止运行。

13.9　查看系统资源的访问关系

可以使用如下命令查看系统中各个进程、用户、文件、设备之间的访问关系。

lsof：查看正在被进程访问的设备或文件，会显示设备、进程、用户等信息。

lsof –u zhang：查看用户 zhang 所启动的进程正在访问的设备或文件信息。

lsof –c vim：查看指定进程正在访问的设备或文件。

lsof –p 37402：查看指定 PID 的进程正在访问的设备或文件。

lsof –i:22：查看指定端口正在被哪些进程监听或访问。

lsof /mnt/f1：查看指定文件正在被哪些进程访问。

如果使用 lsof 命令监控正在被 vi 命令编辑的文件，查看该文件正在被哪些进程访问，通常不会获得任何结果，这是因为 vi 命令真正的原理是先将所编辑的文件内容提取出来临时存放在 swap 空间中，并产生命名为 ".文件名.swp" 的临时文件，也就是说，在编辑文件但并未保存时，真正编辑的是一个临时文件，只有用 vi 命令保存时，才会将临时文件的内容写回到所编辑文件中，所以使用 lsof 命令监控正在被 vi 命令编辑的文件时通常不会获得任何结果。但可以通过 lsof 监控 vi 命令正在编辑的文件所对应的临时文件，来获取与正在编辑的文件相关联的进程。如图 13-9-1 所示。

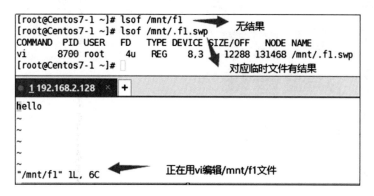

图 13-9-1 使用 lsof 命令查看被 vi 命令编辑的文件所关联的进程

开启了两个终端，下面的一个终端正在编辑文件 f1，上面的终端查看访问 f1 文件的相关进程，查看 .f1.swp 时才会看到 vi 进程正在访问该文件。

与 lsof 类似，fuser 命令也可以用于查看正在访问某个文件或设备的进程，并将查看到的相关进程直接终止运行。

fuser –au /home：查看正在访问 /home 目录的相关进程。其中 –a 表示显示目录名，–u 表示显示进程对应的用户。

fuser –kau /home：查找正在使用 /home 目录的进程，并直接终止运行这些进程。–k 表示终止运行。

注意，fuser 同样需要事先安装 psmisc 软件包才可使用；带终止运行进程功能的 fuser 应该慎用，只有当需要急切关闭某文件或要卸载某设备时，总被报文件、设备正在被使用，查找多方用户无结果时，才会使用到。

13.10   系统日志管理

Linux 中，记录日常运行信息、报警信息、提示信息等相关内容的日志文件统一存放在 /var/log/ 目录下，不同文件存放不同类型的日志信息。

boot.log：启动日志。

lastlog：上一次登录日志。

message：系统运行状态日志，记录日常运行中的报警信息。

可以使用 less 或 cat 命令来查看日志或报警信息的内容，以分析系统的运行状况。

第十四章 进程管理

14.1 进程调度

14.1.1 进程状态

视频讲解

在操作系统中，进程的运行有以下三种状态。

①前台运行：占用 CPU、内存资源，运行过程可见。

②后台运行：不争抢 CPU、内存资源，只在资源空闲时运行，运行过程不可见，只把运行结果显示到前台。

③后台挂起（暂停）：由于进程的运行条件不满足，进程处于暂停等待状态。

使用 jobs 命令可查看后台运行或挂起的进程及其编号，如图 14-1-1 所示。

```
[ root@centos7-1 ~]# find / -name f1
/mnt/f1
^Z
[ 1] +  已停止                    find / -name f1
[ root@centos7-1 ~]# find / -name f2
/usr/share/espeak-data/voices/!v/f2
^Z
[ 2] +  已停止                    find / -name f2
[ root@centos7-1 ~]# jobs
[ 1] -  已停止                    find / -name f1
[ 2] +  已停止                    find / -name f2
[ root@centos7-1 ~]#
```

图 14-1-1　使用 jobs 命令查看后台运行或挂起的进程

注意，显示已停止或 stoped 表示该进程为挂起进程，其中的 [1] 和 [2] 为进程编号，用于区别不同的进程。

14.1.2 进程状态切换

进程在三种状态之间的调度如图 14-1-2 所示。

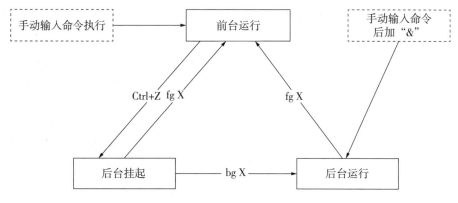

图 14-1-2　进程状态转换

说明如下。

手动输入命令执行：直接进入前台运行。

命令后加 "&" 符号：直接进入后台运行。

输入 Ctrl+Z 组合键：从前台运行状态调度到后台挂起状态。

输入 fg：把最后一个挂起的进程放入前台运行，从后台挂起状态调度到前台运行状态。

输入 fg X："X" 表示后台进程编号，如 [1]、[2]。把指定编号的进程放入前台运行，从后台挂起状态或后台运行状态调度到前台运行状态。

输入 bg 或 bg X：从后台挂起状态调度到后台运行状态。

注意，有箭头指向的说明可以调度，没有箭头指向的说明无法调度。

14.1.3　进程终止

kill 命令并不只有终止进程运行（俗称杀进程）的功能，其真正功能是给指定的进程增加标记信号（sign），从而让 CPU 根据信号的值对进程做出相应的处理。例如，kill –9 实质是给进程增加了 9 号标记，CPU 根据 9 号标记对应的功能将进程强制终止。

使用 kill –l 命令可以查看所有可用的信号，如图 14-1-3 所示。

```
[root@centos7-1 ~]# kill -l
 1) SIGHUP       2) SIGINT       3) SIGQUIT      4) SIGILL       5) SIGTRAP
 6) SIGABRT      7) SIGBUS       8) SIGFPE       9) SIGKILL     10) SIGUSR1
11) SIGSEGV     12) SIGUSR2     13) SIGPIPE     14) SIGALRM     15) SIGTERM
16) SIGSTKFLT   17) SIGCHLD     18) SIGCONT     19) SIGSTOP     20) SIGTSTP
21) SIGTTIN     22) SIGTTOU     23) SIGURG      24) SIGXCPU     25) SIGXFSZ
26) SIGVTALRM   27) SIGPROF     28) SIGWINCH    29) SIGIO       30) SIGPWR
31) SIGSYS      34) SIGRTMIN    35) SIGRTMIN+1  36) SIGRTMIN+2  37) SIGRTMIN+3
38) SIGRTMIN+4  39) SIGRTMIN+5  40) SIGRTMIN+6  41) SIGRTMIN+7  42) SIGRTMIN+8
43) SIGRTMIN+9  44) SIGRTMIN+10 45) SIGRTMIN+11 46) SIGRTMIN+12 47) SIGRTMIN+13
48) SIGRTMIN+14 49) SIGRTMIN+15 50) SIGRTMAX-14 51) SIGRTMAX-13 52) SIGRTMAX-12
53) SIGRTMAX-11 54) SIGRTMAX-10 55) SIGRTMAX-9  56) SIGRTMAX-8  57) SIGRTMAX-7
58) SIGRTMAX-6  59) SIGRTMAX-5  60) SIGRTMAX-4  61) SIGRTMAX-3  62) SIGRTMAX-2
63) SIGRTMAX-1  64) SIGRTMAX
[root@centos7-1 ~]#
```

图 14-1-3　使用 kill 命令查看可用信号列表

kill 常用信号的功能如表 14-1-1 所示。

表 14-1-1 常用信号说明

标号	信号	功能
1	HUP	终端断线
2	INT	中断（同 Ctrl+C）
3	QUIT	退出（同 Ctrl+\），会携带内存中数据出来，可导入某文件中，便于分析程序 bug
9	KILL	强制终止
15	TERM	终止
18	CONT	继续（与 STOP 相反，fg/bg 命令）
19	STOP	暂停（同 Ctrl + Z）

14.1.4 nohup 处理

当一个用户注销退出时，其所占的内存会被清空，即该用户启动运行的进程会自动关闭。若想让某个进程在用户注销后，仍然能在后台继续运行，则可以在调用进程时使用 nohup 命令将其放入后台执行。例如，nohup find / –name f1 & 表示从"/"根目录开始查找文件 f1，并在后台执行，且即使运行命令的用户注销了也仍然继续执行。

注意，一般 nohup 命令都是和 &（后台执行符）一起使用的，将进程直接放入后台，使得用户注销后进程也不会关闭。

14.1.5 进程优先级

Linux 中进程的优先级共有 40 级，数字范围为 –20~19，默认优先级别是 0。数字越小，优先级越高，即越优先被执行。使用 ps –l 命令可查看到各进程的优先级，如图 14-1-4 所示。

```
[root@centos7-1 ~]# ps -l
F S   UID    PID   PPID  C PRI  NI ADDR SZ WCHAN  TTY          TIME CMD
4 S     0  59833  59825  0  80   0 - 29075 do_wai pts/0    00:00:00 bash
4 T     0  65869  59833  0  80   0 - 30051 do_sig pts/0    00:00:00 find
4 T     0  65878  59833  0  80   0 - 30037 do_sig pts/0    00:00:00 find
0 R     0  72247  59833  0  80   0 - 37235 -      pts/0    00:00:00 ps
[root@centos7-1 ~]#
```

图 14-1-4 使用 ps 命令查看进程的优先级

其中，NI 列即进程的优先级列。

在调用进程时，可以直接设定进程的优先级，举例如下。

① nice --20 find / -name f1：执行进程，并设置优先级为最高，即 –20。

注意，此命令中的第一个 "–" 表示参数符号，第二个 "–" 表示数字的负号。

② nice –19 find / –name f2：执行进程，并设置优先级为最低，即 19。

若想更改当前已运行的进程优先级，可使用 renice 命令，举例如下。

renice 19 40478：更改已运行且指定了 PID 的进程优先级为 19。

结合之前的知识，使用 sar 1 1 命令查看 CPU 使用率时，%nice 表示被更改了优先级的进程占 CPU 的比例。

14.2 守护进程

14.2.1 进程分类

除了按照进程的运行状态分类以外，运行的进程按照功能和启用方式划分可分为以下三种。

①交互进程：通过人为手动输入命令启用的进程。

②批处理进程：通常称作脚本，把多个命令按照一定的逻辑顺序，编写成一个实现完整功能的小程序。

③守护进程：监控本机某项服务、某个功能、某个端口的进程。

系统中监控不同业务的守护进程各不相同。例如，一台 web 服务器，工作在 TCP 80 端口，则守护进程监听着对 80 端口的访问。若有客户端请求连接 80 端口，则被守护进程捕获后，开始对客户提供 web 服务；又如，在 Linux 字符界面下，可以输入 ALT+F1~F6 在 6 个终端间相互切换，则守护进程监控着对键盘的操作，一旦输入 ALT+Fx，就会立即激活相应的 tty 终端。

系统中还有监控系统时间的守护进程，当到达指定的时间时，就会激活某项操作。如 at 和 cron。

14.2.2 at 定点运行进程

视频讲解

若想让某个进程在指定的时间运行，可以使用 at 命令来设置，举例如下。

①输入 at 22:00，创建定点运行进程，运行时间为 22:00，回车后进入 at 命令的编辑界面。

②输入 at> echo hello > /mnt/f1，即输入要在定点运行的命令。

③按 Ctrl+D 组合键，停止编辑。

则到达指定时间后，就会自动执行设定的命令。

注意，若定点运行的命令只是 echo 输出，并没有导入文件中，则到达指定时间后，并不显示输出结果，这是因为 at 定点运行进程在后台运行，且运行结果也在后台，前台不可见。因此只能通过命令将结果导入磁盘文件上，以验证设置是否成功。

若想让某个进程在一段时间后运行，可以使用"at now+ 时间"格式的命令来设置，举例如下。

at now+3min：设定 3 分钟以后进程运行。

为了便于后面的实验，可以先创建几个相隔时间较长的 at 进程。

设置好定点进程后，可以使用 atq 命令查看未运行的定点进程，如图 14-2-1所示。

```
[root@Centos7-1 at]# at 22:00
at> echo "hello">>/mnt/f1
at> <EOT>
job 4 at Wed Jan  8 22:00:00 2020
[root@Centos7-1 at]# at 23:00
at> halt
at> <EOT>
job 5 at Wed Jan  8 23:00:00 2020
[root@Centos7-1 at]# atq
5 编号    Wed Jan  8 23:00:00 2020 a root
4         Wed Jan  8 22:00:00 2020 a root
[root@Centos7-1 at]#
```

图 14-2-1　使用 atq 命令查看未运行的定点进程

图中最左侧显示的是定点进程的编号（开机后设定的定点进程统一编号），其后为定点的时间。

设置好的定点进程存放在磁盘分区中。在创建了 at 进程后，系统会自动在/var/spool/at/ 目录下创建该进程的可执行文件，可以使用 cd 命令进入 /var/spool/at 目录。再使用 ls 命令查看绿色的可执行程序，如图 14-2-2 所示。也可以使用 vi 命令查看绿色文件中具体的命令设置。

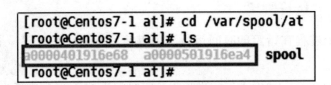

图 14-2-2　磁盘目录中存放的定点进程

若想查看指定编号的定点进程内容，可以使用 at −c X 命令，X 表示 atq 中显示的编号。实质上是使用 cat 命令来查看进程文件。

若想删除指定编号的定点进程内容，可以使用 at −r X 命令，X 表示 atq 中显示的编号。实质上是使用 rm 命令来删除进程文件。

尽管在 Linux 中默认所有用户都可以使用 at 功能，但可以通过配置文件 at.deny 或

at.allow 来限制用户使用 at 功能，举例如下。

输入 vi /etc/at.deny，编辑文件 at.deny，在文件中写入 zhang，保存退出后，则写入这个文件中的用户账号 zhang 不能使用 at 功能，如图 14-2-3 所示。

```
[root@Centos7-1 ~]# echo zhang >> /etc/at.deny
[root@Centos7-1 ~]# su - zhang
上一次登录：三 1月  8 13:37:27 CST 2020pts/1 上
[zhang@Centos7-1 ~]$ at 22:00
You do not have permission to use at.
[zhang@Centos7-1 ~]$
```

图 14-2-3　设置不可以使用 at 功能的用户

输入 vi /etc/at.allow，编辑 at 功能文件 at.allow，在文件中写入 zhang，保存退出后，则写入这个文件中的用户账号 zhang 能够使用 at 功能，如图 14-2-4 所示。

```
[root@Centos7-1 ~]# echo zhang>>/etc/at.allow
[root@Centos7-1 ~]# su - zhang
上一次登录：三 1月  8 13:44:14 CST 2020pts/1 上
[zhang@Centos7-1 ~]$ at 22:00
at>
```

图 14-2-4　设置可以使用 at 功能的用户

at.deny 默认存在于系统中，at.allow 默认不存在于系统中。因此若 at.deny 和 at.allow 并存时，以 at.allow 为准，at.deny 将失效。

14.2.3　cron 计划任务

视频讲解

虽然 at 命令方便执行，但是由于其只能执行一次，执行过后自动被删除。因此若要让某个操作周期性定点运行，就需要用到 cron 计划任务。

crontab 命令用于编辑计划任务，crontab –e 表示编辑本人的计划任务，即其中设定的命令以当前用户的身份执行。

计划任务的格式：分 时 日 月 周 命令绝对路径

00 02 * * * /usr/sbin/reboot：每天凌晨 2 点重启系统。

00 02 * * 0 /usr/bin/rm –rf /tmp/*：每周日凌晨 2 点清空临时数据所在的目录，周日 ~ 周六用 0~6 表示。

00 02 1 * * /usr/bin/rm –rf /tmp/*：每月 1 号凌晨 2 点清空临时数据所在的目录。

00 02 1 1,4,7,10 * /usr/bin/rm –rf /tmp/*：1 月、4 月、7 月、10 月的 1 日凌晨 2 点清空临时数据所在的目录。

00 02 1 */3 * /usr/bin/rm –rf /tmp/*：每隔三个月的 1 日凌晨 2 点清空临时数据所在

的目录，功能同上。*/n 用于设定间隔频率。

*/10 * * * 1–5 /mnt/CPUCheck.sh：周一到周五每 10 分钟运行一次自定义脚本。

编辑好的计划任务，到达指定时间后会自动运行，再次执行 crontab –e 命令即可进行二次编辑或更改。

若要查看当前用户的计划任务，可使用 crontab –l 命令。

若要删除当前用户的计划任务，可使用 crontab –r 命令。

每个用户登录系统后，编辑好的计划任务都以该用户身份来运行命令和访问相关文件，相应的访问权限也遵守用户身份。但也可以使用用户 root 身份给其他用户编辑计划任务，举例如下。

crontab –e –u zhang，以 root 身份登录后，可以给指定用户 zhang 编辑计划任务，这样设定的计划任务将以用户 zhang 的身份执行里面的命令。其中 –e 表示执行，–u 用于指定执行的用户。设定的计划任务文件保存在 "/var/spool/ cron/ 用户名" 文件中。例如，使用 crontab –e –u zhang 给用户 zhang 设定了计划任务，将在 /var/spool/cron/ 目录下生成 zhang 文件。

crontab –l –u zhang：查看指定用户 zhang 的计划任务，实质上是使用 cat 命令来查看计划任务文件 /var/spool/cron/zhang。

crontab –r –u zhang：删除指定用户 zhang 的计划任务，实质上是使用 rm 命令来删除计划任务文件 /var/spool/cron/zhang。

编辑好计划任务后，系统中有专用的文件记录各个用户的计划任务。计划任务的文件存放在 /var/spool/cron/ 目录下，文件名即用户名。

同 at 类似，cron 也有自己的授权管理文件 cron.deny（默认存在）和 cron.allow（默认不存在）。这两个文件的功能和关系与 at 的两个授权文件一样，这里不再赘述。

第十五章
系统服务管理

15.1 RHEL 7.X 服务管理

视频讲解

服务：一台主机上提供的、运行的各种功能，包括本机内服务（如 at、cron 等）和对外的网络服务（如 web、ftp 等），又称为业务、应用。

在 RHEL 7.X（即 RedHat、CentOS）版本中，系统内核使用的是 3.X.X 版本，即第三个大版本，它与之前的两个版本相比，在很多配置（尤其是服务、shell、内核等）方面都有了很大的提升。RHEL 7.X 的根进程是 systemd，即 RHEL 7.X 以 systemd 进程管理系统的所有进程及服务，systemd 是所有进程的祖先进程，系统其他各层级的进程均由该进程派生，systemd 进程的相关操作命令是 systemctl。

例如，若要查看本机内的所有服务，则可使用命令 systemctl list-unit-files，结果如图 15-1-1 所示。

```
UNIT FILE                              STATE
proc- sys- fs- binfmt_misc. automount  static
dev- hugepages. mount                  static
dev- mqueue. mount                     static
proc- fs- nfsd. mount                  static
proc- sys- fs- binfmt_misc. mount      static
sys- fs- fuse- connections. mount      static
sys- kernel- config. mount             static
sys- kernel- debug. mount              static
tmp. mount                             disabled
var- lib- nfs- rpc_pipefs. mount       static
brandbot. path                         disabled
cups. path                             enabled
```

图 15-1-1 查看系统的所有服务

说明如下。

UNIT FILE：服务名。

START：开机状态。若为 static，则表示该服务为系统的必备服务；若为 disabled，则表示该服务开机时处于关闭状态；若为 enabled，则表示该服务开机时自动启动。

在 Linux 中，服务名代表某项功能，服务的运行程序（即进程名）一般命名为

"服务 d"的格式，如 cron 服务的进程名为 crond。在使用 systemctl 配置服务状态时，使用的都是进程名。

若要抓取指定服务的开机状态，则可使用命令 grep。

例如，输入 systemctl list-unit-files | grep crond，结果如图 15-1-2 所示。

```
[root@Centos7-1 ~]# systemctl list-unit-files | grep crond
crond.service                              enabled
[root@Centos7-1 ~]#
```

图 15-1-2　抓取指定服务 crond 的开机状态

若要设定指定服务的开机状态，则可使用如下命令。

systemctl enable crond.service 或 chkconfig crond on：设定指定服务开机时自动启动。

systemctl disable crond.service 或 chkconfig crond off：设定指定服务开机时处于关闭状态，结果如图 15-1-3 所示。

```
[root@Centos7-1 ~]# systemctl disable crond.service
Removed symlink /etc/systemd/system/multi-user.target.wants/crond.service.
[root@Centos7-1 ~]# systemctl list-unit-files | grep crond
crond.service                              disabled
[root@Centos7-1 ~]#
```

图 15-1-3　设定指定的 crond 服务开机处于关闭状态

在更改后再次抓取查看该服务状态，即可查看到效果。

注意，①指定服务时的标准格式为"进程名 .service"，但 systemctl 命令也支持只写进程名的格式；② chkconfig 是 RHEL 7.0 之前版本所使用的命令，在 7.X 版本中仍然兼容。

若要配置当前的服务状态，则需要使用服务的启停参数，常用的有 start、stop、restart、status 等。

systemctl stop crond：立即关闭指定服务。

systemctl start crond：立即启动指定服务。

syetemctl restart crond：立即重启，在更改了服务的配置文件后，往往需要重启服务。

systemctl status crond：查看当前的服务状态。若为 active，则表示服务当前为激活态，即开启状态；若为 inactive，则表示服务当前为非激活态，即关闭状态。

按照 Linux 的一贯习惯，每个服务都会有其对应的服务文件，统一存放在 /usr/lib/systemd/system/ 目录下，并大多以 .service 后缀。

注意，RHEL 7.0 之前的 6.X、5.X 版本系统，由于内核使用的是 2.X.X 的版本，原理与 7.X 相比差异较大，一般使用 ntsysv 命令查看并配置服务开机状态。

15.2 系统启动级别管理

视频讲解

15.2.1 开机级别

由前文可知，Linux 中共有七种开机级别，分别是 0~6 级。查看开机级别的命令是 systemctl get-default，设置开机级别的命令是 systemctl set-default。

每一级别对应的级别文件以及系统服务文件均存放在 /usr/lib/systemd/system 目录下，后缀大多以 .target 结尾。使用 cd 命令进行查看，如图 15-2-1 所示。

```
[root@Centos7-1 ~]# cd /usr/lib/systemd/system
[root@Centos7-1 system]# ls
abrt-ccpp.service                  oddjobd.service
abrtd.service                      packagekit-offline-update.service
abrt-oops.service                  packagekit.service
abrt-pstoreoops.service            paths.target
abrt-vmcore.service                plymouth-halt.service

      . . . . . . .
```

图 15-2-1 系统服务文件存放位置

开机级别文件往往不止一个，这是为了让系统在开机时可以选择启动多样的服务组合，以便使用者能有多种启动备用方案。

上述的 /usr/lib/systemd/system 目录中包含了 runlevel0.target~runlevel6.target 这七个开机级别文件，均为软链接，文件名中的数字分别对应 0~6 七种开机级别，使用 ll 命令进行查看，可看到它们指向的真实级别文件，如图 15-2-2 所示。

```
[root@centos7-1 ~]# ll /usr/lib/systemd/system/runlevel*
lrwxrwxrwx. 1 root root 15 3月  21 15:32 /usr/lib/systemd/system/runlevel0.target -> poweroff.target
lrwxrwxrwx. 1 root root 13 3月  21 15:32 /usr/lib/systemd/system/runlevel1.target -> rescue.target
lrwxrwxrwx. 1 root root 17 3月  21 15:32 /usr/lib/systemd/system/runlevel2.target -> multi-user.target
lrwxrwxrwx. 1 root root 17 3月  21 15:32 /usr/lib/systemd/system/runlevel3.target -> multi-user.target
lrwxrwxrwx. 1 root root 17 3月  21 15:32 /usr/lib/systemd/system/runlevel4.target -> multi-user.target
lrwxrwxrwx. 1 root root 16 3月  21 15:32 /usr/lib/systemd/system/runlevel5.target -> graphical.target
lrwxrwxrwx. 1 root root 13 3月  21 15:32 /usr/lib/systemd/system/runlevel6.target -> reboot.target
```

图 15-2-2 常见的七种开机级别文件

每个级别文件对应功能不同的各个开机级别，由上图可知，runlevel2.target~runlevel4.target 指向的是同一个文件 multi.user.target，即开机级别 2、3、4 只提供多用户的字符交互界面，相当于级别 2、3、4 会启动相同的服务，这与 CentOS 7 以前的版本中，级别 2、3、4 开机启动的服务有所不同存在差异。

RHEL 7.X 中的 /etc/system/system/default.target 是专门用于表示开机级别的配置文件，该文件是一个软链接，它指向的级别文件对应的级别就是开机级别，如图 15-2-3 所示。

```
[ root@centos7-1 ~]# cd /etc/systemd/system/
[ root@centos7-1 system]# ls
basic. target. wants                            display- manager. service
bluetooth. target. wants                        getty. target. wants
dbus- org. bluez. service                       graphical. target. wants
dbus- org. fedoraproject. FirewallD1. service   multi- user. target. wants
dbus- org. freedesktop. Avahi. service          printer. target. wants
dbus- org. freedesktop. ModemManager1. service  remote- fs. target. wants
dbus- org. freedesktop. NetworkManager. service sockets. target. wants
dbus- org. freedesktop. nm- dispatcher. service spice- vdagentd. target. wants
default. target                                 sysinit. target. wants
default. target. wants                          system- update. target. wants
dev- virtio\x2dports- org. qemu. guest_agent. 0. device. wants vmtoolsd. service. requires
[ root@centos7-1 system]# ll default. target
lrwxrwxrwx. 1 root root 36 3月  21 15:39 default. target - > /lib/systemd/system/graphical. target
[ root@centos7-1 system]#
```

图 15-2-3　查看系统默认开机级别文件

更改开机级别实质上就是更改该软链接文件的指向。更改该文件指向后，再使用 systemctl get-default 命令查看开机级别，对应的开机级别文件就是软链接指向的级别文件。而在设置开机级别时，会提示先删除软链接，再重建软链接。如图 15-2-4 所示。

```
[ root@centos7-1 system]# ln - sf /usr/lib/systemd/system/multi- user. target  default. target
[ root@centos7-1 system]# systemctl get- default
multi- user. target
[ root@centos7-1 system]# systemctl set- default  graphical. target
Removed symlink /etc/systemd/system/default. target.
Created symlink from /etc/systemd/system/default. target to /usr/lib/systemd/system/graphical. target.
[ root@centos7-1 system]#
```

图 15-2-4　更改系统运行级别

15.2.2　设置服务开机自启

在设置某个服务开机自启或关闭时，Linux 会给出明确提示。例如，设置 crond 服务开机关闭时，输入命令 systemctl disable crond 后，会提示从 /etc/systemd/system/multi-user.target.wants 目录中删除了文件 crond.service；设置 crond 服务开机自启时，输入命令 systemctl enable crond 后，会提示在上述目录中创建了文件 crond.service。如图 15-2-5 所示。

```
[ root@centos7-1 system]# systemctl get- default
graphical. target
[ root@centos7-1 system]# systemctl disable crond
Removed symlink /etc/systemd/system/multi- user. target. wants/crond. service.
[ root@centos7-1 system]# systemctl enable crond
Created symlink from /etc/systemd/system/multi- user. target. wants/crond. service to /usr/lib/systemd/system/crond. service

[ root@centos7-1 system]#
```

图 15-2-5　设置 crond 服务开机关闭和启动

在图形界面或字符界面中，开机服务管理统一在 /etc/systemd/system/multi-user.target.wants/ 目录下进行设置。使用 ls 命令进行查看，可知该目录下包含多个软链接，分别指向 /usr/lib/systemd/system/ 目录下的各个服务文件。而只要是有软链接指向的服务，开机自启，没有软链接指向的服务，开机关闭。以 atd 为例，如图 15-2-6 所示。

```
[root@centos7-1 system]# cd multi-user.target.wants/
[root@centos7-1 multi-user.target.wants]# ls
abrt-ccpp.service      avahi-daemon.service   ksm.service             NetworkManager.service   sshd.service
abrtd.service          chronyd.service        ksmtuned.service        nfs-client.target        sysstat.service
abrt-oops.service      crond.service          libstoragemgmt.service  postfix.service          tuned.service
abrt-vmcore.service    cups.path              libvirtd.service        remote-fs.target         vmtoolsd.service
abrt-xorg.service      cups.service           mcelog.service          rngd.service
atd.service            firewalld.service      mdmonitor.service       rsyslog.service
auditd.service         irqbalance.service     ModemManager.service    smartd.service
[root@centos7-1 multi-user.target.wants]# ll atd.service
lrwxrwxrwx. 1 root root 35 3月  21 15:34 atd.service -> /usr/lib/systemd/system/atd.service
[root@centos7-1 multi-user.target.wants]# systemctl disable atd
Removed symlink /etc/systemd/system/multi-user.target.wants/atd.service.
[root@centos7-1 multi-user.target.wants]# ls
abrt-ccpp.service      chronyd.service        ksmtuned.service        nfs-client.target        sysstat.service
abrtd.service          crond.service          libstoragemgmt.service  postfix.service          tuned.service
abrt-oops.service      cups.path              libvirtd.service        remote-fs.target         vmtoolsd.service
abrt-vmcore.service    cups.service           mcelog.service          rngd.service
abrt-xorg.service      firewalld.service      mdmonitor.service       rsyslog.service
auditd.service         irqbalance.service     ModemManager.service    smartd.service
avahi-daemon.service   ksm.service            NetworkManager.service   sshd.service
[root@centos7-1 multi-user.target.wants]#
```

图 15-2-6　设置默认开机启动的 atd 服务为开机关闭

　　软链接 atd.service 指向 atd 的服务文件，此时若把 atd 设置为开机关闭状态，目录下就没有 atd 的软链接了。

15.3　引导程序

15.3.1　引导程序介绍

　　计算机启动时需要使用引导程序将操作系统的内核加载到内存中来实现操作系统的启动。在磁盘的首扇区 MBR 中，存放着磁盘分区表信息以及引导程序所在磁盘的位置。通常每块磁盘最开头的一段存储空间并不会留给磁盘分区来使用，而是独立于各分区之外，存放磁盘管理属性、引导程序等信息，这就是为什么输入 fdisk –l 后发现系统启动分区 sda1 的开始扇区并不是 0 或 1，而是 2048 的原因，如图 15-3-1 所示。

```
[root@Centos7-1 etc]# fdisk -l

磁盘 /dev/sda: 21.5 GB, 21474836480 字节, 41943040 个扇区
Units = 扇区 of 1 * 512 = 512 bytes
扇区大小(逻辑/物理): 512 字节 / 512 字节
I/O 大小(最小/最佳): 512 字节 / 512 字节
磁盘标签类型: dos
磁盘标识符: 0x00038b33

   设备 Boot      Start         End      Blocks   Id  System
/dev/sda1   *      2048     2099199     1048576   83  Linux
/dev/sda2       2099200    18876415     8388608   83  Linux
/dev/sda3      18876416    27265023     4194304   83  Linux
/dev/sda4      27265024    41943039     7339008    5  Extended
/dev/sda5      27269120    31463423     2097152   83  Linux
/dev/sda6      31465472    35659775     2097152   82  Linux swap / Solaris
/dev/sda7      35661824    36890623      614400   8e  Linux LVM
/dev/sda8      36892672    38531071      819200   8e  Linux LVM
/dev/sda9      38533120    40581119     1024000   8e  Linux LVM
```

图 15-3-1　系统启动分区预留存储空间留给引导程序

开机时，主板通过磁盘的 MBR 找到并激活引导程序，再通过引导程序找到磁盘分区内存放的操作系统启动程序。在 Linux 中，操作系统启动程序统一存放在 /boot/ 目录下，为了保证操作系统启动程序的安全和稳定，在安装系统时需要对 /boot 进行独立分区的挂载。

不同操作系统的启动原理有所不同，对于 Linux 而言，在安装时会将自己的引导程序 grub 写入到磁盘的启动分区中，该分区对应 /boot 目录。

Windows 也有自己的引导程序，但是并不兼容 Linux，即不能用来识别和引导 Linux 系统，而 Linux 的 grub 程序是兼容、识别 Windows 系统的。因此在一台双系统的电脑上，若要让 Windows 和 Linux 并存，必须先装 Windows 后装 Linux，后装的 Linux 的引导程序会覆盖先装的 Windows 的引导程序，则 grub 仍可引导 Windows 安装。在 Linux 开机时的选择界面即 grub 引导界面，如图 15-3-2 所示。

图 15-3-2　开机时看到的 Linux grub 引导程序界面

15.3.2　Linux 启动顺序

开启电源开关后，Linux 的启动顺序如下：

①主板加电自检，检测主板上的硬件型号以及硬件是否正常工作等，若有故障硬件，则会报警或无法开机。例如，内存故障会黑屏或发出滴滴响叫。

②激活磁盘，读取 MBR（首扇区），获取分区表信息，查找到引导程序位置，启动引导程序 grub。

③在 grub 界面选择系统，或者自动进入默认的第一个系统中，加载系统内核 kernel，扫描所有硬件，初始化硬件管理，并启动系统的根进程 systemd。系统内核的主要功能为管理硬件，调度各硬件传输数据，管理 CPU 各队列。

注意，此时 /boot 尚未被挂载，grub 直接识别其所在磁盘的文件系统，读取配置文件 /boot/grub2/grub.cfg。

④读取 /etc/fstab 文件系统配置文件，挂载各文件系统，运行 /boot/ 中的各系统启动程序，启动 Linux 的核心程序。

⑤读取开机级别文件，启动相应的级别对应的服务。

⑥登录验证。

⑦根据 /etc/passwd 中用户的设置，启动相应的 shell。

15.3.3 grub 简介

grub 引导程序运行时会解析其配置文件 /etc/grub2.cfg，该文件是一个软链接，指向真正的 grub 配置文件 /boot/grub2/grub.cfg。

输入 vi /etc/grub2.cfg，查看配置文件内容，如图 15-3-3 所示。

```
menuentry 'CentOS Linux (3.10.0-693.el7.x86_64) 7 (Core)' --class centos --class gnu-linux --class gn
u --class os --unrestricted $menuentry_id_option 'gnulinux-3.10.0-693.el7.x86_64-advanced-bccdd9f2-b0
95-416c-8ca6-b0c99427bf97' {
        load_video
        set gfxpayload=keep
        insmod gzio
        insmod part_msdos
        insmod ext2
        set root='hd0,msdos1'
        if [ x$feature_platform_search_hint = xy ]; then
          search --no-floppy --fs-uuid --set=root --hint-bios=hd0,msdos1 --hint-efi=hd0,msdos1 --hint
-baremetal=ahci0,msdos1 --hint='hd0,msdos1'  95d682c3-7ddf-4904-b490-1b3b71ca6243
        else
          search --no-floppy --fs-uuid --set=root 95d682c3-7ddf-4904-b490-1b3b71ca6243
        fi
        linux16 /vmlinuz-3.10.0-693.el7.x86_64 root=UUID=bccdd9f2-b095-416c-8ca6-b0c99427bf97 ro rhgb
quiet LANG=zh_CN.UTF-8
        initrd16 /initramfs-3.10.0-693.el7.x86_64.img
}
```

图 15-3-3　grub 引导程序配置文件部分内容

说明如下。

timeout：设置 grub 界面的倒计时时间，默认为 5 秒，若倒计时结束，未做选择，则直接进入默认选中项，即第一项。

menuentry：设置 grub 界面的供选项。例如，若图 15-3-2 中有两项可选，则该配置文件中会有两个 menuentry 模块。menuentry 后的 " 中是显示在 grub 界面的文字，{} 中是该项对应的执行代码，代码中的 insmod 命令指定加载的模块或文件系统格式，如 insmod ntfs 表示支持 Windows 的文件系统。

set root='hd0,msdos1'：指定本项的操作系统所在的磁盘和分区。root 表示系统的启动路径；hd0 表示本机的第一块磁盘，即 sda；msdos1 表示 dos 分区表中的第一个分区，即 sda1，也就是 /boot 目录挂载的分区。

15.4　Trouble Shooting

所谓 Trouble Shooting，就是系统的故障排除。对于硬件故障问题，需要更换硬件；对于系统一般性问题，可以通过分析启动顺序、grub 配置文件来解决。下面主要介绍三个常见问题的解决方式。

15.4.1 grub.cfg 文件丢失

视频讲解

若在正常使用过程中，不慎将 /boot/grub2/grub.cfg 删除，则在重启系统时，由于 grub 引导程序丢失，无法开机启动，系统会自动进入 grub 启动界面，如图 15-4-1 所示。

```
    Minimal BASH-like line editing is supported. For the first word,
    TAB lists possible command completions. Anywhere else TAB lists
    possible device or file completions.


grub> _
```

图 15-4-1　grub 引导程序操作界面

解决思路：进入 grub 管理界面后，人为用命令帮助 grub 指定系统的各个启动项，如提供启动程序、根目录、内核等的相关信息。让 grub 能够引导开机进入系统，进入后重建 grub.cfg 即可。

恢复 grub.cfg 文件的步骤如下：

①输入 grub>ls，查看当前磁盘及磁盘分区，按 hd0,msdos1 格式标识命名的各分区，一般 /boot 都在第一个分区上，即 hd0,msdos1。

②输入 grub>ls (hd0,msdos1)/，查看指定分区内的文件，以确定 msdos1 就是 /boot 分区。

③输入 grub>insmod /grub2/i386-pc/Linux.mod，加载 Linux 的 grub2 模块。

④输入 grub>set root=(hd0,msdos1)，指定 /boot 所在的分区。

⑤输入 grub>Linux16 /vmlinuz- 内核版本号 root=/dev/sda3，加载内核，同时设定系统根分区（ / ）。

⑥输入 grub>initrd16 /initramfs- 内核版本号 .img，加载 initramfs。

注意，内核版本号可以在另一台同系统的主机上使用 uname -a 命令得到，也可以在本机正常时提前做好内核版本备份。

⑦输入 grub>boot，启动系统。

⑧输入 grub2-mkconfig -o /boot/grub2/grub.cfg，重新生成 grub.cfg 文件。

注意，若 /boot/grub2/grub.cfg 文件丢失时还未关闭系统时，直接输入本命令，即可恢复 grub.cfg 文件。

15.4.2　默认启动级别修复

若 Linux 备份被恶意更改，开机级别被改为 reboot.target 或 hat.target，则开机后会立即重启或关闭，无法正常启动系统。

解决思路：在系统读取完 grub，但并未读取开机级别文件 /etc/systemd/system/default.target 时手动介入，让系统进入单用户模式下，即级别 1，重新设置进程开机级别。

修复默认启动级别的步骤如下：

①在 grub 界面中，单击↑、↓键，取消倒计时。

②选中正常启动项，即第一项，按 E 键，进入该项的代码编辑界面，显示的即是 /etc/grub2.cfg 中该项对应的执行代码。

③找到以 "linux 16" 文字开头的行，在最后输入 systemd.unit=rescue.target，指定系统启动后进入单用户模式，如图 15-4-2 所示。

```
        insmod part_msdos
        insmod ext2
        set root='hd0,msdos1'
        if [ x$feature_platform_search_hint = xy ]; then
          search --no-floppy --fs-uuid --set=root --hint-bios=hd0,msdos1 --hin\
t-efi=hd0,msdos1 --hint-baremetal=ahci0,msdos1 --hint='hd0,msdos1'  af19587e-f\
63f-47c0-8004-4e54131e36e9
        else
          search --no-floppy --fs-uuid --set=root af19587e-f63f-47c0-8004-4e54\
131e36e9
        fi
        linux16 /vmlinuz-3.10.0-693.el7.x86_64 root=UUID=0b506b63-8d93-4dbd-a3\
5c-9fabfc2f16fc ro rhgb quiet LANG=zh_CN.UTF-8 systemd.unit=rescue.target
        initrd16 /initramfs-3.10.0-693.el7.x86_64.img
```

图 15-4-2　修改 grub 配置文件

注意，该操作仅临时更改代码，并未真正写入配置文件 /etc/grub2.cfg 中。

④按 Ctrl+X 组合键，使修改的配置文件生效，进入到单用户模式。

⑤输入 root 密码登录。

⑥输入 systemctl set-default multi-user.target，设置开机级别为级别 3。

⑦输入 reboot，立即重启后即可恢复正常。

15.4.3　root 密码丢失修复

若是普通用户密码丢失，可以使用 root 登录系统后，重新设置用户的密码；若 root 密码丢失，则需要在 grub 引导程序中进行多步操作。

解决思路：在 Linux 加载完内核后，立即停止读取文件系统配置文件 /etc/fstab，停止挂载文件系统，让系统转入到内核中的精简 shell（即 sh）中，躲避身份验证。进入 sh 后，再手动挂载各文件系统，并转回 /bin/bash，此时已经越过了身份验证环节进入到 shell 中，再使用 passwd 命令设置新的密码即可。

root 密码丢失的修复步骤如下：

①在 grub 界面中，单击↑、↓键，取消倒计时。

②选中正常启动项，即第一项，按 E 键，进入该项的代码编辑界面，显示的即是 /etc/grub2.cfg 中该项对应的执行代码。找到 Linux 16 行，修改行中的 "ro" 字符为 rw init=/sysroot/bin/sh，让引导程序躲避磁盘挂载，直接进入 sh。

④按 Ctrl+X 组合键，使修改的配置文件生效，进入 sh 界面。

注意，sh 是最精简、最原始的 shell。sh 界面下无家目录，默认进入 /，且只能使用内部命令。

⑤输入 mount –o rw,remount /sysroot，重新加载磁盘，挂载分区。

⑥输入 chroot /sysroot /bin/bash，切换回磁盘分区中，且切换到 bash 状态。

⑦输入 unset LANG，清空语言设置，回到英文状态。

⑧输入 passwd，更改 root 密码。

⑨输入 touch /.autorelabel，创建 seLinux 使用的安全标签文件，使 seLinux 生效，若 seLinux 默认已关闭，则可不用创建。

注意，seLinux 是 Linux 中的安全强化保护程序，用于保护系统安全，使各服务与进程不受攻击，因此在 grub 程序中更改密码也需要符合 seLinux 的安全管理机制。

⑩输入 exit，退回到 sh 界面，然后输入 reboot，重启后稍等片刻，输入新密码，即可以 root 身份登录。

第十六章
shell 编程

16.1 shell 脚本运行

把众多 Linux 命令写入一个文本文件中，然后使其中的命令按照一定的逻辑顺序执行，最终完成一个具体的功能，这个包含多个 Linux 命令的文本文件通常称为 shell 脚本。在 Linux 的 shell 编译环境下，shell 与众多编程语言一样，也有其独立的语法。

16.1.1 脚本基本结构

【示例】创建一个脚本文件，输出 "hello"。

```
vi /mnt/test.sh      #创建脚本文件，Linux 中脚本一般带 .sh 后缀，也可以为其他或无后缀
    #!/bin/bash      # 指定编译本脚本的 shell
    echo hello       # 输入多条命令
    ls –l /var/
    echo over
bash /mnt/test.sh  # 执行脚本
```

执行结果如图 16-1-1 所示。

```
[root@Centos7-1 mnt]# bash /mnt/test.sh
hello
总用量 80
drwxr-xr-x.  2 root root 4096 12月 20 17:02 account
drwxr-xr-x.  2 root root 4096 11月  5 2016 adm
drwxr-xr-x. 13 root root 4096 12月 20 17:11 cache
drwxr-xr-x.  2 root root 4096 8月   7 2017 crash
drwxr-xr-x.  3 root root 4096 12月 20 17:02 db
drwxr-xr-x.  3 root root 4096 12月 20 17:02 empty
drwxr-xr-x.  2 root root 4096 11月  5 2016 games
drwxr-xr-x.  2 root root 4096 11月  5 2016 gopher
drwxr-xr-x.  3 root root 4096 12月 20 16:59 kerberos
drwxr-xr-x. 55 root root 4096 1月  15 10:57 lib
drwxr-xr-x.  2 root root 4096 11月  5 2016 local
lrwxrwxrwx.  1 root root   11 12月 20 16:58 lock -> ../run/lock
drwxr-xr-x. 17 root root 4096 2月  12 14:51 log
lrwxrwxrwx.  1 root root   10 12月 20 16:58 mail -> spool/mail
drwxr-xr-x.  2 root root 4096 11月  5 2016 nis
drwxr-xr-x.  2 root root 4096 11月  5 2016 opt
drwxr-xr-x.  2 root root 4096 11月  5 2016 preserve
lrwxrwxrwx.  1 root root    6 12月 20 16:58 run -> ../run
drwxr-xr-x. 13 root root 4096 12月 20 17:02 spool
drwxr-xr-x.  4 root root 4096 12月 20 17:00 target
drwxrwxrwt. 21 root root 4096 2月  12 14:52 tmp
drwxr-xr-x.  3 root root 4096 2月   8 08:46 www
drwxr-xr-x.  2 root root 4096 11月  5 2016 yp
over
```

图 16-1-1　脚本 test.sh 执行结果

注意，#!/bin/bash 一般必须书写，之后的命令可以根据个人需求自定义编写。

脚本可以使用 vi 编辑器编写，编写完毕后，输入 chmod a+x /mnt/test.sh，增加执行权限，之后才可以被当作脚本执行。

16.1.2 脚本执行方式

视频讲解

脚本的执行方式有如下三种。

（1）绝对路径调用

①输入 /mnt/test.sh，指定绝对路径执行脚本。

②输入 cd /mnt，进入脚本所在的目录后再输入 ./test.sh，"."表示当前目录。

注意，本方式要求脚本文件必须有 x 权限才可被执行。

（2）shell 调用

输入 bash /mnt/test.sh，指定使用 bash 编译执行脚本。

注意，本方式允许脚本文件没有 x 权限也可被执行。

（3）当前 shell 调用

①输入 source /mnt/test.sh，source 表示使用当前 shell 编译执行脚本，不开启新 shell。

②输入 . /mnt/test.sh，"."表示使用当前 shell 编译执行脚本，不开启新 shell，与 source 的功能相同。注意，"."和脚本文件之间存在空格。

前两种方式虽然可以正常调用脚本，但是当脚本中有对环境变量的配置时，会发现脚本运行后未能起作用。

例如，脚本中更改变量 PS1，运行后命令提示符的显示格式却并未改变，如图 16-1-2 所示。

```
[root@Centos7-1 ~]# cd /mnt
[root@Centos7-1 mnt]# cat test.sh
#!/bin/bash
PS1="{\u@\h \t \W} \\$"
[root@Centos7-1 mnt]# /mnt/test.sh
[root@Centos7-1 mnt]#
```

图 16-1-2　使用绝对路径执行脚本 test.sh

上图中开启了新的 shell 来执行 test.sh 脚本，并改变了新 shell 的命令提示符显示格式，但是由于脚本在新 shell 中执行完毕并马上关闭后又回到了原来的 shell 中，故不能看到命令提示符的改变。

又如，通过命令更改变量 PS1，此时命令提示符的显示格式改变，但输入 bash 命令后，又变回原来的格式，如图 16-1-3 所示。

```
[ root@centos7-1 ~]# PS1="{ \u@\h \t \W} \\$"
{ root@centos7-1 17:37:51 ~}#
{ root@centos7-1 17:37:51 ~}#bash
[ root@centos7-1 ~]#
[ root@centos7-1 ~]#
[ root@centos7-1 ~]# exit
exit
{ root@centos7-1 17:37:57 ~}#
{ root@centos7-1 17:37:57 ~}#
```

图 16-1-3　shell 允许有多层嵌套

这是因为 Linux 中的编译器 shell 允许有多层嵌套，而每个 shell 都有自己一套完整的、独立的环境变量配置，当打开一个新 shell 时，所有的环境变量将按系统的默认值初始化，新开的 shell 不会受原 shell 的影响。

而在图 16-1-3 中，更改了变量 PS1 的值后命令提示符显示格式马上改变，但输入 bash 命令等于重新打开了一个 shell，该 shell 嵌套于原 shell 之外，变量 PS1 的值并未改变。输入 exit 退出后，又恢复到了原 shell 中，变量 PS1 的值再次改变。

注意，前两种方式都打开了一个新的 shell 执行脚本，脚本执行完毕后，新开的 shell 自动关闭。在脚本中设置环境变量，该设置只对新开的 shell 生效，shell 一关闭就失效，因此若要让该设置立即生效，必须让脚本在原 shell 上执行，即使用方法（3）。

16.1.3　脚本作为系统命令执行

在 Linux 系统中执行命令时，系统会首先参考 PATH 变量中指定的一系列目录，可以使用 echo $PATH 命令查看 PATH 变量的内容，如图 16-1-4 所示。

```
[ root@centos7-1 ~]# echo $PATH
/usr/local/bin:/usr/local/sbin:/usr/bin:/usr/sbin:/bin:/sbin:/root/bin
[ root@centos7-1 ~]#
```

图 16-1-4　PATH 变量中设定的多个目录

PATH 变量中设定了一系列目录，这些目录采用 ":" 进行分割，当执行命令时，如执行 ls 命令，Linux 系统会从 PATH 变量中左起第一个目录 /usr/local/bin 下查找是否存在 ls 命令，若存在，则 ls 命令执行；若不存在，则系统会按照从左到右的顺序开始查找第二个目录 /usr/local/sbin 中是否存在 ls 命令，若存在，则 ls 命令执行；若不存在，则继续找第三个目录 /usr/bin，依此类推。只要在设定的目录中找到了 ls 命令就开始执行，同时不再继续查找，如果在 PATH 的所有目录中都没有找到 ls 命令，系统就会提示 "未找到命令"。

假设有如下脚本。

vi /mnt/CPUTest.sh

```
#!/bin/bash
echo start
sar 1 1
echo end
chmod a+x /mnt/CPUTest.sh
/mnt/CPUTest.sh
```

执行结果如图 16-1-5 所示。

```
[root@Centos7-1 mnt]# /mnt/CPUTest.sh
start
Linux 3.10.0-693.el7.x86_64 (Centos7-1)          2020年02月14日   _x86_64_        (1 CPU)

13时57分43秒    CPU     %user    %nice   %system   %iowait    %steal    %idle
13时57分44秒    all      0.00     0.00     1.00      0.00      0.00     99.00
平均时间:      all      0.00     0.00     1.00      0.00      0.00     99.00
end
[root@Centos7-1 mnt]#
```

图 16-1-5　脚本 CPUTest.sh 的执行结果

将其设置为系统命令的方式有以下两种：

①输入 cp /mnt/CPUTest.sh /usr/bin/，复制该命令到 PATH 中系统命令所在的目录下，然后直接键入 CPUTest.sh 再回车就可以执行该脚本。

注意，由于自定义脚本与系统命令不分离，原有的系统命令被扰乱，二者难以区分，不便于管理和查找。

②输入 PATH="$PATH:/mnt"，在 PATH 变量后加上脚本所在的目录。

注意，若想让对 PATH 的设置永久生效，则需要把该命令写入到环境变量配置文件中，且脚本名尽量不要与系统中已存在的命令名重复。

16.2　shell 编程

16.2.1　变量

变量：程序运行过程中用于临时存放数据的一块内存空间。这块空间的名字即变量名。

（1）变量的赋值

可以在代码直接给变量赋值。

①shu=5：声明变量 shu，并赋值为 5。

②name=zhang：声明变量 name，并赋值为 zhang。

也可以从键盘输入数据赋值给变量。

read name：read 表示从键盘输入一个数据（如 zhang），赋值给变量 name，如图 16-2-1 所示。

```
[root@centos7-1 mnt]# cat test.pl
#!/bin/bash
echo  please  input your name：
read   name
echo   your   name is   $name

[root@centos7-1 mnt]# ./test.pl
please input your name：
zhang
your name is zhang
[root@centos7-1 mnt]#
```

图 16-2-1　键盘输入方式给变量赋值

还可以将命令的执行结果赋值给变量。

shiJian=\`date +"%Y-%m-%d %H:%M:%S"\`：将当前日期赋值给变量 shiJian，然后将该变量值打印出来，如图 16-2-2 所示。

```
[root@Centos7-1 mnt]# shiJian=`date +"%Y-%m-%d %H:%M:%S"`
[root@Centos7-1 mnt]# echo $shiJian
2020-02-14 14:02:50
[root@Centos7-1 mnt]#
```

图 16-2-2　将当前日期赋值给变量

注意，用反单引号把命令引起来，即可把命令的执行结果赋值给变量。

（2）变量的引用

echo "my name is: $name"："$" 符用于引用变量的值。

在使用变量时，若变量名与之后的文件名之间没有空格，则容易造成变量名的识别错误。例如，输入 echo $shua，shell 会认为要输出变量 shua 的值，若只声明了变量 shu，且想要输出变量 shu 的值，则可用 {} 明确变量名，举例如下。

shu=5

echo ${shu}a

执行结果如图 16-2-3 所示。

```
[root@Centos7-1 mnt]# shu=5
[root@Centos7-1 mnt]# echo ${shu}a
5a
[root@Centos7-1 mnt]#
```

图 16-2-3　大括号用法示例

（3）变量的计算

变量赋值时，默认所有数据都当字符类型处理，举例如下。

```
shu1=3
shu2=5
shu3=$shu1+shu2
echo shu3=$shu3
```

执行结果如图 16-2-4 所示。

```
[root@centos7-1 mnt]# cat test.pl
#!/bin/bash
shu1=3
shu2=5
shu3=$shu1+$shu2
echo shu3=$shu3
[root@centos7-1 mnt]# ./test.pl
shu3=3+5
[root@centos7-1 mnt]#
```

图 16-2-4　shell 变量中的数据默认为字符类型

赋值给 shu1、shu2 的分别是字符形态的 3、5，所以在给 shu3 赋值时，仅相当于让三个字符串联。若要让计算式按数学运算的方式执行，需要使用 let 关键字，举例如下。

```
shu1=3
shu2=5
let shu3=$shu1+$shu2
echo shu3=$shu3
```

执行结果如图 16-2-5 所示。

```
[root@Centos7-1 mnt]# shu1=3
[root@Centos7-1 mnt]# shu2=5
[root@Centos7-1 mnt]# let shu3=$shu1+$shu2
[root@Centos7-1 mnt]# echo shu3=$shu3
shu3=8
[root@Centos7-1 mnt]#
```

图 16-2-5　let 关键字用法示例

（4）变量的截取

假设变量 shu 的值为 abc123。

① shu2=${shu%%1*}：%% 表示去除右侧字符，shu2=abc。

② shu3=${shu##*c}：## 表示去除左侧字符，shu3=123。

注意，* 是通配符。

16.2.2 单分支语句

shell 中的 if 单分支语句可以实现判断功能，格式包括如下三种。

（1）格式 1

```
if [ 条件 ]; then
    // 代码
fi
```

格式要求："[ ];"符号左右必须有空格。

运行逻辑：若满足条件，则执行代码，否则不执行代码。

条件判断的常用参数如表 16-2-1 所示。

表 16-2-1　条件判断常用参数

功能	参数	说明
判断比较数字	–gt	大于
	–lt	小于
	–eq	等于
	–ge	大于等于
	–le	小于等于
	–ne	不等于
判断字符	=	= 左右无空格，表示赋值
		= 左右有空格，表示判断
	!=	判断不等于
判断文件是否存在	–f	文件
判断目录是否存在	–d	目录
判断软链接是否存在	–l	软链接
判断给定的文件是否有执行权限	–x	执行权限
判断给定的文件是否有读权限	–r	读权限
判断给定的文件是否有写权限	–w	写权限
判断变量是否为空	–z	若为空，则判断成立
[条件 1 –a 条件 2];	–a	逻辑与
	–o	逻辑或
	!	逻辑反
判断条件是否成立	true	成立
	false	不成立

（2）格式 2

```
if [ 条件 ]; then
    // 代码 1
else
    // 代码 2
fi
```

运行逻辑：若满足条件，则执行代码 1，否则执行代码 2。

（3）格式 3

```
if [ 条件 1 ]; then
    // 代码 1
elif [ 条件 2 ]; then
    // 代码 2
else
    // 代码 3
fi
```

运行逻辑：若满足条件 1，则执行代码 1，否则判断条件 2；若满足条件 2，则执行代码 2；若都不满足，则执行代码 3。

【示例】根据年龄逐级判断，输出年龄段状态。排列的条件顺序为按年龄从小到大，年龄大于 16 岁时回去判断是否小于 30，依此类推。

```
vi /mnt/test01.sh
    echo please input your age
        read age
    if [ $age -lt 16 ]; then
        echo child
    elif [ $age -lt 30 ]; then
        echo younger
    elif [ $age -lt 40 ]; then
        echo stronger
    elif [ $age -lt 50 ]; then
        echo zhong nian
    else
        echo older
    fi
```

bash /mnt/test01.sh

执行结果如图 16-2-6 所示。

```
[root@Centos7-1 mnt]# bash /mnt/test01.sh
please input your age
30
stronger
[root@Centos7-1 mnt]#
```

图 16-2-6　脚本 test01.sh 的执行结果

只有在前面的条件不满足时，才会去判断后面的条件。在编写多级判断语句时一定要注意判断条件的先后顺序。

下面是一个自制计算器的小程序，可自行编写试试。

```
vi /mnt/test02.sh
    #!/bin/bash
    echo "——————————————————————————————"
    echo "  welcome to my calc"
    echo "——————————————————————————————"
    echo "start"
    echo please input the first num:
    read n1
    echo please input the second num:
    read n2
    echo "please input the fu:+ — * / %"
    read fu
    if [ "$fu" = "+" ]; then
    let res=$n1+$n2
    elif [ "$fu" = "—" ]; then
        let res=$n1-$n2
    elif [ "$fu" = "*" ]; then
        let res=$n1*$n2
    elif [ "$fu" = "/" ]; then
        let res=$n1/$n2
    elif [ "$fu" = "%" ]; then
        let res=$n1%$n2
```

```
        fi
        echo "$n1 $fu $n2 = $res"
    bash /mnt/test02.sh
```

执行结果如图 16-2-7 所示。

```
[root@Centos7-1 mnt]# bash /mnt/test02.sh
-----------------------------
  welcome to my calc
-----------------------------
start
please input the first num:
5
please input the second num:
6
please input the fu:+ - * / %
+
5 + 6 = 11
[root@Centos7-1 mnt]#
```

图 16-2-7　脚本 test02.sh 的执行结果

注意，*表示通配符，因此需要用 "" 将其还原回标准字符状态，使其不具备特殊符号的意义。

16.2.3　多分支语句

shell 中的 case 多分支语句可以实现多层判断，格式如下：

```
case $ 变量 in
值 1)        代码 1 ;;
值 2)        代码 2 ;;
值 3)        代码 3 ;;
*)          代码 4 ;;

esac
```

运行逻辑：根据变量的值，找到对应的项并执行代码。";;"（两个分号）表示本项代码的结束；*项表示若变量没有对应的值，则执行 * 这一项的代码。

【示例】根据名次输出对应的奖励情况。

```
vi /mnt/test03.sh
    echo " 请输入考试名次："
    read mingCi
    case $mingCi in
    1)              echo " 第一名奖励 200 元 " ;;
```

```
    2)              echo " 第二名奖励 100 元 " ;;
    3)              echo " 第三名奖励 50 元 " ;;
    *)              echo " 无奖励 " ;;
    esac
bash /mnt/test03.sh
```

执行结果如图 16-2-8 所示。

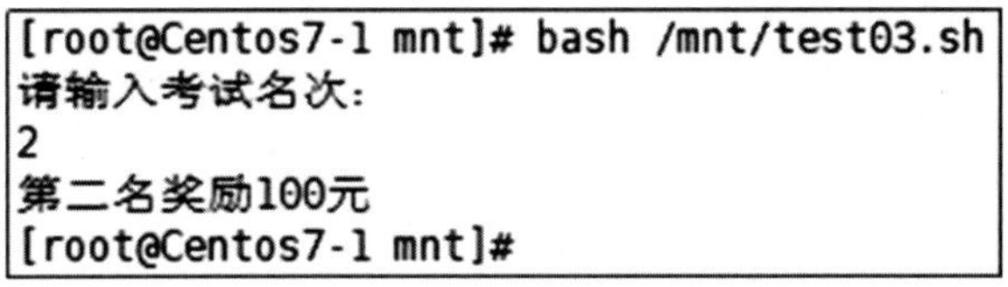

```
[root@Centos7-1 mnt]# bash /mnt/test03.sh
请输入考试名次:
2
第二名奖励100元
[root@Centos7-1 mnt]#
```

图 16-2-8　脚本 test03.sh 执行结果

虽然 case 语句书写简练，也具备多级判断的功能，但是其只能进行变量值的等值判断。而 if 语句可以实现判断变量值所在范围（如判断分数所在的范围，年龄所在的范围等）的功能，二者各有所长，在具体编程时应该在不同时机选择合适的语句。

16.2.4　循环语句

shell 中的循环语句可以实现多次执行某块代码。

（1）while 语句

格式如下：

```
while [ 条件 ];do
    // 代码
done
```

执行过程：while 语句先判断，后执行。判断后若条件满足，则执行代码并继续判断，直到条件不满足时，则不再执行代码。

【示例】输出 100 遍 hello。

```
vi /mnt/test04.sh
    shu=1
    while [ $shu –le 100 ];do
        echo No.$shu hello
        let shu=$shu+1
    done
bash /mnt/test04.sh
```

执行结果如图 16-2-9 所示。

```
[root@Centos7-1 mnt]# vi /mnt/test04.sh
[root@Centos7-1 mnt]# bash /mnt/test04.sh
No.1 hello
No.2 hello
No.3 hello
No.4 hello
No.5 hello
No.6 hello
No.7 hello
No.8 hello
No.9 hello
No.10 hello
No.11 hello
```

图 16-2-9　脚本 test04.sh 的执行结果

分析：变量 shu 的初始值为 1。第一次进入循环，先判断 shu 是否小于等于 100，结果为 true，则执行代码，输出一次 hello，然后 shu 自我增加一次（取出 shu 的值，加 1 后再赋值给 shu），得到 shu 的值为 2，第一次循环结束。再次返回判断部分，shu 值为 2，小于等于 100，判断成立，执行代码，依此类推。

循环中必须具有四项内容：初值、条件、循环体（即代码）、自更新。

注意，代码要避免出现无循环、死循环的现象。

无循环：第一次条件不满足，直接跳过循环。

死循环：循环内没有自更新语句，造成判断条件永远成立，代码不能停止执行，无法跳出循环。

（2）for 语句

格式如下：

```
for 变量 in 值 1 值 2 值 3 ... ;do
    //代码
done
```

执行过程：将给定的值逐一赋值给变量，分别代入代码执行。

缺点：不能直接指定数据范围，如 1~100。

【示例】计算 1~10 之间各数累加和。

```
vi /mnt/test05.sh
    sum=0
    for shu in 1 2 3 4 5 6 7 8 9 10;do
        let sum=$sum+$shu
```

```
    done
    echo $sum
bash /mnt/test05.sh
```

执行结果如图 16-2-10 所示。

```
[root@Centos7-1 mnt]# vi /mnt/test05.sh
[root@Centos7-1 mnt]# bash /mnt/test05.sh
55
[root@Centos7-1 mnt]#
```

图 16-2-10　脚本 test05.sh 的执行结果

分析：in 后的一系列用空格隔开的值依次赋值给变量 shu。第一次赋值，变量 shu 的值为 1，然后进入循环，将初始值为 0 的变量 sum 与变量 shu 相加后的结果再赋予变量 shu，第一次循环结束，开始第二次赋值，变量 shu 的值为 2，然后开始第二次循环，依此类推。in 后面有多少个值，循环就执行多少次，如果所有值都给 shu 赋过值，循环就终止，开始执行 done 后面的语句，即 echo $sum。

16.2.5　循环控制语句

循环控制语句分为 continue 语句和 break 语句。

continue：停止本次循环，跳入下一次循环。

break：停止、跳出整个循环。

【示例】求 1~100 之间 3 的倍数之和。

```
vi /mnt/test06.sh
    shu=1
    sum=0
    while [ $shu –le 100 ];
    do
        let yu=$shu%3                    # % 为模运算，即求余数的运算
        if [ $yu –ne 0 ]; then
            let shu=$shu+1
            continue
        fi
        let sum=$sum+$shu
        let shu=$shu+1
    done
```

```
    echo $sum
bash /mnt/test06.sh
```

执行结果如图 16-2-11 所示。

```
[root@Centos7-1 mnt]# bash /mnt/test06.sh
1683
[root@Centos7-1 mnt]#
```

图 16-2-11 脚本 test06.sh 的执行结果

分析：当变量 shu 除以 3 的余数不为 0 时，即不是 3 的倍数，将会进入 if 语句，自加后执行 continue 语句，则跳出当前循环，不再执行累加和操作，直接进入到下一次循环判断。

【示例】计算 1~100 之间各数的累加和，求累加到哪个数时，和到达 1000。

```
vi /mnt/test07.sh
    shu=1
    sum=0
    while [ $shu –le 100 ];do
        let sum=$sum+$shu
        if [ $sum –ge 1000 ]; then
            echo $shu
            break
        fi
        let shu=$shu+1
    done
    echo $shu
bash /mnt/test07.sh
```

执行结果如图 16-2-12 所示。

```
[root@Centos7-1 mnt]# bash /mnt/test07.sh
45
45
[root@Centos7-1 mnt]#
```

图 16-2-12 脚本 test07.sh 的执行结果

分析：当累加和到达 1000 时，使用 break 语句中止循环。

以上所有案例的循环次数都是固定的，其实循环语句也可以支持次数不固定的循环操作，以 while 循环举例如下。

【示例】根据键盘输入决定是否继续循环。

```
vi /mnt/test08.sh
    jiXu="y";                          # 为了满足第一次循环，赋初值为 y
    while [ $jiXu = "y" ];do
        echo " 上午上课 "
        echo " 下午实验 "
        echo " 晚上自习 "
        echo " 明天继续吗？y/n"
        read jiXu
    done
bash /mnt/test08.sh
```

执行结果如图 16-2-13 所示。

```
[root@Centos7-1 mnt]# bash /mnt/test08.sh
上午上课
下午实验
晚上自习
明天继续吗？y/n
n
[root@Centos7-1 mnt]#
```

图 16-2-13　脚本 test08.sh 的执行结果

分析：只要变量 jiXu 的值为"y"字符串，就会进入循环体中执行循环体中的语句，循环体中的最后一条语句要求用户重新给变量 jiXu 赋值，如果该变量的值为"y"将重新进入循环体执行，否则将跳出循环体。

16.2.6　选择语句

shell 中的 select 选择语句可以实现多选一的逻辑结构，格式如下：

```
select 变量 in 值 1 值 2 值 3 ...
do
    //代码
    break
done
```

执行过程：把列举的值当作菜单以供选择，根据用户选择，将对应的值赋值给变量，代入代码执行。

【示例】根据用户选择的选项号打印选项变量对应的值。

```
select xuan in aaa bbb ccc ddd
do
    echo your choice is : $xuan
    break
done
```

执行结果如图 16-2-14 所示。

```
[root@centos7-1 mnt]# cat test2.sh
#!/bin/bash
select xuan in aaa bbb ccc ddd
do
    echo  your choice is : $xuan
    break
done

[root@centos7-1 mnt]# ./test2.sh
1) aaa
2) bbb
3) ccc
4) ddd
#? 2
your choice is : bbb
[root@centos7-1 mnt]# ▮
```

图 16-2-14　select 选择语句带 break 控制语句

若没有 break 语句，则执行结果如图 16-2-15 所示。

```
[root@centos7-1 mnt]# cat test2.sh
#!/bin/bash
select xuan in aaa bbb ccc ddd
do
    echo  your choice is : $xuan
#    break
done

[root@centos7-1 mnt]# ./test2.sh
1) aaa
2) bbb
3) ccc
4) ddd
#? 2
your choice is : bbb
#? 3
your choice is : ccc
#? ^C
[root@centos7-1 mnt]#
```

图 16-2-15　select 选择语句不带 break 控制语句

注意，按 Ctrl+C 组合键可以关闭 shell 进程。

16.3 shell 编程的特点

shell 是灵活度很高的一种编程语言，本节通过示例来对 shell 本身的使用特性进行说明。

（1）shell 变量的值中不支持换行

当命令结果是多行状态时，赋值给变量后，将变为一行数据，即变量的值中不支持回车换行，如图 16-3-1 所示。

```
[root@centos7-1 mnt]# cat f1
aaa   111   AAA
bbb   222   BBB
ccc   333   CCC
ddd   444   DDD
[root@centos7-1 mnt]# awk '{print $3}' f1
AAA
BBB
CCC
DDD
[root@centos7-1 mnt]# words=`awk '{print $3}' f1` ; echo $words
AAA BBB CCC DDD
[root@centos7-1 mnt]#
```

图 16-3-1　shell 变量的值中不能有换行符

由图可知，将 f1 中第三列文字赋值给变量 words 后，显示变量值时是不分行的，原来第三列中的换行符都转换为空格。

（2）一行语句中如执行多条命令，命令间要用分号隔开

由图可知，使用 awk 命令截取 f1 文件的第三列后，将结果给变量 words 赋值，再将 words 变量的值用 echo 命令打印出来，如果想在一行中分别执行赋值和打印两个动作，在相应命令之间使用 ";" 隔开即可。

（3）read 命令一次只能从文件中读一行，可与 while 结合实现读多行内容

使用 read 命令读取文档时，由于读取一行后立即关闭了文件，再次执行该命令，则为重新打开文件从第一行开始读取，因此 read 命令只能用于读取文档中的第一行文字，无法实现多行读取功能。举例如下。

read hang < /mnt/f1：读取文档中的第一行文字，赋值给变量 hang。

若要读取文件中的每一行文字，则需配合 while 循环来使用，举例如下。

```
shu=1
while read hang
do
    echo No.$shu: $hang
```

```
    let shu=$shu+1

done < /mnt/f1
```

用 while 配合 read 使用，则读取完一行后不会关闭文件，进而使指针下移一行，再次读取第二行。

注意，当 read 读取成功后，即相当于读取的操作结果为 true，while 循环将继续；而当读取完文件的最后一行后，再次读取将读取失败，则相当于读取的操作结果为 false，while 循环将停止。

执行结果如图 16-3-2 所示。

```
[root@centos7-1 mnt]# cat f1
aaa   111   AAA
bbb   222   BBB
ccc   333   CCC
ddd   444   DDD
[root@centos7-1 mnt]# cat test2.sh
#!/bin/bash
shu=1
while  read  hang     #逐行读取文档内容，每次读取出一行，赋值给变量，带入代码
do
    echo  No.$shu: $hang
    let  shu=$shu+1
done < f1
[root@centos7-1 mnt]# ./test2.sh
No.1:  aaa 111 AAA
No.2:  bbb 222 BBB
No.3:  ccc 333 CCC
No.4:  ddd 444 DDD
[root@centos7-1 mnt]#
```

图 16-3-2　while 配合 read 命令读取文件多行内容

也可以单独提取每行内容中的每列文件，举例如下。

```
vi /mnt/test09.sh

    shu=1

    while read c1 c2 c3

    do

        echo No.$shu: $c3

        let shu=$shu+1

    done < f1

bash /mnt/test09.sh
```

执行结果如图 16-3-3 所示。

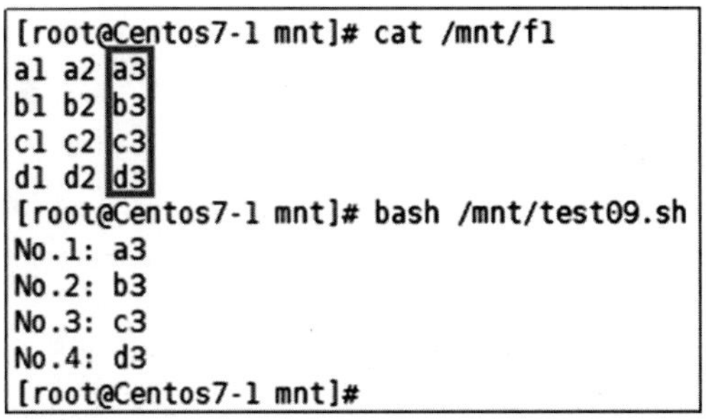

```
[root@Centos7-1 mnt]# cat /mnt/f1
a1 a2 a3
b1 b2 b3
c1 c2 c3
d1 d2 d3
[root@Centos7-1 mnt]# bash /mnt/test09.sh
No.1: a3
No.2: b3
No.3: c3
No.4: d3
[root@Centos7-1 mnt]#
```

图 16-3-3　脚本 test09.sh 的执行结果

代码中的 c1、c2、c3 是三个变量，对应文件中每行的各列。逐行读取文档内容，每次读取出一行，将该行各列的文字赋值给对应的变量，代入代码。

16.4　函数调用

16.4.1　函数的定义、调用

若需要多次使用一段代码，可以使用函数来实现一次定义，多次调用。

（1）定义函数

函数即是一段完整的代码，能够实现一个较小的功能，可以被 shell 程序所调用，定义函数的格式如下：

```
function 函数名 () {
    // 代码
}
或
函数名 (){
    // 代码
}
```

（2）调用函数

若要调用函数，在 shell 代码中直接写函数名即可。

【示例】利用函数求从 1 加到 100 的和。

```
vi /mnt/test10.sh
    #!/bin/bash
    function qiuHe(){
        shu=1
```

```
        sum=0
        while [ $shu –le 100 ];do
            let sum=$sum+$shu
            let shu=$shu+1
        done
        echo $sum
    }
    echo " 我们将要计算 1–100 之间各数的累加和，结果如下： "
    qiuHe                                      # 调用函数 qiuHe
bash /mnt/test10.sh
```

执行结果如图 16–4–1 所示。

```
[root@Centos7-1 mnt]# bash test10.sh
我们将要计算1-100之间各数的累加和，结果如下：
5050
[root@Centos7-1 mnt]#
```

图 16-4-1　脚本 test10.sh 的执行结果

说明如下：

①在 shell 脚本中，程序的开始运行点，并不是函数开始处，而是除函数以外的第一行代码开始处，因此上例中运行的第一句代码是 echo "我们将…" 句。

② shell 的代码执行时，顺序为由上往下读取，并在读取到一条语句时立即编译，因此在编写函数时，函数的定义语句必须写在调用语句之前，否则函数将无法使用。

③与其他开发语言不同，shell 中的变量并没有严格的生存期概念，只要在之前代码出现使用过的变量，在之后代码中都可以直接使用。

16.4.2　函数的参数传递

在调用函数时，若函数要用到某些自己无法提供的数据时，则需要调用方通过参数传递来提供。参数传递的功能是使调用方给函数传递素材性数据，让函数使用该素材数据进行运算。该素材数据称为参数。

（1）定义参数

在函数代码中用 "$ 数字" 的格式来指定参数的编号、个数，如 $1、$2 等。若参数个数达到 10 个以上时则需用 {} 明确，如 ${10}。

（2）调用参数

调用函数时，只需要在函数名后列举出要传递进去的数据即可。

【示例】求用户输入的 2 个数之和。

```
vi /mnt/test11.sh
    #!/bin/bash
    jiaFa(){
        let res=$1+$2        #使用参数进行计算，参数与调用方给定的一一对应
        echo res=$res
    }
    shu1=5
    shu2=10
    jiaFa shu1 shu2          #调用函数，并在后面列举出传给它的参数
bash /mnt/test11.sh 7 8
```

执行结果如图 16-4-2 所示。

```
[root@Centos7-1 mnt]# bash /mnt/test11.sh 7 8
res=15
[root@Centos7-1 mnt]#
```

图 16-4-2　脚本 test11.sh 的执行结果

16.4.3　函数的返回值

在函数执行完毕后，若需要携带数据回到调用方，让调用方使用该数据继续运行，则可使用函数的返回值实现。

在函数代码中用 return 关键字指定需要带回的返回值，调用方使用"$?"的格式接收返回值。

【示例】利用函数返回值求用户输入的 2 个数之和。

```
vi /mnt/test12.sh
    #!/bin/bash
    jiaFa(){
        let res=$1+$2
        return $res
    }
    shu1=5
    shu2=10
    jiaFa shu1 shu2          #调用函数，并在后面列举出传给它的参数
    he=$?                    #$? 代表之前代码中离得最近的一个函数的返回值
```

```
echo $shu1 + $shu2 = $he
bash /mnt/test12.sh
```

执行结果如图 16-4-3 所示。

```
[root@Centos7-1 mnt]# bash /mnt/test12.sh
5 + 10 = 15
[root@Centos7-1 mnt]#
```

图 16-4-3 脚本 test12.sh 的执行结果

16.4.4 小结

若一段代码经常被使用，则可以提前把代码写到一个函数中，在之后的 shell 程序中，如果用到，直接调用即可，不需要再把代码编写一遍，实现一次定义，多次调用的效果，既节约了代码，又清晰了思路。

【示例】一个系统用户管理程序。

```
vi /mnt/userManage.sh
    #!/bin/bash
    echo "--------------------------------------"
    echo " welcome to user manage system"
    echo "--------------------------------------"
    echo ""
    run=true
    while $run
    do
        select xuan in "show all users" "add a new user" "change a user's password"
"delete a user" "Exit"
        do
            case $xuan in
                "show all users")
                    allUsers=`awk –F ":" '{print $1}' /etc/passwd`
                    echo $allUsers ;;
                "add a new user")
                    echo please input a new username:
                    read name
                    useradd $name
```

```
                              passwd $name ;;
                    "change a user's password")
                        echo please input a username for change:
                        read name
                        passwd $name ;;
                    "delete a user")
                        echo please input a username for delete:
                        read name
                        userdel –r $name ;;
                    "Exit")
                        echo byebye
                        run=false  ;;
            esac
            break
        done
    done
bash /mnt/userManage.sh
```

执行结果如图 16-4-4 所示。

```
[root@Centos7-1 mnt]# bash /mnt/userManage.sh
---------------------------------------
  welcome to user manage system
---------------------------------------

1) show all users            4) delete a user
2) add a new user            5) Exit
3) change a user's password
#? 2
please input a new username:
zhao
更改用户 zhao 的密码 。
新的 密码：
无效的密码： 密码少于 8 个字符
重新输入新的 密码：
passwd: 所有的身份验证令牌已经成功更新。
1) show all users            4) delete a user
2) add a new user            5) Exit
3) change a user's password
#? 5
byebye
[root@Centos7-1 mnt]#
```

图 16-4-4　脚本 userManage.sh 的执行结果

第十七章
系统监控脚本

在实际生产环境中，Linux 的系统运维者经常会查看系统中的各项性能、参数，为了提高查看效率，可以编写一些监控脚本以便实现系统的自动化运维。

因为各种问题的造成原因、解决方式不同，若要编写问题的解决代码，会十分复杂，所以一般只是编写脚本，监控到报警数据后记录日志，人为手动操作来解决具体问题。

注意，一般来说，自定义脚本会存放在统一的路径下，以便于查找、管理。例如，编写的脚本都可存放在手动创建的 /var/scripts/ 下，监控脚本生成的日志文件也可统一存放在手动创建的 /var/monitorLogs/ 目录下。

17.1　文件系统监控

视频讲解

案例介绍：监控文件系统使用率，当某个文件系统使用率超过 70% 时，报警并记录日志。

编程思路：输入 df，获取文件系统使用率，将结果导入到一个临时文件中，再逐行读取、分析，截取使用率列，去除 % 符号获取纯数字，然后判断是否超出警告阈值，若超出则记录入日志。

脚本代码：

```
vi /var/scripts/dfMonitor.sh
    #!/bin/bash
    date +"%Y-%m-%d %H:%M:%S" >> /var/monitorLogs/df.log
    df -h | tail -n +2 > /tmp/df.tmp

    while read hang
    do
        shu=`echo $hang | awk '{print $5}'`
        shu2=${shu%%%*}
        if [ $shu2 -ge 70 ]; then
```

```
            echo $hang >> /var/monitorLogs/df.log
        fi
    done < /tmp/df.tmp
    rm –rf /tmp/df.tmp

    echo "" >> /var/monitorLogs/df.log
```

脚本解释：使用 df 命令时，显示出的文件系统使用率列包含 % 符号，无法进行数字的比较判断，因此需要先把 df 的结果保存到一个临时文件中，再逐行读取文件内容，逐个分析每个文件系统的使用情况，采用变量截取的方式获取纯数字的使用率，将使用率超过 70% 的文件系统记录到日志中。

17.2 CPU 监控

视频讲解

案例介绍：监控 CPU，当 CPU 使用率超过 70% 时，统计服务进程数，假设本机提供的服务是 http 服务，进程列表中的进程名会包含"http"关键字。

编程思路：使用 sar 命令查看 CPU 使用率，获取 idle 的值，由于 shell 一般不使用小数来进行计算和比较，故截取到整数部分即可。判断其值是否达到报警阈值，若达到则查询所有进程，仅抓取 http 进程并统计数量，然后将数量记入日志中。

脚本代码：

```
vi /var/scripts/CPUMonitor.sh
    #!/bin/bash
    date +"%Y-%m-%d %H:%M:%S" >> /var/monitorLogs/CPU.log
    shu=`sar 1 1 | tail –n 1 | awk '{print $8}'`          # 获取 CPU 空闲率
    shu2=${shu%%.*}
    if [ $shu2 –le 30 ]; then
        ps –aux | grep http | wc –l >> /var/monitorLogs/CPU.log
    fi
    echo "" >> /var/monitorLogs/CPU.log
```

若不想用 cron 调用执行，则可在代码中加入 while 循环和 sleep 语句控制循环周期。

脚本代码：

```
vi /var/scripts/CPUMonitor.sh
    #!/bin/bash
    # 监控 CPU，当 CPU 使用率超过 70% 时，统计服务进程数
```

```
# 假设本机提供的服务是 http
while true
do
    date +"%Y-%m-%d %H:%M:%S" >> /var/monitorLogs/CPU.log
    shu=`sar 1 1 | tail -n 1 | awk '{print $8}'`        # 获取 CPU 空闲率
    shu2=${shu%%.*}                                     # 去掉空闲率数值中的小数点
    if [ $shu2 -le 30 ]; then
        ps -aux | grep http | wc -l >> /var/monitorLogs/CPU.log
    fi
    echo "" >> /var/monitorLogs/CPU.log
    sleep 7200              # sleep 表示让本进程暂时休眠指定的秒数，即暂停执行
done
```

脚本解释：首先将当前系统时间写入 /var/monitorLogs/CPU.log 日志中，再使用 sar 命令统计 CPU 空闲比例，若该值小于等于 30%，则说明 CPU 使用比例超过 70%，处于繁忙状态。因为显示出的 CPU 空闲比例列包含小数点，无法进行数字的比较判断，所以需要将数字中的小数点及后面的数字去掉，再和设定的 30% 空闲比例进行比较。若符合条件，则使用 ps 命令统计 http 进程的数量，并写入日志中。整个核心监控语句放到 while 循环结构中，使用 sleep 命令设置 2 个小时重复循环执行一次。

说明如下：

①若使用 while+sleep 语句的脚本在前台执行，则会因为代码中故意设置的死循环，使得脚本持续执行，占据整个前台资源不退出，影响到前台的其他操作。因此可以把该脚本放入后台执行，且使用 nohup 命令让该脚本在用户注销后仍能运行。例如，执行 nohup /var/scripts/CPUMonitor.sh & 后，监控脚本就开始运行。

②因为脚本是周期性记录日志的，生成的日志文件将频繁被写入新内容。若脚本制定的 sleep 时间很短，则日志文件的内容会很快增加新信息，因此可以使用 tail -f /var/monitorLogs/CPU.log 命令实时显示文档内容。因为 tail -f 命令用于实时显示文档内容，一旦更新立即显示，所以输入 tail -f 后是不退出文件的，一直处于文件的查看状态，使用 Ctrl+C 组合键即可停止退出。

17.3　内存监控

案例介绍：检查内存使用率，当内存使用率超过 70% 时，记录占内存最高的前 10 个进程。

视频讲解

编程思路：使用 free 命令获取内存总量、使用量两项数据赋值给变量，再计算使

用率，判断是否达到阈值，若达到，则查询所有进程，并按占内存比例降序排序后记录前 10 个进程。

脚本代码：

```
vi /var/scripts/memMonitor.sh
    #!/bin/bash
    date +"%Y-%m-%d %H:%M:%S" >> /var/monitorLogs/mem.log
    zong=`free | grep –i mem | awk '{print $2}'`
    yong=`free | grep –i mem | awk '{print $3}'`
    let lv=$yong*100/$zong            # 计算结果会是整数，一般计算不支持小数
    if [ $lv –ge 70 ]; then
        ps –aux | sort –rn –k 4 | head –n 10 >> /var/monitorLogs/mem.log
    fi
echo "" >> /var/monitorLogs/mem.log
```

脚本解释：首先将当前系统时间写入 var/monitorLogs/mem.log 日志中，再使用 free 命令统计物理内存使用情况，找出总内存和使用内存的数值，求出使用内存与总内存的百分比。如果该值大于等于 70，说明可用内存不足，然后使用 ps 命令，结合 sort 排序和 head 内容截取命令，按照占用内存从大到小的顺序将前 10 个进程信息写入到日志中。

17.4 僵尸进程监控

视频讲解

案例介绍：查看系统中有无僵尸进程，若有，自动强制终止运行，并记录。

编程思路：抓取僵尸进程，把信息存入临时文档中，逐行读取该文档，获取 pid 的值，使用 kill –9 命令终止运行进程，并记录到日志中。

由前文可知，抓取僵尸进程有以下两种方式。

①使用 ps –aux 命令，进程状态列中含有 Z 的即为僵尸进程。

②使用 ps –ef 命令，具有 \<defunct\> 标记的即为僵尸进程。

采用第二种方式获取僵尸进程的脚本代码：

```
vi /var/scripts/zombieMonitor.sh
    #!/bin/bash
    date +"%Y-%m-%d %H:%M:%S" >> /var/monitorLogs/zombie.log
    ps –ef | grep defunct > /tmp/zom.tmp
    while read hang
```

```
    do
        pid=`echo $hang | awk '{print $2}'`
        kill –9 $pid
        echo $hang >> /var/monitorLogs/zombie.log
done < /tmp/zom.tmp
rm –f /tmp/zom.tmp
echo "" >> /var/monitorLogs/zombie.log
```

脚本解释：首先将当前系统时间写入 var/monitorLogs/zombie.log 日志中，再使用 ps –ef 命令查看系统运行的所有进程，以僵尸进程特有的 "defunct" 为条件，使用 grep 命令进行查找并将结果记入临时文件，然后按行读取临时文件，获取第二列的僵尸进程号并使用 kill 命令将该进程终止运行，最后将当前行（即僵尸进程）的详细信息追加到 /var/monitorLogs/zombie.log 日志文件中留存。

17.5　小结

总结得出，在编写监控脚本时，其实是通过性能查看命令，截取出所需要的数据，加以分析，记录日志。在获取数据并分析时，若是不便于直接分析，则可先导入一个临时文件中，再逐行读取文档内容，逐列获取并分析。

第十八章
系统常见问题和IPC

18.1　内存常见问题（故障）

在系统运行过程中，由于各种服务、应用、进程等长时间的运行，势必会产生各种问题，这些问题有时会反映在内存所表现出的一些特性上。本章介绍几个最常见的内存故障及其解决方案。

18.1.1　内存溢出

产生内存溢出的原因通常有以下两种：

①进程在内存中开辟的空间存入的数据超过了空间所能存放的最大值。例如，对于大小为 2B 的内存空间，其有效数值范围是 $-2^{15}\sim2^{15}-1$（$-32768\sim32767$）。当给该块内存空间存入一个超过这个数值范围的数据时，就会出现溢出现象。这种情况一般会出现在循环中，若循环次数过多或出现死循环，变量自增加后的数值就容易超出范围。

注意，2B=16bit，第一位二进制数表示正负，剩余的 15 位二进制数则表示数据大小。

②假设定义了一组数据并为每个数据元素设定了编号，调用指定编号的数据元素时，超过了这组数据的个数。例如，对于具有十个元素的数组，其编号范围为 0~9，则提取 10 号数据时会发生溢出。

产生内存溢出后的现象：程序突然卡死，不再有任何反应。若运行到某个点时每次都会卡死，则说明此处发生溢出的概率较高。

解决方式：溢出属于编程中的 bug，需上报相关人员，通知开发部门修复 bug。

18.1.2　内存泄漏

产生内存泄漏的原因：一个进程运行时会占据一块内存空间，进程结束后若不释放内存，则该进程下次启动时，将会占据新的内存空间。进程频繁的启动、停止，导致该进程占据的内存空间越来越大。一般来说，在软件中若有某个功能频繁启动关闭，则容易产生内存泄漏。

产生内存泄漏后的现象：系统运行变慢，CPU 正常，进程数、网络连接数基本正常，只有内存使用率虚高。

查找方式：输入 ps –aux | sort –rn –k 4 | head –n 10，查看占内存最高的前 10 个进程，若有进程占据总内存的 20% 上下，则此进程为疑似内存泄漏进程。为了确定是否泄漏，可以再写一个脚本，每 10 分钟运行一次，记录该进程占内存的比例、大小，持续 2~3 个小时，之后分析日志，查看该进程是否每隔几次就占更多内存，若是，则确定为内存泄漏进程。

解决方式：即刻上报相关人员，由上级人员联系甲方或软件开发方，得到授权后，要么卸载，要么降级（一般在新装或升级软件后可能出现泄漏现象）。

18.1.3　内存抖动

产生内存抖动的原因：当物理内存使用率高，有大量进程需要运行时，系统将会把内存中暂停的以及暂时不运行的进程，转存入 swap 空间，称为换出。当 swap 空间中的进程需要运行时，则会从 swap 空间转回到物理内存中，称为换入。当大量进程出现频繁的换入换出，会产生内存抖动。

产生内存抖动后的现象：系统运行变慢，使用 free 命令查看到内存使用率在 60% 以上、swap 使用率在 30% 上下。

解决方式：上报相关人员，申请增加物理内存，或者将本机的某个业务转移到其他不忙的主机上。

18.1.4　僵尸进程

产生僵尸进程的原因：由于父子进程的调用，一方异常关闭，造成另一个无法正常结束，卡顿在内存中，不运行也不退出。

产生僵尸进程后的现象：CPU、网络连接数正常，内存使用率略高。

解决方式：使用 top 命令确认僵尸进程是否存在，再使用 ps –ef | grep defunct 进行抓取，然后多次使用 ps –aux 命令查看该进程占内存比例及其大小，通常大小始终不变，最后使用 kill –9 命令强制终止运行僵尸进程即可。

18.2　CPU 监控发现故障

18.2.1　业务上涨

产生业务上涨的原因：访问量增加。

产生业务上涨后的现象：系统运行速度变慢，查看发现 CPU 使用率、内存使用率、进程数、网络连接数都比较高，使用 sar 命令查看时，可见 %user 高达 50% 左右。

注意，可使用 netstat –nt | grep 80 | wc –l 命令查看本机某服务的连接数。netstat 命

令用于显示网络连接信息，80 | wc –l 表示查看 80 端口的网络连接并用 wc –l 统计行数，即查看本机 web 服务的连接数，也就是本机的网站正在被多少人同时访问。netstat –nt 命令用于显示本机所有正在通信的 tcp 连接，–n 表示显示正在通信的连接，–t 表示显示 tcp 通信的连接。

解决方式：上报相关人员，分析发展趋势，若访问量会持续增加，则要么增加服务主机，分流业务；要么限制连接数，排队等待。

18.2.2　读写故障

产生读写故障的原因：由于网络连接、磁盘读写、存储连接出现故障，造成大量进程处于等待读写状态。

产生读写故障后的现象：系统运行速度变慢，查看发现 CPU 的 %iowait 变高，则说明有读写问题。

解决方式：使用 iostat 命令查看每个磁盘的读写速度，对比之前的历史记录，查找读写速度下降明显的磁盘，暂定为疑似故障盘。再查看该盘上划分的文件系统（即分区或 LV），若其正在被某进程或某服务（如数据库服务）使用，则可确定为故障盘。此时需要立即上报，联系存储人员，数据转移后更换磁盘，LVM 中的故障磁盘如果仍然能用，可以使用 pvmove 命令将数据转移到正常磁盘中，使用常规分区中的故障磁盘如果仍然能用，可以使用 dd 命令将数据转移到正常磁盘中。

18.3　系统检测小结

当一台计算机运行速度变慢时，需要从 CPU、内存、服务进程入手，查看各个参数，分析可疑项，来查找故障原因。

首先查看 CPU 使用率、内存使用率、进程数。若发现 CPU 的 %user、进程数、网络连接数都维持高位，说明故障是由业务访问量上涨造成的；若发现 CPU 的 %iowait 高，则应去检查磁盘的读写情况，可能存在故障盘；若发现 CPU 使用率、进程数、网络连接数均正常，而内存使用率虚高，则有可能存在内存泄漏或内存抖动的情况。

18.4　IPC 进程间通信

进程间通信：简称 IPC，是系统提供的一组编程接口，用于系统进程之间交换数据。

在操作系统上，进程的运行会占据一块内存空间，且此空间由该进程所独占，不允许其他进程访问，因此若两个进程之间需要传递数据，则需要用到 IPC。

注意，对于同一进程内的线程，进程的内存空间是公用的，允许相互传递、查看、访问数据。

常用的 IPC 有以下五种方式。

（1）管道

管道即"|"，前后有两个进程，可将前进程的运行结果传递给后进程使用，即实现进程运行结果之间的传递。

管道的工作原理：在内存中开辟一块第三方的空间，称为管道空间。前进程把结果存入该空间，后进程从该空间读取数据。该块空间采用先进先出（FIFO）的方式，即先进入的数据先被读取。若存入时多个数据按顺序进入，读取时也按该顺序陆续读取。而被后进程读取的数据，将从管道的内存空间中删除，不可再读。

（2）共享内存

共享内存能实现进程运行过程中产生的数据之间的传递。

共享内存的工作原理：在内存中开辟一块第三方的空间，称为共享空间。前进程运行过程中可以随时向里面存入数据，后进程也可以随时从该空间中读取数据，且可以挑选读取，读取后也不会删除，支持重复读取。

前进程在运行时，若有数据要传递给其他进程，则会主动开辟共享内存空间，开辟空间时，其实是前进程调用了操作系统对外提供的一个函数，该函数被称为 API 接口函数。

（3）信号 sign

信号能通过对进程增加一个信号标记，让 CPU 根据该信号对进程作出相应的处理，以实现对进程运行状态的控制，如关闭、挂起等。

常用信号如下。

kill –l：查看 CPU 支持的所有信号。

kill –9 PID：强制终止运行进程。

kill –19 PID：停止挂起，相当于 Ctrl+Z 组合键。

kill –18 PID：继续运行，相当于 fg、bg。

一般进程的信号通过人为输入命令来设定，Linux 也会根据需要给进程增加信号。

（4）消息队列

消息队列即进程之间相互通知运行、访问状态的队列。

当多个进程同时写或同时访问同一个文件、设备时，就产生了写冲突或访问冲突。例如，使用打印机同时打印多个文件时，一定是在一个文件完全打印完毕后，后一个文件才会开始打印，说明在一个打印进程执行时，其他打印进程是处于等待状态的。

所以可以认为，后访问的进程只能等前进程运行完毕后才可访问文件或设备。前进程会把自己对文件、设备的访问状态记录到消息队列中，后进程可通过消息队列获取前进程的访问状态，已确定其是否访问完毕。

（5）socket 套接字

socket 能实现主机之间进程的通信，即通过网络实现两台主机上进程的连接、访问。

socket 套接字的工作原理：socket 套接字相当于一个守护进程，监控主机的某个端口，当端口被客户端访问时，socket 会启动系统内的服务进程。

实现形式：位于两台主机上的进程利用各自主机的 IP 地址结合 port 端口号形成一条虚拟的数据交换通道，使双方都能识别对方主机以及主机内的进程地址。

注意，前四种 IPC 的方式，主要用于实现本机内的进程间通信，基本可以满足进程间数据传递的各种需求，而跨主机间的进程通信则需要使用 socket 套接字方式实现。

第十九章
网络管理

19.1　查看网络设备信息

一台计算机如果要上网，必定要通过网卡连接网线或 WiFi，且网卡上需要配置正确的 IP 地址、子网掩码、网关、DNS 等参数。

19.1.1　网卡的命名

在 RHEL 7.X 中对于网卡的命名与之前版本有很大的变化，7.X 之前版本使用的是顺序性命名方式，如 eth0、eth1 等，而在 7.X 中，根据网卡在主板上的存在方式、连接位置等有不同的命名规范，具体格式如下。

① enoXX......X：表示主板上集成的内置网卡，其中"XX......X"为设备序号，如 eno16777736。

② ensXX：表示主板上集成的内置 PCI-E 网卡，其中"XX"为 PCI-E 插槽对应序号，如 ens33。

③ enpXX：表示连接在 PCI-E 接口的独立网卡，其中"XX"为 PCI-E 插槽对应序号，如 enp33。

④ ethX：如果以上都不是，则使用原始的网卡名，其中"X"为网卡序号，如第一块网卡 eth0，第二块网卡 eth1。

19.1.2　网络参数查看

要查看网卡基本参数的信息，最常使用的命令是 ifconfig，如图 19-1-1 所示。

```
[root@Centos7-1 network-scripts]# ifconfig
ens33: flags=4163<UP,BROADCAST,RUNNING,MULTICAST>  mtu 1500
        inet 192.168.10.10  netmask 255.255.255.255  broadcast 192.168.10.10
        inet6 fe80::20c:29ff:fecd:f960  prefixlen 64  scopeid 0x20<link>
        ether 00:0c:29:cd:f9:60  txqueuelen 1000  (Ethernet)
        RX packets 37  bytes 5468 (5.3 KiB)
        RX errors 0  dropped 0  overruns 0  frame 0
        TX packets 76  bytes 8161 (7.9 KiB)
        TX errors 0  dropped 0 overruns 0  carrier 0  collisions 0

ens37: flags=4163<UP,BROADCAST,RUNNING,MULTICAST>  mtu 1500
        inet 192.168.10.128  netmask 255.255.255.0  broadcast 192.168.10.255
        inet6 fe80::a3ba:989f:cbc7:7a66  prefixlen 64  scopeid 0x20<link>
        ether 00:0c:29:cd:f9:6a  txqueuelen 1000  (Ethernet)
        RX packets 222  bytes 20304 (19.8 KiB)
        RX errors 0  dropped 0  overruns 0  frame 0
        TX packets 185  bytes 71771 (70.0 KiB)
        TX errors 0  dropped 0 overruns 0  carrier 0  collisions 0

lo: flags=73<UP,LOOPBACK,RUNNING>  mtu 65536
        inet 127.0.0.1  netmask 255.0.0.0
        inet6 ::1  prefixlen 128  scopeid 0x10<host>
        loop  txqueuelen 1  (Local Loopback)
        RX packets 0  bytes 0 (0.0 B)
        RX errors 0  dropped 0  overruns 0  frame 0
        TX packets 0  bytes 0 (0.0 B)
        TX errors 0  dropped 0 overruns 0  carrier 0  collisions 0
```

MAC 地址 — IP地址、子网掩码、广播地址

图 19-1-1　使用 ifconfig 命令查看网卡基本参数信息

ens33、ens37 是本机内的两块网卡，还有一个 lo 网卡，lo 全名为 loopback，又称为回环测试接口，IP 地址是 127.0.0.1，代表 TCP/IP 协议栈，此处暂不使用。

图中可看到各个网卡的 IP、子网掩码、广播地址、MAC 地址等信息。

也可以使用 ifconfig ens33 命令查看指定网卡 ens33 的信息。

一台主机上网时有四大必备参数：IP 地址、子网掩码、网关、DNS。

Linux 中，一般使用 route –n 命令查看本机路由表，其中 0.0.0.0 行的第二列，即 Gateway 列表示网关信息，如图 19-1-2 所示。

```
[root@centos7-1 ~]# route -n
Kernel IP routing table
Destination     Gateway         Genmask         Flags Metric Ref    Use Iface
0.0.0.0         192.168.10.1    0.0.0.0         UG    100    0        0 ens33
192.168.10.0    0.0.0.0         255.255.255.0   U     100    0        0 ens33
192.168.122.0   0.0.0.0         255.255.255.0   U     0      0        0 virbr0
[root@centos7-1 ~]#
```

图 19-1-2　使用 route 命令查看本机路由表

一般可以通过 DNS 的记录文件 /etc/resolv.conf 来查看 DNS 信息，如图 19-1-3 所示。

```
[root@centos7-1 ~]# cat /etc/resolv.conf
# Generated by NetworkManager
nameserver 9.9.9.9
[root@centos7-1 ~]#
```

图 19-1-3　使用 cat 命令查看本机 DNS 信息

其中，nameserver 后的即是 DNS 服务器地址，该文件中最多可以设置三个 DNS 服务器，即三条 nameserver 信息，若多写，也只有前三个生效。

使用 hostname 命令可以查看本机主机名，如图 19-1-4 所示。

```
[root@centos7-1 ~]# hostname
centos7-1
[root@centos7-1 ~]#
```

图 19-1-4　使用 hostname 命令查看本机主机名

在 RHEL 7.X 中，可以使用 hostnamectl set-hostname 命令来更改主机名，举例如下。

hostnamectl set-hostname CS1：更改主机名为 CS1，用户注销后即可生效。

此命令更改主机名配置文件 /etc/hostname 中的内容，因此会永久生效。但是在 RHEL 7.0 之前的版本中，该命令不存在，只能手动去更改文件名，重启后才可以生效。

/etc/hosts 文件用于存放本机已知的域名对应的服务器 IP 地址，DNS 服务器用于把域名解析成网站服务器的 IP 地址，客户端再根据该地址寻址访问。hosts 文件解析时的优先级高于 DNS 服务器，即若从当前主机使用域名通过网络来访问远程主机时，则当前主机先查看本机的 /etc/hosts 文件中有无该域名对应的 IP 地址记录，若无，则再去询问 DNS 服务器。因此 /etc/hosts 文件被称为本地的静态解析文件，而 DNS 服务器被称为动态解析服务器。

可以使用 cat 命令查看或 vi 命令编辑写入指定域名的 IP 地址，以便帮助本机快速解析，如图 19-1-5 所示。

```
[root@cs1 ~]# vi /etc/hosts
[root@cs1 ~]# cat /etc/hosts
127.0.0.1       localhost localhost.localdomain localhost4 localhost4.localdomain4
::1             localhost localhost.localdomain localhost6 localhost6.localdomain6
192.168.10.100  www.test.com
[root@cs1 ~]#
```

图 19-1-5　使用 cat 命令查看 /etc/hosts 静态域名解析文件的内容

图中前两行默认存在，127.0.0.1 行表示本机 loopback 网卡 IP 及本机的主机名、域名；::1 行表示本机的 IPv6 地址、主机名、域名；使用 vi 命令编辑 /etc/hosts 文件，按照 IP 地址和域名的格式，添加一行内容，告诉本机域名 www.test.com 对应的服务器 IP 地址是 192.168.10.100。

19.2　网卡配置

19.2.1　网卡配置过程

配置网卡 IP 地址，并指定子网掩码的命令如下：

视频讲解

```
ifconfig ens33 192.168.10.10 netmask 255.255.255.0
```

若使用 A、B、C 三类 IP 的默认掩码，也可以不写 netmask 项，仅 ifconfig ens33 192.168.10.10 即可。

配置完毕后可以使用 ifconfig 命令查看，如图 19-2-1 所示。

```
[root@cs1 ~]# ifconfig  ens33  192.168.10.10
[root@cs1 ~]# ifconfig
ens33: flags=4163<UP, BROADCAST, RUNNING, MULTICAST>  mtu 1500
        inet 192.168.10.10  netmask 255.255.255.0  broadcast 192.168.10.255
        inet6 fe80::c57e:ab88:9cdc:d0cf  prefixlen 64  scopeid 0x20<link>
        ether 00:0c:29:a5:33:a0  txqueuelen 1000  (Ethernet)
        RX packets 13214  bytes 888567 (867.7 KiB)
        RX errors 0  dropped 0  overruns 0  frame 0
        TX packets 468  bytes 38342 (37.4 KiB)
        TX errors 0  dropped 0 overruns 0  carrier 0  collisions 0
```

图 19-2-1　使用 ifconfig 命令查看给网卡配置的临时 IP

通过这种方式配置的网卡 IP 地址，其相应的配置信息并未写入网卡的配置文件中，因此仅临时生效，重启后即恢复原有配置。但网卡的配置文件内容较多，且格式严格，如果手动更改，很容易出错。

CentOS 7 提供了一个窗口化的配置工具，借助此工具可以简单地配置 IP 地址等参数，若让此工具帮助完成配置文件的编写，则不容易出错。具体操作如下：

输入 systemctl restart NetworkManager，开启图形配置工具服务，若报错提示没有此服务，则需使用 yum install NetworkManager 命令手动安装。

服务启动后，输入 nmtui，进入图形化配置界面，如图 19-2-2 所示。

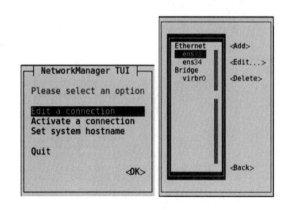

图 19-2-2　输入 nmtui 命令进入图形化配置界面

左图中第一项为编辑一个网络连接，即编辑网卡，第二项为激活一块网卡，第三项为设置本机主机名，与 hostnamectl 命令功能类似。选中第一项回车后，显示右图，选择一块网卡（如 ens33），回车后即可编辑该网卡信息，如图 19-2-3 所示。

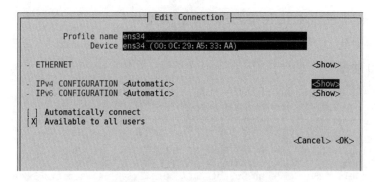

图 19-2-3　选中网卡进入网卡配置编辑界面

上图中，开头处显示本网卡的名字和 MAC 地址，IPv4 CONFIGURATION 行用于配置网卡信息，单击 <Tab> 键或上下键，切换到 <Automactic> 项，回车后可选择 IPv4 的配置方式，如图 19-2-4 所示。

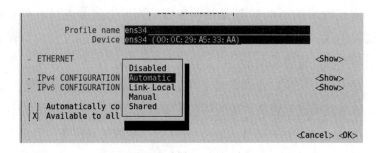

图 19-2-4　选择 IPv4 配置方式

Automatic 表示自动获取，Manual 表示手动配置，Disabled 表示失效不用，在此可选择 Manual 手动配置，然后切换到 <Show> 项，回车显示具体的配置参数，如图 19-2-5 所示。

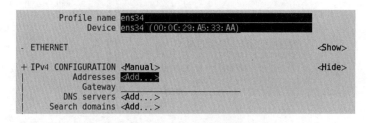

图 19-2-5　选择 manual 手动配置网卡

选中 Address 后的 <Add...>，回车后即可输入 IP 地址并指定子网掩码。注意，必须使用 CIDR 表示法，即以 "IP 地址 / 网络地址位数" 的格式输入。例如，对于 192.168.10.111/24，"/" 左边为 IP 地址，右边为十进制子网掩码 255.255.255.0 转换成二进制数后值为 "1" 的位数，即 24，表示网络地址位数。选中 GateWay，回车后输入网关地址 192.168.10.1，选中 DNS servers 后的 <Add...>，回车后输入 DNS 服务器的 IP 地址，如 IBM 提供的公共 DNS 服务器的 IP 地址 9.9.9.9 或其他的 DNS 服务器 IP 地址，可设置多个 DNS，其 IP 地址用逗号分隔，如图 19-2-6 所示。

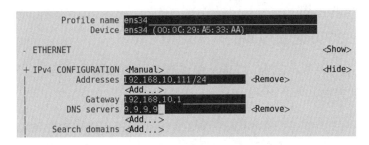

图 19-2-6　给网卡配置网关和 DNS 服务器

此时网卡的基本参数配置完毕，还需要继续向下切换到 Automatically connect 自动连接选项，单击空格键选中（再次单击即取消），如图 19-2-7 所示。

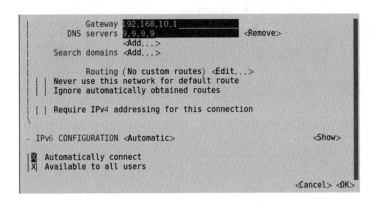

图 19-2-7　配置网卡开机后自动启用

Automatically connect 项表示开启网络服务或开机时是否自动启用该网卡，若不选中，则该网卡默认处于禁用状态，需要在图 19-2-2 中的 Activate a connection 项中激活才可启用。

最后选中 <OK>，确定并退出即可。

一块网卡的参数配置到此即可完成，但是这样配置的只是使用工具，更改后的网卡配置文件信息并未立即生效，还需要在重启网络服务后重新加载网卡信息，网卡参数配置才会永久生效，重启命令为 systemctl restart network。

19.2.2　网卡相关常用命令

常用的网卡配置管理命令如下。

ifdown ens33：临时关闭网卡。

ifup ens33：临时启用网卡，等同于 Activate a connection。

systemctl stop network：关闭网络服务，即切断所有网络连接。

systemctl start network：启动网络服务。

systemctl restart network：重启网络服务。

19.2.3　RHEL 7.0 之前版本的网卡配置

与 7.X 类似，7.0 版本之前的 Linux 中也有一个图形配置工具，可使用 setup 命令进入图形化配置界面，如图 19-2-8 所示。

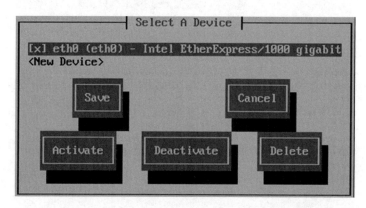

图 19-2-8　Centos 7 版本之前的网络配置界面

进入界面后选中需要配置的网络设备，便可以给选中的网卡设备设置参数了，如图 19-2-9 所示，需要使用空格键选中 onboot 项，否则该网卡设备在系统重启后不会自动启用。

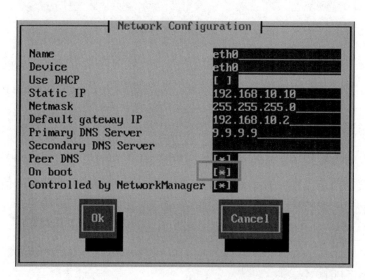

图 19-2-9　Centos 7 之前的网卡参数配置界面

注意，配置完成后需要使用 service network restart 命令重启网络服务，使修改的网络配置生效。

19.3 网卡配置文件介绍

输入 cd /etc/sysconfig/network-scripts，进入网卡配置文件的存放目录。再使用 ls 命令，可查看到以 ifcfg- 开头的文件，即对应网卡的配置文件，如图 19-3-1 所示。

```
[root@cs1 ~]# cd /etc/sysconfig/network-scripts/
[root@cs1 network-scripts]# ls
ifcfg-ens33      ifdown-eth      ifdown-routes    ifup-bnep    ifup-plusb    init.ipv6-global
ifcfg-ens34      ifdown-ib       ifdown-sit       ifup-eth     ifup-post     network-functions
ifcfg-lo         ifdown-ippp     ifdown-tunnel    ifup-ib      ifup-ppp      network-functions-ipv6
ifdown           ifdown-ipv6     ifup             ifup-ippp    ifup-routes
ifdown-Team      ifdown-isdn     ifup-Team        ifup-ipv6    ifup-sit
ifdown-TeamPort  ifdown-post     ifup-TeamPort    ifup-isdn    ifup-tunnel
ifdown-bnep      ifdown-ppp      ifup-aliases     ifup-plip    ifup-wireless
[root@cs1 network-scripts]#
```

图 19-3-1　网卡的配置文件所在目录

输入 vi ifcfg-ens34，编辑网卡 ens34 的配置文件，即可见到该网卡具体的配置信息，如图 19-3-2 所示。

```
TYPE=Ethernet
PROXY_METHOD=none
BROWSER_ONLY=no
BOOTPROTO=none
DEFROUTE=yes
IPV4_FAILURE_FATAL=no
IPV6INIT=yes
IPV6_AUTOCONF=yes
IPV6_DEFROUTE=yes
IPV6_FAILURE_FATAL=no
IPV6_ADDR_GEN_MODE=stable-privacy
NAME=ens34
UUID=14e4b9aa-bfc0-4642-b7e0-f57076f4e108
DEVICE=ens34
ONBOOT=yes
IPADDR=192.168.10.111
PREFIX=24
GATEWAY=192.168.10.1
DNS1=9.9.9.9
~
~
~
~
"ifcfg-ens34" 19L, 346C
```

图 19-3-2　网卡配置文件的内容

说明如下。

BOOTPROTO=none 或 static 表示手动配置 IP 地址，BOOTPROTO =dhcp 表示自动获取 IP 地址。

NAME=ens34 表示设备名为 ens34。

ONBOOT=yes 表示自动连接，相当于选中了网卡的"Automatically connect"项，

该网卡在系统重启后将自动启用。

IPADDR=192.168.10.111 表示本机 IP 地址为 192.168.10.111。

PREFIX=24 表示本机网络地址位数为 24。

HWADDR=00:0C:29:2A:03:4C 表示本网卡的 MAC 地址，通常不会写到配置文件中。

GATEWAY=192.168.10.1 表示本网卡网关地址为 192.168.10.1。

DNS1=9.9.9.9 表示本网卡 DNS 的 IP 为 9.9.9.9，如需设置多个 DNS，可以在 DNS1 下的新行中继续填写。

19.4 ip 命令介绍

Linux 中的 ip 命令也可以实现网卡的查看、配置工作，具体使用方式如表 19-4-1 所示。

视频讲解

表 19-4-1 常用 ip 命令功能表

命令形式	说明
ip a	显示本机所有网卡信息
ip addr show ens33	显示指定网卡信息
ip addr add 192.168.10.100/24 dev ens33	临时为网卡添加地址，原地址会保留，即一网卡多 IP，可使用 ip a 命令查看，但不可使用 ifconfig 命令查看
ip addr del 192.168.10.100/24 dev ens33	删除指定 IP 地址
ip addr flush dev ens33	清空网卡所有 IP 地址
ip link set ens33 up	启动网卡
ip link set ens33 down	关闭网卡

19.5 虚拟机网络连接介绍

若要配置虚拟机网络通信，则需根据需求，给虚拟机网卡指定正确的连接模式。

虚拟机的网卡连接有多种模式：桥接、仅主机、NAT、自定义。其中自定义模式中的 vmnet0 为自动桥接模式、vmnet1 为仅主机模式、vmnet8 为 NAT 模式，如图 19-5-1 所示。

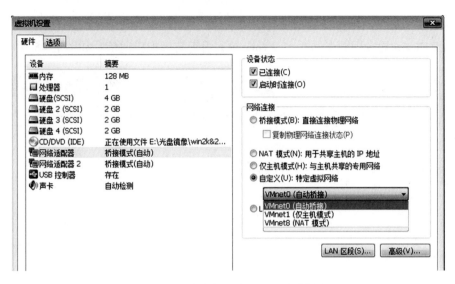

图 19-5-1　虚拟机网卡的网络连接模式

桥接模式：表示虚拟机网卡连接到真实机的真实网卡上。若真实机网卡连接网线或 WiFi，则虚拟机网卡通过"搭桥借用"真实机网卡和网线也连接到了外部网络上，相当于子网内的一台正常主机，只要网络参数配置正确即可上网。但在桥接模式下，若同一个子网内多台真实机上都有虚拟机，相当于虚拟机都在同一个子网内，若配置网卡时不同真实机上的虚拟机配置了相同 IP 地址，就会产生 IP 冲突。

在桥接模式下，虚拟机网卡会自动连接到真实机可上网的有线网卡或 WiFi 网卡，即真实机的有线网卡或 WiFi 网卡中哪个连接到外部网络路由器上，虚拟机便会连接到相应网卡上，若两个都能正常连接到路由器，则虚拟机同时连接两个网卡。

仅主机模式：表示虚拟机的虚拟网卡连接到真实机上的 vmnet1 网卡上，即虚拟机与 vmnet1 连接到同一子网内。若与真实机的真实网卡断连，则虚拟机不可上网。若要让真实机与虚拟机通信，则需把真实机的 vmnet1 网卡与虚拟机的虚拟网卡的 IP 地址配置到同一网段。例如，192.168.10.1/24 和 192.168.10.10/24 之间即可通信。若多台虚拟机都设置为仅主机模式，则表示多台虚拟机都在同一个子网内，若 IP 地址都配置到同一网段，则多台虚拟机之间可以通信。

若要选择仅主机模式，则 vmnet1 网卡必须开启，否则所有虚拟机都被视为断网状态。

NAT 模式：表示由 VMware 帮助虚拟机完成 nat 代理方式上网。这种模式较少使用，所以一般都把 vmnet8 网卡禁用，以免影响实验操作。

若非特殊需要，本书中之后各章节中的所有实验都以仅主机模式作为虚拟机网卡的连接模式。

若一台装有 Windows 系统的计算机内安装了 VMware workstation 软件，则会自动创建两个 VMware 的专用网卡 vmnet1、vmnet8，用于与虚拟机通信，如图 19-5-2 所示。

图 19-5-2　VMware 安装后创建的专用网卡

注意，在 Win7 系统的计算机中，若要查看真实机网卡信息，只需单击桌面右下角的网卡图标，单击"打开网络和共享中心"，再单击窗口左侧的"更改适配器设置"即可。

第二十章
SSH 服务

20.1　SSH 协议

20.1.1　SSH 简介

SSH：全称为 Secure shell，即安全外壳。

服务器的使用者通过网络远程连接、登录和控制位于远程的服务器时，需要安装 SSH 客户端软件，通过网络与安装在远程服务器的 SSH 服务器端软件进行连接与验证登录。通过验证之后，SSH 会在客户端与服务器端建立基于底层 TCP/IP 协议的安全连接会话通道，所有来自客户端的命令请求与服务器端返回的结果信息均会采用加密传输的方式，大大提高了数据传输的安全性，降低了敏感数据通过网络传输被窃取的风险。因此 SSH 被业内广泛使用，已经成为 Linux 系统的标准配置服务。

而在 SSH 之前，服务器使用者通常使用 Telnet（端口为 TCP:23）进行服务器端的远程连接控制，但 Telnet 在进行数据传输时采用的是明文传输，没有数据加密，不够安全。

SSH 属于应用层网络传输协议，数据传输依靠底层的 TCP 和 IP 协议。服务器端安装的 SSH 在启动以后会占用 TCP:22 端口，端口主要用来标识使用该网卡设备的应用程序。

注意，CentOS 7 的系统光盘中有 Telnet 的安装包，但安装系统时，默认只安装 SSH 服务。

20.1.2　SSH 部署实验

视频讲解

SSH 的部署步骤如下。

（1）配置主机 IP

首先为两台 Linux 主机都配置好 IP，如 192.168.10.10 和 192.168.10.11，以 IP 地址为 192.168.10.10 的主机作为服务器。

（2）配置服务器端

①在服务器端以用户 root 身份登录，输入 yum –y install openssh openssh-clients openssh-server 安装 SSH 主程序包 openssh、客户端包 openssh-clients、服务器包 openssh-server。一般 Linux 服务器主机只安装服务器包 openssh 和 openssh-server 就可以满足远程客户机的连接条件，但在有些情况下，Linux 服务器也有通过 SSH 连接到其他 Linux 主机的需求，需要安装客户端包 openssh-clients，因此通常上述三个软件包要一起安装。其实在安装 CentOS 7 的服务器时，SSH 的相关软件已经默认安装。

②输入 systemctl restart sshd，重新启动 SSH 服务。

③输入 iptables -F，关闭 iptables 防火墙；输入 systemctl stop firewalld，关闭 firewalld 防火墙；输入 setenforce 0，关闭 seLinux。

注意，CentOS 7 的默认防火墙不屏蔽 SSH 访问，因此可以不关闭。

（3）配置客户端

在客户端以用户 root 身份登录，输入 yum -y install openssh openssh-clients openssh-server，安装主程序包 openssh、客户端包 openssh-clients、服务器包 openssh-server。

（4）登录服务器

输入 ssh 192.168.10.10，默认以当前用户名登录服务器。此时会提示是否确定建立连接，输入 yes 即可，如图 20-1-1 所示。

```
[root@Centos7-2 ~]# ssh 192.168.10.10
The authenticity of host '192.168.10.10 (192.168.10.10)' can't be established.
ECDSA key fingerprint is SHA256:rZX83x9b/V2arIImCis+E5ml02JemS8qU65aPWIdxuE.
ECDSA key fingerprint is MD5:d0:ea:e5:a7:a1:64:99:6e:17:86:71:ba:db:78:47:f8.
Are you sure you want to continue connecting (yes/no)? yes
Warning: Permanently added '192.168.10.10' (ECDSA) to the list of known hosts.
root@192.168.10.10's password:
Last login: Fri Jan 10 15:07:28 2020 from 192.168.10.1
[root@Centos7-1 ~]#
```

图 20-1-1　SSH 客户端登录远程主机

由于客户端当前登录账号为 root，故需输入 root 在服务器端上的密码，以 root 身份登录。若客户端当前用户为 zhang，则会要求输入 zhang 在服务器上的密码，若服务器端没有用户 zhang 的话，则登录失败，需按照如下格式指定用户登录服务器。

格式：ssh 用户名 @ 服务器的 IP 或主机名

例如，输入 ssh root@192.168.10.10，指定 root 登录服务器。

登录成功后则会显示服务器端的命令提示符，其包含了服务器端的主机名，说明正在控制服务端。

输入 exit 命令即可退出远程 SSH 登录。

（5）查看服务器

客户端登录成功后，服务器可使用 w 命令查看客户端的登录状态，如图 20-1-2 所示。

```
[root@Centos7-2 ~]# ssh root@192.168.10.10
root@192.168.10.10's password:
Last login: Fri Jan 18 15:16:02 2020 from 192.168.10.11
[root@Centos7-1 ~]# w         客户端主机名
 15:17:01 up  3:13,  1 user,  load average: 0.00, 0.01, 0.05
USER     TTY      FROM             LOGIN@   IDLE   JCPU   PCPU WHAT
root     pts/0    192.168.10.11    15:16    3.00s  0.07s  0.03s w
[root@Centos7-1 ~]#            ssh登录后的服务器端主机名
[root@Centos7-1 ~]#
```

图 20-1-2　使用 w 命令查看通过 SSH 客户端登录的用户

（6）从 Windows 主机通过 SSH 客户端连接远程 Linux 服务器

Windows 主机也可以使用 SSH 连接 Linux 服务器，通常需要下载 xshell、secureCRT、putty 等远程 SSH 登录工具，这些工具包含针对 Windows 系统的 SSH 客户端软件。

20.1.3　SSH 访问控制

默认 Linux 系统中的所有用户都允许通过远程的 SSH 客户端登录到系统，但是也可以通过编辑配置服务器端的 SSH 配置文件 /etc/ssh/sshd_config（客户端的配置文件为 /etc/ssh/ssh_config）加以限制，举例如下。

vi /etc/ssh/sshd_config	#查看文件内容
PermitRootLogin no	#拒绝用户 root 使用 SSH 登录
AllowUsers zhang moon	#仅允许用户 zhang 和 moon 使用 SSH 登录
DenyUsers zhang	#拒绝指定的用户 zhang 使用 SSH 登录
AllowUsers ma@192.168.10.11	#仅允许用户 ma 在 192.168.10.11 主机上登录
systemctl restart sshd	#重启服务以使配置生效

注意，当 DenyUsers 与 AllowUsers 冲突时，以 DenyUsers 为准。

以上配置文件可以在 Linux 服务器端对需要使用 SSH 客户端登录的用户进行限制，也可以通过使用系统中针对各种通信访问的控制文件 /etc/hosts.allow、/etc/hosts.deny，限制客户端的 IP 地址，举例如下。

（1）设置 /etc/hosts.allow

vi /etc/hosts.allow	
sshd:192.168.10.11	#设置允许访问本机 SSH 的客户端 IP 地址

配置该文件后，并不代表拒绝其他 IP 地址访问。

（2）设置 /etc/hosts.deny

vi /etc/hosts.deny	
sshd:192.168.10.0/24	#指定拒绝 SSH 登录的 IP 地址段

两个文件配合使用表示当前主机仅允许 IP 地址为 192.168.10.11 的主机通过 SSH 进行登录，若两个文件设置冲突，则以 hosts.allow 文件为准。

20.1.4　基于 SSH 的常用命令

视频讲解

（1）scp 命令

功能：通过 SSH 来传输及验证数据在网络中的主机间进行文件复制。可以上传文件，也可以下载文件。

命令格式：scp 用户 @ 目标主机 : 目标主机文件 本地目录

举例如下。

scp root@192.168.10.10:/mnt/f1 /mnt/：从 IP 地址为 192.168.10.10 的主机中复制文件 /mnt/f1 到本机的 /mnt 目录。

scp /mnt/f2 root@192.168.10.10:/mnt/：复制本机文件 /mnt/f2 至 IP 地址为 192.168.10.10 的主机的 /mnt 目录中。

（2）sftp 命令

功能：通过 SSH 来实现网络主机间的交互式文件传输。可以上传文件，也可以下载文件。

命令格式：sftp 用户 @ 目标主机

举例如下。

sftp root@192.168.10.10：登录到远程 IP 地址为 192.168.10.10 的主机。

使用 sftp 命令从该命令所在的客户端主机登录到远程主机后，并不能使用远程主机的所有 shell 命令，仅能使用基本的 pwd、cd、ls 命令对远程主机进行操作。如需对当前客户端主机进行操作，可以在命令前加 "!"，如 !pwd、!cd、!ls。例如，ls 命令用于查看登录的远程主机目录下的文件，而 !ls 命令用于查看当前客户端主机目录下的文件。

登录后可使用 put、get 命令进行上传、下载，举例如下。

put /mnt/f1：上传客户端主机 /mnt/f1 文件到服务器端的当前目录。

put –r /mnt/d1：上传客户端主机整个 /mnt/d1 目录到服务器端的当前目录。–r 表示级联复制，包含目录的所有文件及其子目录中的文件。

get /mnt/f2：从服务器端下载 /mnt/f2 文件到客户端主机的当前目录。

get –r /mnt/d2：从服务器端下载整个 /mnt/d2 目录到客户端主机的当前目录。

20.2　SSH 验证方式

20.2.1　加密密钥、密钥对

密钥：加密时需要使用到的辅助数据。

算法：加密时进行的运算过程或使用的运算公式。

假设需要对密码 123456 进行加密，给所有数字 +1 后，即 123456+111111=234567，123456 即是原始数据，计算时所用的辅助数据 111111 即是密钥，而加法操作即是算法，加密后的数据 234567 即是加密数据。

加密算法分为可逆加密算法和不可逆加密算法。可逆加密算法是指可以通过算法的逆向操作推出原数据的算法，即解密，如上例的原始数据 123456，可以通过简单的加法加密算法得到加密数是 234567，也可以通过逆运算减法进行解密获得原始数据，这种算法就属于可逆加密算法；不可逆加密算法是指无法通过算法的逆向操作推出原数据的算法，如 md5、hash2 算法。

密钥对：包括公钥（公有密钥）和私钥（私有密钥）。私钥一般都是本机自己使用的，公钥是发送给其他主机（可发送给多台）使用的，以便这台主机与多台不同的主机之间进行加密通信。

密钥对加密方式：使用两个不同的密钥（即非对称式密钥对），数据用一个密钥进行加密，用另一个密钥针对加密数据进行解密。

SSH 作为安全登录的服务，对账号、密码的传输采用可逆算法进行加密处理。这与 Telnet 的登录原理不同（Telnet 为明文传输，不加密，安全性低）。

SSH 登录时支持两种登录验证方式：直登方式、秘钥对验证方式。

20.2.2　基于口令的登录方式（即直登方式）

直登方式是 SSH 的默认登录方式，客户端连接到服务器后，先从服务器端接收加密密钥（公钥），再对账号、密码进行加密，然后客户端将加密后的密文传给服务器端，最后服务器端用密钥（私钥）进行解密并对解密后的账号、密码进行登录验证，具体步骤如下：

①客户端向服务器端发送连接请求。

②服务器端生成随机密钥对，将公钥发送给客户端。

③客户端使用该密钥加密登录账号、密码，把加密结果发送给服务器端。

④服务器端收到结果后用私钥解密，进行登录验证。

⑤登录成功后，双方使用密钥对（客户端公钥和服务器端私钥）进行加密传输。

客户端成功登录服务器后，会把秘钥（公钥）存放于客户端的 $HOME/.ssh/known_hosts 文件中，并指定服务器的 IP 地址为 192.168.10.10，如图 20-2-1 所示。

```
[root@Centos7-2 ~]# ls -a
.                    .bash_logout    .cshrc                .lesshst    .Xauthority   文档
..                   .bash_profile   .dbus                 .local      公共          下载
anaconda-ks.cfg      .bashrc         .esd_auth             sh          模板          音乐
bak                  .cache          .ICEauthority         .ssh        视频          桌面
.bash_history        .config         initial-setup-ks.cfg  .tcshrc     图片
[root@Centos7-2 ~]# cd .ssh
[root@Centos7-2 .ssh]# ls
known_hosts                                        服务器端192.168.10.10的公钥
[root@Centos7-2 .ssh]# cat known_hosts
192.168.10.10 ecdsa-sha2-nistp256 AAAAE2VjZHNhLXNoYTItbmlzdHAyNTYAAAAIbmlzdHAyNTYAAABBBL
mvzEoUBOmrvZfPWTQqcK7qEsE8x8yTu6J9pjOD/df0f9+lWJ3qDG+D6at6M5HULuRPXW80CYfoLidnJ/5Hra4=
[root@Centos7-2 .ssh]#
```

图 20-2-1　SSH 客户端登录后查看本地保存的服务器端公钥

IP 地址后的一长串字符即为收到的公钥内容，一般为 1024bit。

在实际生产环境中，可能会出现当服务器更换了 IP 地址而导致客户端登录失败的情况，这是因为客户端中保存的公钥记录的还是服务器原来的 IP 地址；也可能会出现服务器被替换，新服务器的 IP 地址没有改变而导致客户端登录失败的情况，因为客户端中保存的是原服务器的公钥信息，与新服务器不符。对于这两种情况，只需要手动删除客户端的 known_hosts 文件即可解决问题。

直登方式的缺点：账号密码需要透露给相关人员，若需要管理员身份，则 root 密码也容易泄露。

20.2.3　客户端密钥对验证

视频讲解

直登方式使用的密钥对由服务器生成，而更加安全的客户端密钥对验证方式使用的密钥对则由客户端生成。

使用客户端密钥对进行验证的具体步骤如下。

（1）配置客户端（IP 地址：192.168.10.11）

①客户端本地生成密钥对，包括公钥和私钥。

②客户端上传其公钥给服务器端。

③服务器端把收到的客户端公钥，导入到公钥记录文件 authorized_keys 中。

④客户端使用其私钥对登录账号密码进行加密，并发送给服务器端进行登录验证，服务器端将发来的信息用客户端的公钥进行解密，然后进行登录验证。

⑤登录成功后双方使用秘钥对做加密传输。

举例如下，如图 20-2-2 所示。

```
[root@Centos7-2 ~]# ssh-keygen
Generating public/private rsa key pair.
Enter file in which to save the key (/root/.ssh/id_rsa):  ←        设置密钥路径
Enter passphrase (empty for no passphrase):  ←  可为密钥设置密码    默认放到.ssh目录
Enter same passphrase again:                     不设置回车即可      中,回车即可
Your identification has been saved in /root/.ssh/id_rsa.
Your public key has been saved in /root/.ssh/id_rsa.pub.
The key fingerprint is:
SHA256:ZJ5BSRwANlp3/jM5gVa6eyFLF3W49lvfVXdi9UrE9Lk root@Centos7-2
The key's randomart image is:
+---[RSA 2048]----+
|    ..=+=o. .oo..|
|    + +oo + .+oo|
|    .   + = o. +o|
|       + + o += B|
|        S + Oo E=|
|         . = =. +|
|          o . *|
|           .  .o|
|                 |
+----[SHA256]-----+
[root@Centos7-2 ~]# ls -a
.                  .bash_logout    .cshrc              .lesshst  .Xauthority  文档
..                 .bash_profile   .dbus               .local    公共         下载
anaconda-ks.cfg    .bashrc         .esd_auth           sh        模板         音乐
bak                .cache          .ICEauthority       .ssh      视频         桌面
.bash_history      .config         initial-setup-ks.cfg  .tcshrc  图片
[root@Centos7-2 ~]# cd .ssh
[root@Centos7-2 .ssh]# ls
id_rsa  id_rsa.pub  known_hosts  ←   id_rsa是私钥; id_rsa.pub是公钥
[root@Centos7-2 .ssh]#
```

图 20-2-2　客户端生成密钥对

说明如下：

①在客户端输入 ssh-keygen，生成客户端密钥对。

②询问是否将密钥存放于 /root/.ssh/id_rsa 文件中，也可以自定义路径和文件名，直接回车即可。

③设置密钥的使用密码后需要再次输入，确认两次密码一致后，密钥即设置成功。也可以在要求输入密码时不设置密码，直接回车，即表示密钥无密码。id_rsa 为私钥，id_rsa.pub 为公钥。

④在客户端输入 scp ~/.ssh/id_rsa.pub root@192.168.10.10:/root/，使用 scp 命令将客户端公钥通过网络复制到服务器端 root 家目录，即上传客户端公钥文件到服务器端。

（2）配置服务器端（IP 地址：192.168.10.10）

①输入 mkdir ~/.ssh，创建密钥存放目录，若家目录下已有 .ssh，则不需要创建。

②输入 cat /root/id_rsa.pub >> ~/.ssh/authorized_keys，将客户端公钥内容导入到公钥记录文件 authorized_keys 中，SSH 要求公钥记录文件名必须为 authorized_keys。

注意，上述操作中使用 scp 命令上传客户端公钥，并将其内容导入到公钥记录

文件是为了便于理解原理与过程，其实在客户端生成密钥对后，输入 ssh-copy-id root@192.168.10.10 即可自动完成上传及导入工作。

（3）客户端登录验证

在客户端输入 ssh 192.168.10.10 或 ssh root@192.168.10.10，直接远程登录到服务器端 192.168.10.10。如图 20-2-3 所示。

```
[root@Centos7-2 .ssh]# ssh 192.168.10.10
Last login: Mon Jan 13 10:39:21 2020 from 192.168.10.11
[root@Centos7-1 ~]#
```

图 20-2-3　利用客户端密钥对实现远程登录

由图可知，登录时不需要输入服务器端的账号和密码，如果客户端在创建密钥对时设置了公钥的密码，则登录远程服务器端时只需要输入本机公钥的密码即可。

第二十一章
NFS网络文件系统

21.1 NFS 服务简介

NFS：全称为 Network File System，即网络文件系统。

NFS 的功能：让不同的机器、不同的操作系统，可以通过网络彼此共享资源，主要部署在 Linux 或 Unix 之间。

一台主机通过 NFS 服务所共享的目录，可以被多台客户机通过网络挂载到本机的目录结构中，使得主机的共享资源被多台客户机同时使用。通过 NFS 服务提供共享目录的主机称为 NFS 服务器，它所提供的网络共享目录可以被其他客户机像挂载本机的存储设备一样挂载到本机的目录中，以实现方便、便捷的网络资源共享。

NFS 网络文件系统由 Sun 公司开发并于 1984 年向外公布，NFS 在文件传送或信息传送过程中依赖于 RPC 协议。RPC 为远程过程调用服务（Remote Procedure Call），是能使客户端执行其他系统中程序的一种机制，客户端借助于 RPC 来完成与 NFS 服务器的通信。RPC 服务可以被视为远程访问的中转者，客户端访问 NFS 网络共享服务时，先向服务器端的 RPC 服务发出请求，由 RPC 通知客户端 NFS 的实际通信端口，客户端再向 NFS 发起连接请求。因此 NFS 必须在 RPC 存在时才能成功提供服务，也可以称 NFS 为 RPC server 的一种。事实上 RPC 服务可代理的中转业务不只是 NFS，例如，Windows 的共享也是借助于 RPC 工作的。

NFS 的工作原理如下：

①服务器端首先启动 RPCBIND 服务，占用 111 端口，再启动 NFS 服务，占用 2049 端口。NFS 服务通知 RPCBIND 服务自己使用的是网络通信端口 2049。

②若客户端需要连接 NFS 服务，则客户端的 RPCBIND 服务会连接服务器端的 RPCBIND 服务（占用 TCP/UDP 协议的 111 端口），从而获取到服务器 NFS 服务的工作端口（占用 TCP/UDP 协议的 2049 端口）。

③按照传输层网络通信的要求，客户端随机产生的动态端口在与服务器端的 NFS 服务端口建立连接后，即可实现数据传输。

21.2 NFS 服务实验

视频讲解

实验需要先安装 NFS 服务相关软件包，然后通过设置 NFS 的配置文件，最终完成 NFS 服务实验的部署。实验过程如下。

（1）实验环境

两台 Linux 主机，IP 地址分别为 192.168.10.10、192.168.10.11，其中 IP 地址为 192.168.10.10 的主机作为安装 NFS 服务的主服务器，提供目录的共享服务。另一台主机则作为 NFS 的客户端使用，用于挂载 NFS 服务器所提供的网络共享目录到本地目录。

（2）配置 NFS 服务器

1）安装 NFS

①输入 yum –y install nfs –utils rpcbind，安装 NFS 的相关软件包。

②输入 systemctl start nfs，启动 NFS 服务。

注意，软件包存放于系统安装光盘，可先行配置好本地 yum 源。

2）创建共享目录

假设主服务器共享的目录都存放在 /mnt/ 下。

①输入 cd /mnt，进入指定目录。

②输入 mkdir share1 share2 share3，创建共享目录 share1、share2、share3。

③输入 chmod 777 share*，设置这三个目录的权限为满权限，任何用户均可读写访问。

注意，通过网络访问远程主机的共享目录也需要遵守远程主机的权限规则，客户端能否访问共享的文件既取决于 NFS 服务器给文件设置的网络权限（即共享权限），也取决于 NFS 服务器中描述的文件或目录在 Linux 系统中的权限；最终的权限以前面两者中指定的较为严格的权限为准，即客户端访问文件时，若前面两种权限设置中有一种给该文件设置了拒绝访问，则该文件的最终权限就是拒绝访问。因此先将目录的安全权限设置为满权限，便于证明设置 NFS 共享权限的有效性。

3）编辑配置文件，设置目录的远程网络共享

①输入 vi /etc/exports，编辑配置文件，指定要进行网络共享的本地目录。

②输入 /mnt/share1 192.168.10.0/24(rw)，指定可通过网络远程访问本地目录 /mnt/share1 的客户端的 IP 地址段，"(rw)" 表示所有用户都可对 /mnt/share1 目录进行读写访问。

③输入 /mnt/share2 192.168.10.3(rw) 192.168.10.5(ro)，指定只有 IP 地址为 192.168.10.3 和 192.168.10.5 的客户端才可以访问 /mnt/share2 目录，其中 IP 地址为 192.168.10.3 的

客户端可对该目录进行读写访问 (rw)；IP 地址为 192.168.10.5 的客户端可对该目录进行只读访问 (ro)。

④输入 /mnt/share3 aaa.test.com(ro) bbb.test.com(rw)，以主机域名的形式指定客户端，目录 /mnt/share3 只能由域名为 aaa.test.com 和 bbb.test.com 的客户端访问，域名为 aaa.test.com 的客户端只能对 /mnt/share3 目录进行只读访问，域名为 bbb.test.com 的客户端主机可以对 /mnt/share3 目录进行读写访问。

4）使用静态解析文件完成配置域名解析

输入 vi /etc/hosts，编辑静态解析文件，写入如下语句：

```
192.168.10.11          aaa.test.com
192.168.10.12          bbb.test.com
```

表示 IP 地址为 192.168.10.11 的主机域名为 aaa.test.com；IP 地址为 192.168.10.12 的主机域名为 bbb.test.com。

若 exports 文件中指定了主机域名，则使用 DNS 或 hosts 静态解析文件都可以解析得到 IP 地址。

若服务器端已配置好 DNS，并可以正常解析出上一步中的 aaa.test.com、bbb.test.com 两个域名，则本步可以省略。

5）设置 NFS 服务

①输入 systemctl restart nfs，启动 NFS 服务，使配置生效

②输入 systemctl list-unit-files | grep nfs，查看 NFS 服务的开机状态。

③输入 systmectl enable nfs，设置 NFS 服务为开机自启服务。

注意，NFS 的开机自启服务为 nfs-server，也可以指定为 NFS 服务。但在 CentOS 7.4 之前的很多版本中，开机服务只能为 nfs-server。

NFS 服务类似于一个服务组，内部包含了 nfs-server。

④输入 netstat –atn|grep –E "(111|2049)"，查看已开启并正在监听的端口，可查看到端口 111 或 2049 的信息，如图 21-2-1 所示。

```
[root@Centos7-1 ~]# netstat -atn|grep -E "(111|2049)"
tcp        0      0 0.0.0.0:111             0.0.0.0:*               LISTEN
tcp        0      0 0.0.0.0:2049            0.0.0.0:*               LISTEN
tcp        0      0 192.168.10.10:2049      192.168.10.11:1009      ESTABLISHED
tcp6       0      0 :::111                  :::*                    LISTEN
tcp6       0      0 :::2049                 :::*                    LISTEN
[root@Centos7-1 ~]#
```

图 21-2-1　NFS 服务器端查看已开启并正在监听的端口

⑤若想在更改了 exports 文件的配置后，不需要重启 NFS 服务就使新配置生效，则可以输入 exportfs –r，–r 表示重新共享目录。

⑥输入 showmount –e，查看本机已经设置的网络共享目录。如图 21-2-2 所示。

```
[root@Centos7-1 ~]# showmount -e
Export list for Centos7-1:
/mnt/share1 192.168.10.0/24
/mnt/share3 bbb.test.com,aaa.test.com
/mnt/share2 192.168.10.5,192.168.10.3
[root@Centos7-1 ~]#
```

图 21-2-2　NFS 服务器端查看已经设置的网络共享目录

6）关闭并禁用防火墙服务

①为了方便实验，输入 systemctl stop firewalld，关闭防火墙服务。

②输入 systemctl disable firewalld，禁用防火墙服务。

（3）配置 NFS 客户端

1）启动 rpcbind 服务

①输入 yum –y install rpcbind，安装 rpcbind 的相关软件包。

②输入 systemctl enable rpcbind，设置 rpcbind 服务开机启动。

③输入 systemctl start rpcbind，启动 rpcbind 服务。

2）创建挂载点

①假设客户端的挂载点都创建在 /mnt 下，输入 cd /mnt，进入指定目录。

②输入 mkdir s1 s2 s3，创建挂载点。

3）挂载访问

①输入 mount 192.168.10.10:/mnt/share1 /mnt/s1，挂载访问 NFS 成功。因为 NFS 服务器端指定了只有 IP 地址在 192.168.10.0/24 网段内的客户端才可以访问 /mnt/share2 目录，客户端 IP 地址为 192.168.10.11，恰好在网段内，所以有权挂载。

②输入 mount 192.168.10.10:/mnt/share2 /mnt/s2，挂载访问 NFS 失败。因为 NFS 服务器端指定了只有 IP 地址为 192.168.10.3 和 192.168.10.5 的客户端才可以访问 /mnt/share2 目录，而当前客户端 IP 地址为 192.168.10.11，所以无权挂载。

③输入 mount 192.168.10.10:/mnt/share3 /mnt/s3，挂载访问 NFS 成功。因为 NFS 服务器端指定了只有域名为 aaa.test.com 和 bbb.test.com 的客户端才可以访问 /mnt/share2 目录，当前客户端 IP 地址为 192.168.10.11，在 NFS 服务器端的 /etc/hosts 添加了对应的域名 aaa.test.com，所以有权挂载。

执行结果如图21-2-4所示。

```
[root@Centos7-2 mnt]# mount 192.168.10.10:/mnt/share1 /mnt/s1
[root@Centos7-2 mnt]# mount 192.168.10.10:/mnt/share2 /mnt/s2
mount.nfs: access denied by server while mounting 192.168.10.10:/mnt/share2
[root@Centos7-2 mnt]# mount 192.168.10.10:/mnt/share3 /mnt/s3
[root@Centos7-2 mnt]# df -Th
文件系统                        类型        容量    已用   可用 已用% 挂载点
/dev/sda3                       ext4        3.9G   395M   3.3G   11% /         不允许挂载/mnt/share2
devtmpfs                        devtmpfs    978M     0    978M    0% /dev      因为客户端IP不符合挂载条件
tmpfs                           tmpfs       993M     0    993M    0% /dev/shm
tmpfs                           tmpfs       993M   9.1M   984M    1% /run
tmpfs                           tmpfs       993M     0    993M    0% /sys/fs/cgroup
/dev/sda2                       ext4        7.8G   3.2G   4.2G   43% /usr
/dev/sda1                       ext4        976M   128M   781M   15% /boot
/dev/sda5                       ext4        2.0G   6.3M   1.8G    1% /home
tmpfs                           tmpfs       199M    12K   199M    1% /run/user/42
tmpfs                           tmpfs       199M     0    199M    0% /run/user/0
192.168.10.10:/mnt/share1 nfs4             3.9G   1.2G   2.5G   33% /mnt/s1
192.168.10.10:/mnt/share3 nfs4             3.9G   1.2G   2.5G   33% /mnt/s3
[root@Centos7-2 mnt]# cd s1
[root@Centos7-2 s1]# touch abc    ◀──── 可以在/mnt/s1创建文件，说明读写挂载
[root@Centos7-2 s1]# cd ../s3
[root@Centos7-2 s3]# touch xyz    ◀──── 不能在/mnt/s3创建文件，说明只读挂载
touch: 无法创建"xyz": 只读文件系统
[root@Centos7-2 s3]#
```

图21-2-3　客户端挂载NFS服务器的网络共享目录情况说明

4）查看挂载表

输入mount，查看挂载表，可查看到已挂载的NFS类型的文件系统，如图21-2-4所示。

```
192.168.10.10:/mnt/share1 on /mnt/s1 type nfs4 (rw,relatime,vers=4.1,rsize=262144,wsize=262144,namlen=255,har
d,proto=tcp,port=0,timeo=600,retrans=2,sec=sys,clientaddr=192.168.10.11,local_lock=none,addr=192.168.10.10)
192.168.10.10:/mnt/share3 on /mnt/s3 type nfs4 (rw,relatime,vers=4.1,rsize=262144,wsize=262144,namlen=255,har
d,proto=tcp,port=0,timeo=600,retrans=2,sec=sys,clientaddr=192.168.10.11,local_lock=none,addr=192.168.10.10)
```

图21-2-4　查看NFS客户端当前挂载的NFS服务器网络共享目录

注意，显示结果中，挂载目录的文件系统类型是nfs4，说明是网络文件系统。

（4）在客户端配置开机自动挂载

与Linux一贯的文件挂载原理相同，使用mount命令挂载的文件系统，只能临时生效，必须写入到/etc/fstab文件系统配置文件中才可以实现开机自动挂载。

①输入vi /etc/fstab，编辑文件系统的配置文件。

②输入192.168.10.10:/mnt/share1 /mnt/s1 nfs4 defaults 0 0，配置开机自动挂载。

注意，配置fstab文件后，客户端虽然可以设置在重启后自动挂载NFS服务器共享目录，但是如果NFS服务器端的NFS服务没有启动，或服务器端和客户端的防火墙服务不允许NFS服务所需的111端口和2049端口访问请求，都可能会导致客户端挂载失败。

第二十二章
samba 服务

22.1　samba 简介

NFS 可实现 Linux 间的文件共享，但是不同操作系统之间的共享，则需要 samba 服务来实现。

samba 是使用 SMB 协议实现 Linux 和 Windows 之间共享文件和打印机的一组程序套件。SMB（Server Message Block）协议也被称作 Session Message Block 协议、NetBIOS 协议、LanManager 协议。

利用 samba 可以实现以下功能：

①把 Linux 下的文件共享给 Windows 使用。

②在 Linux 下访问 Windows 的共享文件。

③把 Linux 下安装的打印机共享给 Windows 使用。

④在 Linux 下访问 Windows 的共享打印机。

samba 服务使用的网络传输端口是 TCP 协议的 139 和 445 端口。

本章主要介绍 Linux 与 Windows 之间共享资源的互访操作。在客户端访问共享资源时，无论客户端是 Linux 还是 Windows，为了安全起见，都需要在服务器端对客户端的访问请求进行有效的用户登录验证，验证通过以后才能访问共享资源。而针对不同的共享目录，需要设置不同的访问权限来管理来自客户端的访问请求。

22.2　用 Windows 访问 Linux 共享

22.2.1　Linux 中通过 samba 服务设置共享目录

视频讲解

实验的具体步骤如下。

（1）准备实验环境

使用两台主机，一台 Windows 2003 服务器，一台 CentOS 7.4 服务器。使用 Windows 2003 服务器是由于 Windows 2003 的共享操作简单，便于体现实验效果。

①为 Windows 2003 服务器配置 IP 地址为 192.168.10.1；为 Linux 服务器配置 IP 地址为 192.168.10.10。

②输入 iptables −F，关闭 Linux 防火墙。

③输入 setenforce 0，关闭 selinux。

（2）Linux 主机安装 samba 服务

与 NFS 相同，CentOS 的安装光盘中自带 samba 的软件安装包，可以在配置 yum
源后输入 yum −y install samba samba−common samba−client，安装 samba 的软件安装包。

samba：samba 的主程序包。

samba−common：共享功能包。

samba−client：Linux 作为客户端访问 Windows 时的客户端包。

（3）Linux 主机创建共享目录，设置安全权限

输入 mkdir /mnt/read /mnt/write /mnt/ppwrite，创建共享目录 read、write、ppwrite。

之后将在 samba 服务中共享这些目录，并设置访问权限：read 目录只读，write 目
录任何人可写，ppwrite 目录仅 pp 用户可写。

但是，目录的最终访问权限取决于 samba 中的权限设置和 Linux 系统中的权限设
置两个方面，为了重点体现 samba 服务的权限设置，输入如下命令，给这三个目录设
置最为宽松的 Linux 系统权限。

```
chmod 777 read
chmod 777 write
chmod 777 ppwrite
```

```
[global]
        workgroup = SAMBA
        security = user

        passdb backend = tdbsam

        printing = cups
        printcap name = cups
        load printers = yes
        cups options = raw

[homes]
        comment = Home Directories
        valid users = %S, %D%w%S
        browseable = No
        read only = No
        inherit acls = Yes

[printers]
        comment = All Printers
        path = /var/tmp
        printable = Yes
        create mask = 0600
        browseable = No

[print$]
        comment = Printer Drivers
        path = /var/lib/samba/drivers
        write list = @printadmin root
        force group = @printadmin
        create mask = 0664
        directory mask = 0775
```

图 22-2-1　samba 服务配置文件
smb.conf 的内容

注意，与 NFS 相同，samba 客户端通过网络访问
samba 服务端也需要遵守权限规则。

（4）编辑 samba 配置文件，设置共享目录

使用 vi 命令查看 samba 的配置文件 /etc/samba/
smb.conf，可查看到有很多默认的设置，如图 22-
2-1 所示。

说明如下。

[global] 模块：对所有共享的目录进行统一化默
认配置，针对不同的共享目录，可以设置其独立的
访问权限。

[homes] 模块：针对用户访问家目录的权限进行
默认设置。

注意，Windows 作为客户端访问 Linux 的 samba
共享目录时，需要使用 Linux 中的有效用户登录，
该用户的家目录默认会成为 samba 服务的共享目录。

[printers] 和 [print$] 模块：针对打印机共享进行默认设置。

[homes]、[printers] 和 [print$] 这三个模块的默认内容不需要更改。

为刚刚创建的 read、write 和 ppwrite 这三个 Linux 目录创建 samba 服务中的共享目录，配置过程需要输入如下命令修改 samba 配置文件。

```
vi /etc/samba/smb.conf


[global]
ntlm auth = yes                    # 在 [global] 语句块中写入，支持 Windows 的登录验证
```

在 smb.conf 文件内容后添加以下内容：

```
[read]
# 设置 read 目录对应的共享名称，名称可以自定义，可与共享的目录名不同
public = yes                    # 允许 guest 账户访问
path = /mnt/read                # 指定共享目录的 Linux 系统路径
writable = no                   # 设置本共享目录为只读权限


[write]                         # 设置 wirte 目录对应的共享名称
public = yes
path = /mnt/write
writable = yes                  # 设置本共享目录为读写权限


[ppwrite]                       # 设置 ppwrite 目录对应的共享名称
public = yes
path = /mnt/ppwrite
writable = no                   # 设置本共享目录为只读权限
write list = pp                 # 指定具备写权限的用户，多用户可用空格分隔
```

该配置文件中使用 writable 命令来指定用户是否有可写权限，也可以通过设置 read only 来设置用户读写权限，功能与 writable 一样。writable 和 write list 两行配合使用，即可指定用户 pp 可写，其他用户只读。

在很多 Linux 版本中，不需要设置 [global] 中的 ntlm auth 项，这与 Windows 客户端的版本有关。读者在通过 Windows 访问 samba 共享目录时，在保证用户密码正确的前提下，如果始终提示账号密码有误而无法登录，则需要在 smb 配置文件的 [global] 语句块中添加 ntlm auth=yes 项。

（4）创建 samba 用户

创建系统用户就相当于创建了 samba 用户。由于 samba 服务支持 Linux 的系统用户通过 Windows 客户端访问共享目录，为了安全起见，samba 服务要求给系统用户重新设置针对 samba 的登录密码，防止仅有 samba 服务使用权限的用户也能直接登录系统 Linux 系统。

1）创建 samba 用户的规则

①必须是 Linux 系统中存在的用户。

②系统用户必须明确加入 samba 用户中，并指定新密码。

2）创建 samba 用户

①输入 useradd pp，创建系统用户。

②输入 passwd pp，配置用户密码。

③输入 smbpasswd –a root，给指定系统用户设置 samba 密码，–a root 表示把系统 root 用户加入 samba 用户中。

注意，samba 登录密码和系统密码建议不一致；若一致则在添加非系统用户时会报错。

④输入 smbpasswd –a pp，把 pp 加入 samba 用户中，并设置新密码。

⑤输入 pdbedit –L，查看 samba 的可用账号。

3）管理 samba 用户

①输入 smbpasswd –d qq，禁用用户。

②输入 smbpasswd –e qq，启用用户。

③输入 smbpasswd –x qq，删除用户。

④输入 smbpasswd pp，不加 –a 表示更改指定 samba 用户的密码。

（5）启动服务

①输入 systemctl restart smb，重启 samba 主服务。

②输入 systemctl enable smb，允许开机启动 samba 服务。

③输入 systemctl status smb，查看 samba 服务当前运行状态。

④输入 systemctl restart nmb，重启 nmb 服务。

⑤输入 systemctl enable nmb，允许开机启动 nmb 服务。

⑥输入 systemctl status nmb，查看 nmb 服务当前运行状态。

nmb 服务支持主机名解析，可以将 Linux 的主机名解析成 IP 地址，客户端可以使用 "\\ 主机名" 的格式访问 Linux 的 samba 服务设置的共享目录，若客户端使用 IP 地址直接访问，则不需要 nmb 服务。

注意，同 NFS 一样，为了保证 samba 服务器重启后仍能支持客户端访问，需要设置开机自动关闭防火墙，具体操作见 NFS 章。

22.2.2　Windows 客户端访问 Linux 共享目录

视频讲解

在 Linux 服务器端配置完毕后，就可以使用 Windows 验证访问，步骤如下。

①在 Windows 中打开运行界面，输入 Linux 主机的 \\ip，如图 22-2-2 所示。

图 22-2-2　访问 Linux 的 samba 共享目录

②单击"确定"按钮，打开登录窗口，如图 22-2-3 所示。

图 22-2-3　输入 samba 用户与密码

③输入 samba 用户及密码后，可看到 Linux 主机 samba 服务设置的共享目录，如图 22-2-4 所示。

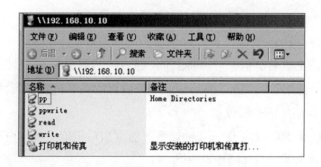

图 22-2-4　共享目录

进入各个共享目录，可验证 samba 设置的权限是否生效。

注意，Windows 客户端登录时，为了验证针对不同用户权限的限制（如 ppwrite 目录仅 pp 用户可写，即使使用 root 登录后，也不可对 ppwrite 目录进行写入操作），需要切换用户登录 samba。但是，在 Windows 中关闭共享的窗口后，再次登录时会发现不必再次进行登录验证，直接以上次登录用户的身份打开共享界面。这是因为 Windows 客户端在访问共享目录时，只要登录成功就会在缓存中记录下登录信息，之后再次使用共享目录时，不需要再次输入共享目录的用户名和密码进行验证。因此若要更换用户访问 samba 服务共享文件，需要先把 Windows 当前登录用户注销，如图 22-2-5 所示。此时再次访问 samba 共享目录，即可重新输入 samba 用户名、密码。

图 22-2-5　注销 Windows 当前登录用户

另外一种解决办法是重启 Windows 系统的 Workstation 服务。在运行界面中输入 services.msc 命令，显示 Windows 的服务管理界面，选中 Workstation 服务后单击重启服务按钮，清理缓存即可，如图 22-2-6 所示。

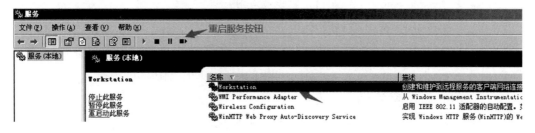

图 22-2-6　重启 Windows 系统的 Workstation 服务

22.2.3　samba 配置共享目录进阶

需求说明：建立共享目录 share，该目录仅允许 zu1 组中的用户访问，而拒绝其他用户访问。zu1 组中有三个用户：root、pp、kk。这三个用户对 share 目录的权限也不相同：root 只读；pp 可读写；kk 拒绝访问。

依据上述需求，部署方案如下：

（1）配置 samba 服务前的准备工作

```
useradd kk              # 创建系统用户 kk
passwd kk               # 给用户 kk 设置密码
smbpasswd –a kk         # 添加系统用户 kk 为 samba 用户，并设置 samba 密码
useradd qq              # 创建系统用户 qq
passwd qq               # 给用户 qq 设置密码
smbpasswd –a qq         # 添加系统用户 qq 为 samba 用户，并设置 samba 密码


cd /mnt
mkdir share             #/mnt 目录下创建 share 目录
chmod 777 share         # 给 share 目录设置最宽松的系统权限
groupadd zu1            # 创建系统 zu1 组
gpasswd –a root zu1     # 将 root 用户加入 zu1 组
gpasswd –a pp zu1       # 将 pp 用户加入 zu1 组
gpasswd –a kk zu1       # 将 kk 用户加入 zu1 组
```

（2）编辑 samba 配置文件

```
vi /etc/samba/smb.conf
    [share]
        public = yes            # 目录所有用户可见
        path = /mnt/share       # 共享名 [share] 对应的系统目录路径
        writable = no           # 目录默认无写权限
        write list = pp         # 指定具备写权限的用户
        valid users = @zu1      # 指定可用用户列表，@zu1 表示 zu1 组中用户
        invalid users = kk      # 指定不可用的用户，即拒绝访问的用户
```

（3）重启 samba 服务

若使用 systemctl restart smb 命令，会影响到已经建立好的连接和正在访问 samba 共享目录的客户端。而使用 systemctl reload smb 命令，可在不关闭服务的情况下重新加载更新过的 samba 配置文件，不会影响其他正在访问 samba 共享目录的客户端。

（4）Windows 客户端访问验证

在 Windows 中访问 Linux 主机的 samba 共享目录，可知 qq 不是 zu1 中用户，不可

以访问 share 目录；kk 虽然是 zu1 组中用户，但也不可以访问 share 目录；pp 和 root 可以访问 share 目录，但各自有着不同的访问权限。

注意，访问 share 时会弹出再次输入用户名、密码的窗口，其实这只是 Windows 的一种默认处理方式，Linux 中并不支持访问失败后立即切换用户，所以即便输入被允许的用户名、密码也是无效的。

22.3 用 Linux 访问 Windows 共享

22.3.1 Windows 中设置共享目录

Windows 的配置步骤如下。

（1）创建文件 aaa.txt

进入 E 盘，创建文件夹 aaa，进入 aaa 文件夹，创建文件 aaa.txt，如图 22-3-1 所示。

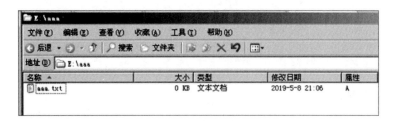

图 22-3-1　创建 aaa.txt 文件

（2）设置 Windows 共享目录

进入 E 盘，右键单击 aaa 文件夹，选择"属性"，在"共享"选项卡下选择"共享该文件夹"，如图 22-3-2 所示。

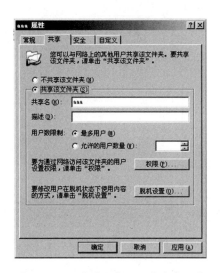

图 22-3-2　设置目录 aaa 为共享目录

切换到"安全"选项卡，单击"添加"按钮，输入"Everyone"，单击"确定"按钮，如图 22-3-3 所示。

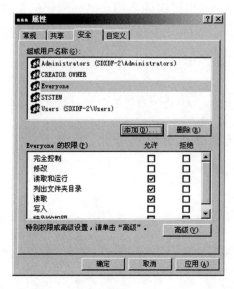

图 22-3-3　设置允许访问共享目录 aaa 的用户

（3）配置登录密码

右键单击"我的电脑"，选择"管理"，在弹出的窗口中依次展开"系统工具"和"本地用户和组"，选中"用户"，右键单击"Administrator"，选择"设置密码"，设置密码后，单击"确定"按钮直到完成，如图 22-3-4 和图 22-3-5 所示。

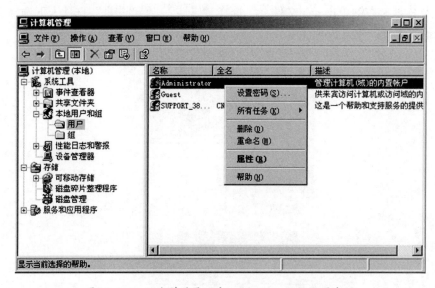

图 22-3-4　给当前登录用户 Administrator 设置密码

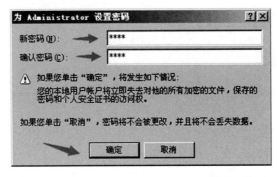

图 22-3-5　给当前登录用户 Administrator 设置密码

注意，设定完毕后，Linux 客户端即可使用 Administrator 用户登录 Windows 设置的共享目录。

22.3.2　Linux 客户端访问 Windows 共享目录

Windows 的共享目录设置完毕后，就可以在 Linux 中进行访问，Linux 中有两种访问方式：挂载式、登录式。

（1）挂载式

挂载式最为简单直接，且最常用，同使用本机的文件系统一样，可以将 Windows 共享的目录直接挂载在本地目录上。

①输入 mkdir /mnt/win，创建 Linux 系统挂载点目录。

②输入 mount //192.168.10.1/aaa /mnt/win –o username=administrator,password=123，挂载 Windows 共享目录，–o 表示设置访问 Windows 共享目录 aaa 所用到的 Windows 用户名和密码。

若输入 mount，查看挂载表。可见 Windows 的共享目录挂载到 Linux 目录所显示的 type 文件系统类型是 cifs。

③输入 vi /etc/fstab，配置开机自动挂载。

//192.168.10.1/aaa /mnt/win cifs defaults,username=administrator,password=123 0 0 表示指定挂载设备为 //192.168.10.1/aaa，本机的挂载目录为 /mnt/win，挂载设备的文件类型为 cifs，defaults 为挂载选项，其中包含用户名及密码 username=administrator,password=123，"0 0"分别表示 dump 命令不备份和系统启动时不做磁盘扫描。

（2）登录式

Linux 使用 smbclient 命令以客户端的身份登录连接到 Windows 服务器。

输入 smbclient //192.168.10.1/aaa –U administrator，进入登录界面，如图 22-3-6 所示。

```
[root@centos7-1 ~]# smbclient //192.168.10.2/aaa  -U  administrator
Enter SAMBA\administrator's password:
Domain=[SDXDF-2] OS=[Windows Server 2003 3790] Server=[Windows Server 2003 5.2]
smb: \>
```

图 22-3-6 smbclient 命令连接到 Windows 共享目录后的显示界面

//192.168.10.1/aaa 表示 Windows 系统主机 IP 地址为 192.168.10.1,共享目录名称为 aaa,–U 用于指定 Windows 登录用户为 Administrator。

此界面下的操作命令与使用 sftp 登录后的相同,如 get、put 等。

注意,挂载式访问方式只允许用户 root 使用,普通用户只允许使用登录式访问方式,或者使用 sudo 命令进行 samba 挂载。

第二十三章
DHCP 服务

23.1 DHCP 工作原理

23.1.1 DHCP 功能

DHCP：即动态主机配置协议，规定了客户端如何获取上网所需的 IP 地址等网络参数，以便有效使用网络资源。

一台主机若要正常上网，必须配置完整的 IP 地址、子网掩码、网关、DNS 四个主要参数。在实际工作环境中，为了方便用户上网，也为了简化网络维护人员的工作繁度，一般客户端网卡会采用自动获取的方式获取 IP 地址等参数，如图 23-1-1 所示。

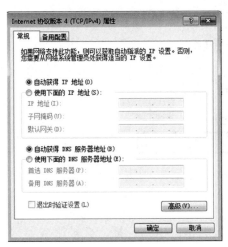

图 23-1-1 Windows 网卡自动获取 IP
和 DNS 的配置界面

这就意味着客户主机的网卡，默认不需要用户手工设置 IP 地址和 DNS，当该网卡连接上网线或 WiFi 后，会自动向所连接的网络发送申请，请求网络内的 DHCP 服务器为其分配一个 IP 地址。此时，网络内事先搭建好的 DHCP 服务器就会接收捕获到该请求，从 IP 地址池中拿出一个未被使用的 IP 地址分配给客户端网卡，并分配配套的掩码、网关、DNS 等参数，这样客户端网卡就会暂时使用所获取到的 IP 地址及网络参数上网。但是这个获取到的 IP 地址是以租借的形式给客户使用的，到期需要归还给 DHCP 服务器。因此作为一名网络维护人员，只需要维护好网络内的 DHCP 服务器，客户机的 IP 地址自动完成分配，不需要人为参与，减少了工作量，提高了效率。

DHCP 服务器负责给客户端网卡分配符合客户机所在子网网络环境的 IP 地址、掩码、网关、DNS 等参数，以便让客户机可以按照 TCP/IP 协议正常上网。

除了基本的四项参数外，DHCP 服务器还可以给客户端分配时间服务器、wins 服务器、域名等参数。在所有的网络参数中，除了 MAC 地址已由客户机网卡设定好以外，其他所有参数都可由 DHCP 服务器分配。

DHCP 服务器给客户端分配 IP 地址时需要对分配状况进行记录，由于 MAC 地址的唯一性，可以通过收集网卡的 MAC 地址来记录哪个 IP 地址分配给了哪块网卡使用。因此客户端申请 IP 地址时，会携带自己的网卡 MAC 地址到服务器端，以便 DHCP 服务器记录。

客户端通过 DHCP 服务器获取到的 IP 地址，称为动态 IP 地址；客户端不通过 DHCP 服务器而配置的固定 IP 地址，被称为静态 IP 地址（即上图中选择"使用下面的 IP 地址"后，手动输入的 IP 地址）。

23.1.2　DHCP 服务工作机制

视频讲解

（1）客户端向 DHCP 服务器申请 IP 地址的过程

客户端向 DHCP 服务器申请 IP 地址时共经历了四次通信，过程如图 23-1-2 所示。

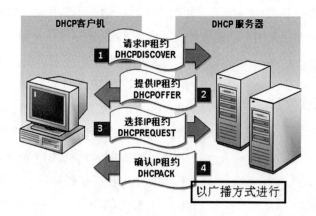

图 23-1-2　客户端通过 DHCP 服务器获取 IP 经历的四次通信

说明如下。

①客户端向所在网络发送 DHCPDISCOVER 数据包，申请广播，会被服务器端捕获。

②服务器端给客户端回复 DHCPOFFER 数据包，给客户端分配一个 IP 地址，询问其是否使用。

③客户端收到 DHCPOFFER 数据包后，给服务器端回复 DHCPREQUEST 数据包，请求使用服务器端刚才分配的 IP 地址。

④服务器端给客户端回复 DHCPACK 数据包，确认让客户机使用 IP 地址。

在以上过程中，并未给客户端分配 IP 地址，客户端与服务器端之间的通信数据包都以广播的形式发送，以保证相互之间可以接收到数据。

按照 TCP/IP 协议栈的分层结构，这四个数据包都属于网络层 RARP 协议的数据包，即遵守 RARP 协议的数据包封装结构。

为了提高 DHCP 服务器的可用性，有时会同时架设两个或多个 DHCP 服务器，当客户端申请 IP 地址时，多台服务器都会收到客户端发送的 DHCPDISCOVER 广播，并给客户端提供一个 IP 地址，这时客户端一般会选择最先收到 DHCPOFFER 数据包的服务器分配的 IP 地址作为自己选择的 IP 地址，向该服务器发送 DHCPREQUEST 请求，其他服务器会把分配出去的 IP 地址回收，以备其他客户机使用。

假设 DHCP 服务器 IP 地址是 192.168.1.1，四次通信的细节如图 23-1-3 和图 23-1-4 所示。

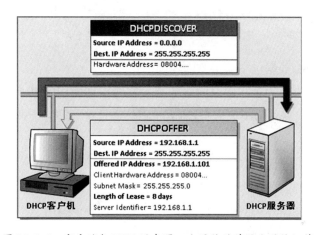

图 23-1-3　客户端与 DHCP 服务器四次通信的前两次通信细节

DHCPDISCOVER 数据包中的主要内容如下：

①客户端暂无 IP 地址，因此数据包中的源 IP 地址为 0.0.0.0。

②客户端申请 IP 地址时，不知道谁是 DHCP 服务器，也不知道自己所在的网段，因此目的 IP 地址为 255.255.255.255。

DHCPOFFER 数据包中的主要内容如下：

① DHCPOFFER 数据包是由 DHCP 服务器发出的，因此服务器必须有固定 IP 地址，源 IP 地址为 192.168.1.1。

②客户端此时还没有 IP 地址，因此目的 IP 地址仍然为 255.255.255.255 的全广播地址。

③给客户端分配的 IP 地址为 192.168.1.101。

④子网掩码为 255.255.255.0。

⑤租期为 8 天。

⑥ DHCP 服务器的 IP 地址为 192.168.1.1。

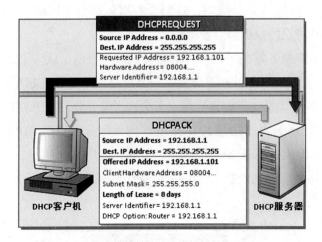

图 23-1-4　客户端与 DHCP 服务器四次通信的后两次通信细节

DHCPREQUEST 数据包中的主要内容如下：

DHCPREQUEST 包中客户端会向服务器发送所申请使用的 IP 地址，并通过 Server Identifier 指定要申请哪个 DHCP 服务器所分配的 IP 地址。注意，此时其他 DHCP 服务器会收回分配。

①客户端的源 IP 地址为 0.0.0.0。

②客户端的目的 IP 地址为 255.255.255.255。

③客户端向服务器发送所申请使用的 IP 地址 192.168.1.101。

④指定要申请的 DHCP 服务器的 IP 地址为 192.168.1.1。

DHCPACK 数据包中的主要内容如下：

①服务器的源 IP 地址为 192.168.1.1。

②客户端的目的 IP 地址为 255.255.255.255。

③给客户端分配的 IP 地址为 192.168.1.101。

④子网掩码为 255.255.255.0。

⑤租期为 8 天。

⑥服务器的 IP 地址为 192.168.1.1。

⑦给客户端分配网关的 IP 地址为 192.168.1.1。

收到最后的 DHCPACK 数据包时，服务器已经确认给客户端分配的 IP 地址，同时还会给客户端分配网关、DNS 等其他参数。除了 IP 地址、掩码外，其他参数是在最后的 DHCPACK 数据包中分配给客户端的。

客户端获取 IP 地址后，可以在运行界面中输入 ipconfig /all，查看网卡详细信息，如图 23-1-5 所示。

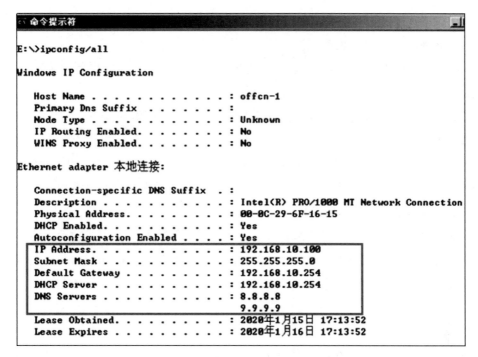

图 23-1-5　网卡详细信息

以上步骤都是在通信正常的前提下进行的，若网络通信不通或 DHCP 服务器宕机，客户端将按照如下步骤处理通信不畅时的状况。

当客户端发送 DHCPDISCOVER 数据包申请广播后，等待 1s，确认是否收到服务器的 DHCPOFFER 数据包，若没有，则等 1s 后再发送一次，即相当于发送后隔 2s 再发，若还收不到回复则再隔 4s 发送 DHCPDISCOVER 数据包，依此类推。若仍然收不到服务器的回复，则客户端会认为暂时与 DHCP 服务器断连，并临时给自己分配一个 169.254.0.0 网段的 B 类 IP 地址，这个网段的 IP 地址被称为自动私有 IP 地址。

在日常工作中，若发现某台主机无法上网，该主机的网卡 IP 地址显示为 169.254. X.X，则说明该主机从 DHCP 服务器获取 IP 地址失败。

既然客户端获取不到 IP 地址，为什么还要使用自动私有 IP 地址呢？

这是因为当客户端获取失败时，虽然无法获取到网关和 DNS 信息，无法上网，但是同子网内的主机在都获取不到 IP 地址的情况下，若临时使用 169.254.X.X 的地址，则 IP 地址都在同一网段，符合同子网、同网段的通信规则，子网内的主机仍然可以通信。并且，在使用自动私有 IP 地址的同时，客户端仍会每 5min 重新发送一次 DHCPDISCOVER 数据包。

（2）DHCP 的租期更新机制

客户端以租借的形式使用获取的 IP 地址，到期要归还给服务器。若归还后客户机仍然需要上网，只能重新申请，十分网络浪费资源，且会影响到客户端正常的网络资源使用，增加了服务器的负担。

为了解决这种浪费，DHCP 规定了自动租期更新机制。租期更新分为以下两种情况：

①未断网情况（即持续连接，客户端主机未关机、断网）。

②在租期内客户端有断网重连现象（重启或重连）。

在未断网的情况下，客户端会在租期的 50%、87.5%、100% 这三个时间点自动联系服务器申请续租，在一个时间点续租成功，就不会在后面的时间点续租。续租成功后，DHCP 服务器会自动重新计时。

在断网重连的情况下，客户端重连后，会立即申请续租，续租成功后也会重新计时。若续租失败，则客户端会联系网关设备，成功则继续使用 IP 地址，等到最近的时间点自动续租，若联系网关设备失败，则会重新发送 DHCPDISCOVER 数据包申请新的 IP 地址。

举例如下。

假设某主机某月 1 日获取到 IP 地址，租期 8 天，即使用期是 1 日~8 日，那么它的续租机制如下。

1）未断网的情况

①50% 时间点即 4 日，客户端向服务器端发送 DHCPREQUEST 数据包请求续租，若服务器接收到，则回复 DHCPACK 数据包确认续租，租期重新计时，更新为 4 日~12 日。若未收到服务器回复，则视为更新失败，但 IP 地址继续使用。

②87.5% 时间点即 7 日，若 4 日更新失败，会在 87.5% 时间点时，即 7 日，客户端向服务器端发送 DHCPREQUEST 数据包请求续租，若服务器接收到，则回复 DHCPACK 数据包确认续租，租期重新计时，更新为 7 日~15 日。若未收到服务器回复，则视为更新失败，但 IP 地址继续使用。

③100% 时间点即 8 日，若 7 日更新失败，会在 100% 时间点时，即 8 日，客户端向服务器端发送 DHCPREQUEST 数据包请求续租，若服务器接收到，则回复 DHCPACK 数据包确认续租，租期重新计时，更新为 8 日~16 日。若未收到服务器回复，则视为更新失败，IP 地址已到期，不可以继续使用，只能重新发送 DHCPDISCOVER 数据包申请 IP 地址。

2）有重连的情况

①假设在 5 日重连，客户端立即向服务器端发送 DHCPREQUEST 数据包请求续租，若服务器接收到，则回复 DHCPACK 数据包确认续租，租期重新计时，更新为 5 日~13 日。

②若未收到服务器回复，客户端会考虑在断网期间主机是否被搬移，即是否更换

子网。因此在更新失败后，客户端会联系网关设备，若联系成功，则说明主机未被搬移，则 IP 地址继续使用，到最近的时间点，即 87.5% 时间点（7 日）时自动续租。

③若联系失败，则主机认为断网期间主机被搬移，原 IP 地址将不再使用，主机会重新发送 DHCPDISCOVER 数据包申请 IP 地址。

④若重连时已经过期，则 IP 地址一定会被服务器收回，只能重新发送 DHCPDISCOVER 数据包申请 IP 地址。

在租期更新过程中，客户端发送的 DHCPREQUEST 数据包与服务器回复的 DHCPACK 数据包都以单播形式发送。这是因为续租时，客户端 IP 地址还在租期内，且明确知道服务器的 IP 地址。同时，若某些网络参数发生了变化，客户端会根据从 DHCP 服务器获取的 DHCPACK 数据包中的信息更新新的网络参数。租期更新过程具体消息数据包的封装形式如图 23-1-6 所示。

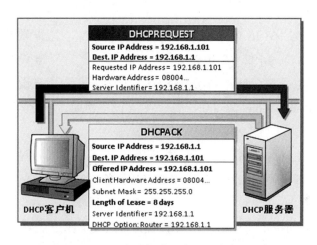

图 23-1-6　租期更新过程涉及的消息数据包

DHCP 的通信端口使用的是 UDP 67 和 UDP 68 端口。其中服务器使用 UDP 67，对外提供服务，客户端使用 UDP 68，申请 IP 地址。

注意，在 TCP/IP 协议中，服务进程一般使用知名端口（1~1023），客户端进程一般使用动态端口（1024~65535）。DHCP 服务是为数不多的客户端进程仍然使用知名端口的几个服务之一。

23.2　DHCP 服务部署

23.2.1　DHCP 服务基本配置

视频讲解

（1）实验环境

使用两台主机，一台 Windows 2003 服务器，一台 Linux 主机。为 Linux

主机配置 IP 地址为 192.168.10.1，Windows 2003 服务器则作为从 DHCP 服务器自动获取 IP 的客户端。

（2）Linux 主机安装 DHCP 服务

CentOS 的系统光盘上自带 DHCP 服务的安装包，因此 Linux 主机配置好 yum 源后，可以输入 yum –y install dhcp，直接安装 DHCP 服务。

（3）编辑 DHCP 配置文件

安装完毕后，需要编辑 DHCP 配置文件 /etc/dhcp/dhcpd.conf，指定可分配的 IP 地址范围（即地址池），以及 DHCP 服务要求的其他参数。DHCP 配置文件添加的内容如下。

```
vi /etc/dhcp/dhcpd.conf
    subnet 192.168.10.0 netmask 255.255.255.0                # 创建地址池
    {
        range 192.168.10.100 192.168.10.200;                 # 设置地址池范围
        option routers 192.168.10.254;                       # 设置网关
        option domain–name–servers 8.8.8.8,9.9.9.9;          # 设置 DNS
        default–lease–time 86400;          # 设置租期，单位为秒，默认为 24h
    }
```

注意，第一个地址池必须和 Linux 主机网卡的 IP 地址在同一网段。

保存退出后，即可输入如下语句启动 DHCP 服务。

```
systemctl restart dhcpd          # 启动 DHCP 服务。
systemctl enable dhcpd           # 设置开机启动 DHCP 服务
systemctl status dhcpd           # 查看 DHCP 服务的运行状态
```

输入 lsof –i:67，查看 67 端口状态及监听进程。

输入 netstat –anup | grep 67，查看 67 端口状态及监听进程。其中 –a 表示显示所有网络连接；n 表示不解析连接 IP 地址对应的域名；u 表示仅查看 UDP 协议的连接，这是因为 DHCP 服务使用 UDP 协议通信；p 表示显示对应的进程号。

在 Windows 客户端中，设置网卡为自动获取 IP 地址后，进入 cmd 命令界面。在 cmd 界面中，Windows 使用的网卡管理命令一般是 ipconfig，它有以下四种常用格式。

ipconfig：查看网卡基本参数。

ipconfig /all：查看网卡详细参数。

ipconfig /release：释放 IP 地址，即提前归还 IP 地址。

ipconfig /renew：更新或申请 IP 地址。

注意，执行 ipconfig /renew 命令时，若网卡尚未获取 IP 地址，则申请 IP 地址，即发送 DHCPDISCOVER 数据包，若已获取 IP 地址，则为手动更新租期，即立即发送 DHCPREQUEST 数据包请求续租，不需要等到 50% 等时间点客户端自动续租。

为了查看获取效果，可以先使用 ipconfig /release 命令释放原有 IP 地址，再使用 ipconfig /renew 命令重新获取 IP 地址，结果如图 23-2-1 所示。

```
E:\>ipconfig/renew

Windows IP Configuration

Ethernet adapter 本地连接:

    Connection-specific DNS Suffix  . :
    IP Address. . . . . . . . . . . . : 192.168.10.100
    Subnet Mask . . . . . . . . . . . : 255.255.255.0
    Default Gateway . . . . . . . . . : 192.168.10.254

E:\>_
```

图 23-2-1　Windows 客户端主机重新从 DHCP 服务器获取 IP 地址

执行 ipconfig /all 命令后可查看网卡详细参数，如 DHCP 服务器的 IP 地址、DNS、租期等。再次执行 ipconfig /all 命令，即可查看到租期更新。

23.2.2　保留 IP 地址

DHCP 服务支持保留 IP 地址，即将一个 IP 地址绑定给某个网卡使用，那么该网卡只要联网就会使用该 IP 地址，即使该网卡不在线，DHCP 也不会将这个 IP 地址分配给其他网卡使用。也可以设置多个保留 IP 地址，还可以给保留 IP 地址设置单独的租期、网关、DNS 等参数。多个保留 IP 地址可以组成保留组，进行统一设置。

既然保留 IP 地址是绑定给网卡的，而只有 MAC 地址可以唯一识别网卡，因此保留 IP 地址实际上绑定的是网卡 MAC 地址。

在配置文件 dhcpd.conf 中的 subnet 语句块中写入如下语句。

```
max-lease-time 864000;                         #设定最大租期
group{                                         #建立保留组
    default-lease-time 864000;
    option routers 192.168.10.244;
    option domain-name-servers 202.1.1.1;
    host boss{                                 #设定一个保留主机，主机名自定义
        hardware ethernet 00:0c:29:a1:cb:f3;   #指定保留主机网卡 MAC 地址
        fixed-address 192.168.10.150;          #绑定 IP 地址
```

```
    }
    host pc2{
        # 配置略
    }
}
```

default–lease–time 语句的设置控制整个 subnet 地址池语句块，若不写 max–lease–time 句，则默认 default–lease–time 所设置的租期就是 max–lease–time 设定的租期。

注意，配置文件中的 host 语句块，也可以写在 group 语句块之外，不遵守 group 语句块中的设置。租期、网关、DNS 等参数也可以写在 host 语句块内，仅对该 host 语句块生效。

在 group、host 语句块中也可以设置最大租期。若语句块中的最大租期大于最外层设置的最大租期，则以最外层的设置的最大租期为准；若语句块中设置的最大租期小于最外层设置的最大租期，则以语句块中设置的为准。

配置完毕后重启服务，在 Windows 客户端输入 ipconfig/release 和 ifconfig/renew 命令，即可查看到希望保留的 IP 地址。

注意，保留 IP 地址功能也可以通过在 DHCP 服务器的地址池外给主机配置静态 IP 地址（即固定 IP 地址）来实现。

23.2.3　DHCP 服务相关文件

（1）记录文件

记录文件记录的是 DHCP 服务器分配过的 IP 地址，在 /var/lib/dhcpd/ 目录下，如图 23-2-2 所示。

```
[root@centos7-1 ~]# cd /var/lib/dhcpd/
[root@centos7-1 dhcpd]# ls
dhcpd6.leases  dhcpd.leases  dhcpd.leases~
```

图 23-2-2　DHCP 服务 IP 分配记录文件

dhcpd.leases 是原文件，带 ~ 的是备份文件，dhcp6.leases 是指 IPv6 版本的 IP 分配记录。

使用 vi dhcpd.leases 可以查看到分配记录，如图 23-2-3 所示。

```
lease 192.168.10.100 {
    starts 5 2019/05/10 16:41:42;
    ends 6 2019/05/11 04:41:42;
    tstp 6 2019/05/11 04:41:42;
    cltt 5 2019/05/10 16:41:42;
    binding state active;
    next binding state free;
    rewind binding state free;
    hardware ethernet 00:0c:29:a1:cb:e9;
    uid "\001\000\014)\241\313\351";
    client-hostname "sdxdf-1";
}
```

图 23-2-3　查看 DHCP 服务 IP 分配记录

说明如下。

starts：获取时间。

ends：到期时间。

tstp：更新时间。

cltt：归还时间。

（2）配置文件

DHCP 的配置文件默认为空，所有内容都由手动输入。在安装 DHCP 后，提供了配置文件的示例文件以供参考，输入 /usr/share/doc/dhcp-4.2.5/dhcpd.conf.example 即可查看。

注意，某些 CentOS 或 RedHat 版本内的示例文件以 .sample 为后缀。

23.3　跨子网分配 IP 地址

23.3.1　配置独立的 DHCP 中继服务器

视频讲解

在实际网络环境中，如果每个子网都配置一台 DHCP 服务器的话，成本太高，因此可以在整个局域网中，配置一个统一的 DHCP 服务器负责所有子网的分配工作，为此需要在 DHCP 服务器上创建多个 subnet 语句块地址池，格式与前文相同。

客户端申请 IP 地址时，以广播的形式与 DHCP 服务器通信，不同子网之间使用路由器连接，而网络层的 IP 协议设置路由器在默认情况下会屏蔽广播，因此若 DHCP 服务器与客户端处在不同的子网，则服务器无法接收到客户端的请求。

解决这一问题的办法是在路由器上开启 rfc1542 功能，开启 rfc1542 功能后，路由器会自动转发 DHCP 的广播（即 RARP 广播），并屏蔽其他广播。

rfc1542 协议规定，路由器会根据接收到的客户端请求网络接口的 IP 地址，分析出该 IP 地址所在的子网 IP 地址网段，从而到 DHCP 的配置文件中寻找该 IP 网段对应地址池中的 IP 地址，这样客户端即可获取到正确的 IP 地址及网络参数。

若路由器不支持 rfc1542 功能，无法完成跨子网的 IP 地址获取，则需要手动在子网内配置一台 DHCP 中继服务器，来代理来自客户端的 IP 地址申请，具体过程如图

23-3-1 所示。

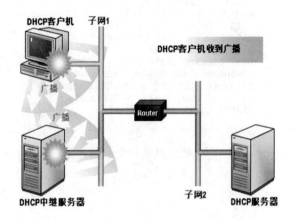

图 23-3-1　DHCP 中继服务器处理跨子网的 IP 请求

实现该操作有以下两个前提：

① DHCP 中继服务器有固定的 IP 地址。

② DHCP 中继服务器明确知道 DHCP 服务器的 IP 地址。

当客户端发送请求广播时，会被 DHCP 中继服务器捕获，由于中继服务器有固定的 IP 地址，且知道 DHCP 服务器的 IP 地址，能以单播的形式联系 DHCP 服务器（路由器不会屏蔽单播）；DHCP 服务器收到请求后，根据中继服务器的 IP 地址，知道客户端所在的 IP 地址段，继而从相应的地址池中分配一个 IP 地址，回复给中继服务器；中继服务器收到后，再以广播的形式反馈给客户端。

综上，客户端仍然以广播的形式获取 IP 地址。

为了更好地说明 DHCP 中继服务器在跨子网场景中是如何运用的，可进行以下实验，实验环境如图 23-3-2 所示。

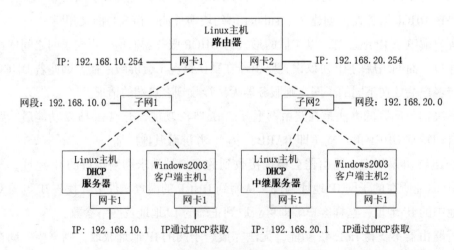

图 23-3-2　DHCP 中继服务器实验环境图示

路由器连接两个子网，分别为 192.168.10.0/24 和 192.168.20.0/24 网段，DHCP 服务器在 192.168.10.0/24 网段内，IP 地址为 192.168.10.1，所在子网的网关为 192.168.10.254。中继服务器在 192.168.20.0/24 网段内，IP 地址为 192.168.20.1，所在子网的网关为 192.168.20.254。客户端主机 1 通过 DHCP 服务器 192.168.10.1 可以申请到 192.168.10.0/24 网段内的 IP 地址，客户端主机 2 通过 DHCP 中继服务器 192.168.20.1 可以申请到 192.168.20.0/24 网段内的 IP 地址。

DHCP 服务器需要创建好两个地址池：192.168.10.0/24 池和 192.168.20.0/24 池。

因此此实验需要 5 台虚拟机：路由器（用 Linux 系统配置双网卡实现）、DHCP 服务器、DHCP 中继服务器、客户端主机 1、客户端主机 2。客户端主机 1、客户端主机 2 可以使用 Windows 虚拟机，另外三台使用 Linux 虚拟机。

本实验需要两个不同网段，可以通过在 VMware 中创建两个 LAN 区段来实现，如图 23-3-3 所示。

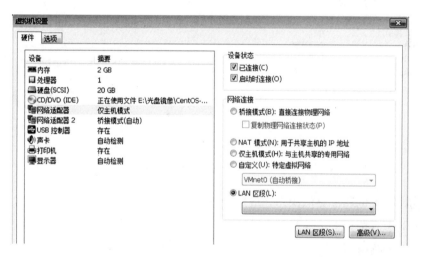

图 23-3-3　VMware 软件中创建子网设置界面

在任一台虚拟机网卡设置中，选中"LAN 区段"，单击"LAN 区段"按钮，创建两个 LAN 区段（创建后其他虚拟机也可以查看并使用），如图 23-3-4 所示。

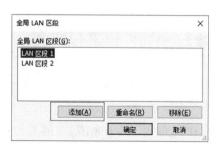

图 23-3-4　创建两个 LAN 区段（子网）

然后将 DHCP 服务器的网卡、客户端主机 1 的网卡、用作路由器的 Linux 主机的第一块网卡设置到 LAN1 区段上，将 DHCP 中继服务器的网卡、客户端主机 2 的网卡、用作路由器的 Linux 主机的第二块网卡设置到 LAN2 区段上。

配置完毕后，用作路由器的 Linux 主机网卡连接如图 23-3-5 所示。

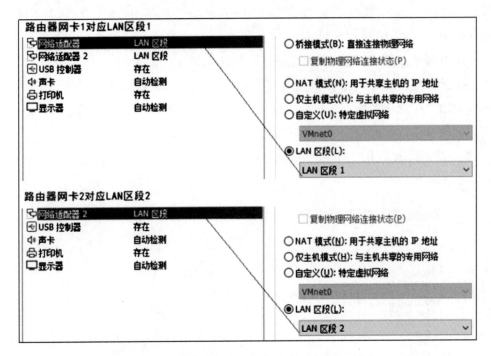

图 23-3-5　将各主机的网卡关联到规划的 LAN 区段

其他虚拟机也通过类似操作完成网卡的绑定。

绑定网卡后按如下步骤配置实验。

（1）配置路由器

①按照图 23-3-2 实验规划图，设置路由器的网卡 IP 地址分别为 192.168.10.254 和 192.168.20.254。

②输入 iptables –F，关闭防火墙。

③输入如下命令：

vi /usr/lib/sysctl.d/00–system：编辑路由配置文件。

net.ipv4.ip_forward = 1：开启主机的网络路由功能。

systemctl restart network：重启网络服务，使网络路由功能生效。

（2）配置 DHCP 服务器

①配置 DHCP 服务器的 IP 地址为 192.168.10.1，网关为 192.168.10.254。

②输入 iptables –F，关闭防火墙。

③配置 DHCP 配置文件，设置两个地址池，如图 23-3-6 所示。

```
subnet 192.168.10.0 netmask 255.255.255.0
{
    range  192.168.10.100 192.168.10.200;
    option  routers  192.168.10.254;
    option  domain-name-servers  8.8.8.8,9.9.9.9;
    default-lease-time  86400;
}

subnet 192.168.20.0 netmask 255.255.255.0
{
    range  192.168.20.100 192.168.20.200;
    option  routers  192.168.20.254;
    option  domain-name-servers  8.8.8.8,9.9.9.9;
    default-lease-time  86400;
}
```

图 23-3-6　设置两个地址池

④输入 systemctl restart dhcpd，重启 DHCP 服务。

（3）配置 DHCP 中继服务器

①配置 DHCP 中继服务器的 IP 地址为 192.168.20.1，网关为 192.168.20.254。

②输入 iptables –F，关闭防火墙。

③输入 yum –y install dhcp，安装 DHCP 服务。

④输入 dhcrelay –i ens33 192.168.10.1，开启 DHCP 服务的中继功能。–i 指定参与中继的网卡名称，即接收客户端申请的网卡；192.168.10.1 为指定的 DHCP 服务器的 IP 地址。

该命令用于临时开启 DHCP 中继服务器的中继功能，重启后中继功能将失效，若要使中继功能永久有效，则需要配置 DHCP 中继服务器的服务进程文件，步骤如下。

①输入 cd /usr/lib/systemd/system，进入服务进程文件所在目录。

②输入 vi dhcrelay.service，编辑 DHCP 中继服务器的服务进程文件。

③在 ExecStart 行输入 –i ens34 192.168.10.1，如图 23-3-7 所示。

```
[Unit]
Description=DHCP Relay Agent Daemon
Documentation=man:dhcrelay(8)
Wants=network-online.target
After=network-online.target

[Service]
Type=notify
ExecStart=/usr/sbin/dhcrelay -d --no-pid -i ens33 192.168.10.1

[Install]
WantedBy=multi-user.target
```

图 23-3-7　编辑 DHCP 中继服务器的服务进程文件

④输入 systemctl daemon–reload，重新加载各服务进程文件。

⑤输入 systemctl restart dhcrelay，重新启动名为 dhcrelay 的 DHCP 中继服务。

⑥输入 systemctl enable dhcrelay，设置 DHCP 中继服务开机后自动运行。

⑦输入 iptables –F，设置防火墙开机自动关闭。

尝试使用客户端主机 1、客户端主机 2 两个客户端分别获取 IP 地址，可发现各自获取到各自网段的 IP 地址。

23.3.2　DHCP 中继功能与路由功能合并

在上节实验中，每个子网内都需要部署一台 DHCP 服务器，成本仍然很高。可以让用作路由器的 Linux 主机模拟路由器 rfc1542 的功能，将路由与中继功能合并到该 Linux 主机上完成，步骤如下。

①关闭用作 DHCP 中继服务器的 Linux 主机。

②输入 yum –y install dhcp，在用作路由器的 Linux 主机上安装 DHCP 软件包。

③在路由器 Linux 主机运行命令 dhcrelay –i ens33 –i ens34 192.168.10.1。

注意，需要用两个 –i 参数来指定路由器上参与到中继通信的两个网卡 ens33、ens34。

至此配置已经完成，但若用作路由器的 Linux 主机重启，则仍然需要执行上面的命令进行 DHCP 中继服务配置，不够方便。可以通过修改 DHCP 中继服务器的服务进程文件使中继功能永久生效。

配置中继功能永久有效的步骤如下。

①输入 vi /usr/lib/systemd/system/dhcrelay.service，编辑中继服务器的服务进程文件。

②在 ExecStart 行输入 –i ens33 –i ens34 192.168.10.1，如图 23-3-8 所示。

```
[Unit]
Description=DHCP Relay Agent Daemon
Documentation=man: dhcrelay(8)
Wants=network- online. target
After=network- online. target

[Service]
Type=notify
ExecStart=/usr/sbin/dhcrelay - d --no- pid -i ens33 - i ens34 192.168.10.1

[Install]
WantedBy=multi- user. target
```

图 23-3-8　修改 DHCP 中继服务器的服务进程文件

③输入 systemctl restart dhcrelay，重启 DHCP 中继服务。

④输入 systemctl enable dhcrelay，设置 DHCP 中继服务开机后自动运行。

尝试使用客户端主机 1、客户端主机 2 两个客户端分别获取 IP 地址，如图 23-3-9 和 23-3-10 所示。可以发现在缺少 DHCP 中继服务器主机的情况下，客户端主机仍然可以获取到各自网段的 IP 地址，即路由器 Linux 主机将路由功能与 DHCP 中继功能整合在了一起。

```
E:\>ipconfig/release

Windows IP Configuration

Ethernet adapter 本地连接:

   Connection-specific DNS Suffix  . :
   IP Address. . . . . . . . . . . . : 0.0.0.0
   Subnet Mask . . . . . . . . . . . : 0.0.0.0
   Default Gateway . . . . . . . . . :

E:\>ipconfig/renew

Windows IP Configuration

Ethernet adapter 本地连接:

   Connection-specific DNS Suffix  . :
   IP Address. . . . . . . . . . . . : 192.168.10.100
   Subnet Mask . . . . . . . . . . . : 255.255.255.0
   Default Gateway . . . . . . . . . : 192.168.10.254
```

图 23-3-9   192.168.10.0 网段的 Windows 客户端主机 1 成功获取了 IP 地址

```
E:\>ipconfig/release

Windows IP Configuration

Ethernet adapter 本地连接:

   Connection-specific DNS Suffix  . :
   IP Address. . . . . . . . . . . . : 0.0.0.0
   Subnet Mask . . . . . . . . . . . : 0.0.0.0
   Default Gateway . . . . . . . . . :

E:\>ipconfig/renew

Windows IP Configuration

Ethernet adapter 本地连接:

   Connection-specific DNS Suffix  . :
   IP Address. . . . . . . . . . . . : 192.168.20.100
   Subnet Mask . . . . . . . . . . . : 255.255.255.0
   Default Gateway . . . . . . . . . : 192.168.20.254
```

图 23-3-10   192.168.20.0 网段的 Windows 客户端主机 2 成功获取了 IP 地址

第二十四章
DNS服务

24.1 DNS 简介

24.1.1 DNS 的功能

DNS：全称为 Domain Name System，即域名系统。

DNS 服务器又称为域名解析服务器，其功能是将域名解析成 IP 地址。

计算机之间依靠 IP 地址寻址，IP 地址由四段数字组成，不便记忆。因此为了方便人与主机之间的沟通，需要有一台服务器记录网站域名（即网址）与服务器 IP 地址的对应关系，即 DNS 服务器。

在浏览器地址栏中输入网址后，客户端会向 DNS 服务器发出询问请求，DNS 服务器通过查询请求域名的对应地址得到相应服务器的 IP 地址，将 IP 地址返回给客户端，客户端再利用 IP 地址寻址到达要访问的服务器，申请访问 web 页面。

24.1.2 DNS 命名空间

DNS 负责全球网络的域名解析工作，全球网络的每台主机必须要遵从一套严谨的命名规范，即 DNS 命名空间规范。

假设将全球的网络资源都放到一个总的虚拟的域之下，称这个总域为根域，即"."域（点域）。在根域之下，划分多个二级域，这些二级域被称为顶级域，顶级域不允许企业或个人直接申请，由全球的网络维护商按照国家、地区、行业等分配。例如，.cn. 表示中国地区，.org. 表示国际组织，.com. 表示工商企业，.net. 表示网络提供商等。因为所有域都在根域之下，所以一般书写时可以把最后的"."省略，写为 .com、.cn 等。

作为企业或个人，只可以在顶级域下申请子域，申请到子域后即可在子域下指定自己的网络层次，如图 24-1-1 所示。

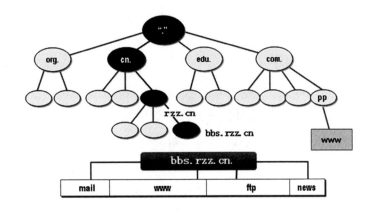

图 24-1-1 域名的层次结构

假设有企业在 .com 顶级域下申请了子域 pp，该企业下有一台主机，名为 www，则该主机的域名为 www.pp.com。

假设有企业在 .cn 顶级域下注册了子域 rzz，rzz 下又设置了一个子域 bbs，在 bbs 下有一台主机，名为 www，则该主机的域名为 www.bbs.rzz.cn。

整个域名空间都在虚拟的域体系之下，每个主机的主机名也都是虚拟的。但在网络上，各企业已经习惯使用 www 的主机名作为网站服务器的名字，因此大多数网站的域名格式都是 www.XXX.XXX。

24.1.3　命名相关概念

url：统一资源定位符。在浏览器输入域名后，浏览器会自动在域名前添加 http:// 字样，即指定通信协议为 HTTP 协议。协议与完整网络路径组成 url，如 http://www.baidu.com。

注意，日常中常说的链接，其专业称谓就是 url，如某网店链接，某电影的下载链接等。

全称域名：Fully Qualified Domain Name，即全质量的域名，是 Internet 上特定主机的完整域名，简称为 FQDN。FQDN 表示一个完整的网址，最多可由 255 个字符组成。

域名：标准定义中，域名指的是所在域的部分，如 baidu.com。

主机名：又称 NetBios 名，FQDN 中的 www 部分称为主机名部分。规定主机名最多为 16 个字符，但最后一个字符固定为 "."（点），因此只能自定义前 15 个字符。

FQDN= 主机名 + 域名。

24.2　DNS 解析原理

24.2.1　客户端解析顺序

客户端的域名解析顺序：当客户端接收到要访问的网站域名时，会先访问本机存放的一个文件，称为静态解析文件，查看该文件中是否存在访问域名所对应的 IP 地址，如果存在则不会访问网卡设定的 DNS，如果不存在则会将要访问的域名发给 DNS 进行解析。

静态解析文件：记录所有常用网站 IP 地址的文件。

Linux 的域名解析顺序：当主机要进行域名解析时，Linux 先查看 /etc/hosts 文件（即域名静态解析文件）中有无请求的域名对应的 IP 地址记录。若有，就直接对该 IP 地址进行访问，不再去询问 DNS 服务器；若此文件中无相关 IP 地址记录，则再去询问 DNS 服务器进行解析。

DNS 解析又被称为动态解析。

24.2.2　DNS 支持的解析模式

DNS 服务器负责记录域名与 IP 地址的对应关系。

在客户端，会出现以下两种情况：①客户端希望根据域名，请求 DNS 查询出其对应的 IP 地址；②客户端希望根据 IP 地址，请求 DNS 查询出其对应的域名。

根据这两种解析需求，在 DNS 中定义两种解析模式：①正向解析，将域名解析为 IP 地址，如图 24-2-1 所示；②反向解析，将 IP 地址解析为域名，如图 24-2-2 所示。

图 24-2-1　DNS 正向解析示意图

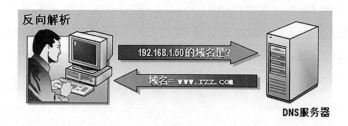

图 24-2-2　DNS 反向解析示意图

24.2.3 DNS 解析过程

视频讲解

一台 DNS 上不可能记录全球所有主机的 IP 地址，因此在全球网络中，DNS 的解析过程应有一套完整的机制，即将全球范围内的主机 IP 地址与域名分散存放在具有层次结构的多台域名解析主机之上，并建立这些主机之间的域名请求与反馈机制，如图 24-2-3 所示。

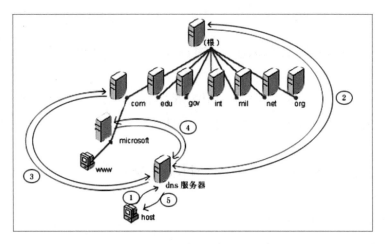

图 24-2-3　DNS 域名解析过程示意图

DNS 的解析过程如下：

①假设一台主机的网卡设置了 DNS 服务器，当客户机想要访问 www.microsoft.com 时，会向配置的 DNS 服务器发出询问，若该 DNS 服务器有相关记录，就会立即返回客户机 www.microsoft.com 域名对应的 IP 地址。

②但若这台 DNS 服务器无相关记录，则它会向全球的根域 DNS 服务器发出询问，根域服务器收到后，并不会返回最终结果，而是分析域名请求，将域名所在的顶级域（即 .com）的 DNS 服务器地址反馈给该 DNS 服务器。

③该 DNS 服务器再向 .com 顶级域的 DNS 服务器发出请求，顶级域服务器同样不返回最终结果，而是返回子域的 DNS 服务器地址。

④该 DNS 服务器再向子域的 DNS 服务器发送请求，获取到解析结果。

⑤该 DNS 服务器接收到解析结果后，先放入缓存中，以备之后有其他客户端再次询问，然后再将解析出的 IP 地址回复给客户端。

注意，全球的根域 DNS 服务器共有 13 台，这 13 台 DNS 服务器的 IP 地址是公开的，在安装 DNS 软件包后，会自动写到相关配置文件中，以便解析时使用。

DNS 域名的解析过程分为两种，一种是递归查询过程，另一种是迭代查询过程。在上述过程中，客户端只需向设定的 DNS 服务器发送请求并接收最后的返回结果，这种工作模式称为递归查询过程。递归查询过程的特点是只负责发送请求和接收最后结果，其他相关步骤（如 DNS 服务器联系全球根域名 DNS 服务器等）客户端都不参与。而在迭代查询过程中，客户端请求域名解析的 DNS 服务器会参与到解析过程中的每一步，如询问根域、询问顶级域、询问子域等。一般来说，客户端的查询过程属于递归查询过程，DNS 服务器的查询过程属于迭代查询过程。

24.3　DNS 服务器部署

视频讲解

部署一台基本的 DNS 服务器，并让它负责解析 rzz.com 域的步骤如下。

（1）实验环境

两台 Linux 主机，IP 地址分别为 192.168.10.1、192.168.10.10，其中 IP 地址为 192.168.10.1 的主机作为 DNS 服务器使用，IP 地址为 192.168.10.10 的主机作为 DNS 客户端使用。

关闭服务器端的防火墙，将客户端的网卡 DNS 服务器地址配置为 192.168.10.1。

（2）安装 DNS 服务

输入 yum –y bind bind-chroot，安装 DNS 所需软件包。

（3）创建区域

输入 vi /etc/named.conf，编辑 DNS 主配置文件，在 options{} 语句块中修改以下内容，如图 24-3-1 所示。

```
options {
    ......
    listen-on port 53 { 192.168.10.1; };        # 指定本机对外提供服务的网卡
    directory "/var/named";                      # 指定区域文件的存放位置
    allow-query { any; };                        # 指定针对哪些客户端提供服务
    ......
};
```

```
options {
    listen-on port 53 { 192.168.10.1; };
    listen-on-v6 port 53 { ::1; };
    directory       "/var/named";
    dump-file       "/var/named/data/cache_dump.db";
    statistics-file "/var/named/data/named_stats.txt";
    memstatistics-file "/var/named/data/named_mem_stats.txt";
    recursing-file  "/var/named/data/named.recursing";
    secroots-file   "/var/named/data/named.secroots";
    allow-query     { any; };

    ......
```

图 24-3-1　在 DNS 配置文件中修改的内容

然后在配置文件最下方的"include……"上方加入以下内容，如图24-3-2所示。

```
zone "rzz.com" IN {                              # 新建正向区域，关键字是 zone
    type master;                                 # 设定类型为标准主要区域
    file "rzz_zheng";                            # 指定区域文件名
    allow-update { none; };                      # 拒绝动态更新
};


zone "10.168.192.in-addr.arpa" IN {             # 新建反向区域
    type master;
    file "rzz_fan";
    allow-update { none; };
};
```

图 24-3-2　在 DNS 配置文件中补充的内容

说明如下：

①区域包括标准主要区域和辅助区域。主要区域是指首选的进行各种配置的区域；辅助区域可视为备用区域。

② file 行指定该区域的区域文件名，在创建区域文件时，文件名必须与该指定的名字一致。区域文件中记录域中主机名与 IP 地址的对应信息。

③ allow-update 行指定允许哪个 IP 地址的服务器进行动态更新，即当某服务器更换 IP 地址后，通知到 DNS 服务器上，DNS 服务器更新记录信息。一般都设置为 none，即不支持动态更新。

④反向区域是指针对一个 IP 地址范围创建区域，该范围内的 IP 地址都由这个区

域负责反向解析。反向区域名"10.168.192.in-addr.arpa"是固定的书写格式，其中，"10.168.192"是 IP 地址中前三段的反写，".in-addr.arpa"是固定字符。

（4）创建正向区域文件

输入以下内容，如图 24-3-3 所示，创建正向区域文件。

```
cd /var/named              # 进入区域文件存放位置
vi rzz_zheng               # 创建正向区域文件，对应主配置文件中区域文件名的指定
$TTL 1D                    # 最小生存期，即设定本缓存的存在时间，1D=1 天
#SOA 指定谁是本域的主 DNS 服务器，后面指定管理员邮箱，@ 符用 . 代替
@ IN SOA ns1.rzz.com. admin.rzz.com. (
    20180319;serial        # 序列号，即版本号，主辅更新比较相互的序列号
    3H;refresh             # 更新周期，3H=3 小时
    15M;retry              # 失败重试，15M=15 分钟，即更新失败后，隔多久重试
    1W;expire              # 放弃时间，更新失败，重试坚持多久后放弃
    1D;minimum             # 最短生效期，更新失败，发生变化的数据有效多久
)
@ IN NS ns1.rzz.com.       # 指定哪些 DNS 服务器负责本域解析
@ IN NS ns2.rzz.com.
ns1 IN A 192.168.10.1      #A 记录指定域名对应的 IP 地址
ns2 IN A 192.168.10.2      # 对于 NS 记录必须做 A 记录的解析


# 由于没有搭建 web 服务器，先假设 www 服务器 IP 地址是 192.168.10.100
www IN A 192.168.10.100
ftp IN A 192.168.10.110
xia IN CNAME ftp.rzz.com.  #CNAME 记录，设定别名


#MX 记录，指定本域邮件服务器，可以写多条，10 表示优先级，数越小优先级
@ IN MX 10 mail.rzz.com.
mail IN A 192.168.10.120
```

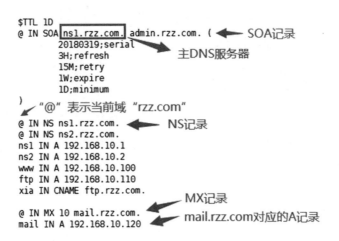

```
$TTL 1D
@ IN SOA ns1.rzz.com. admin.rzz.com. (  ◀── SOA记录
        20180319;serial              主DNS服务器
        3H;refresh
        15M;retry
        1W;expire
        1D;minimum
)
    ↙ "@" 表示当前域 "rzz.com"
@ IN NS ns1.rzz.com.   ◀── NS记录
@ IN NS ns2.rzz.com.
ns1 IN A 192.168.10.1
ns2 IN A 192.168.10.2
www IN A 192.168.10.100
ftp IN A 192.168.10.110
xia IN CNAME ftp.rzz.com.
                              MX记录
@ IN MX 10 mail.rzz.com.  ◀── 
mail IN A 192.168.10.120  ◀── mail.rzz.com对应的A记录
```

图 24-3-3　正向区域文件中填写的内容

说明如下：

①本文件中所有的 FQDN 中最后的 "."（根域）不可省略。

②在区域文件中，需要指明都有哪些 DNS 服务器负责本区域的解析，用 NS 记录表示。若有两台或多台 DNS 服务器负责当前区域的解析工作，则会有主、辅身份之分。主 DNS 服务器为日常管理配置的主服务器；辅助 DNS 服务器为备用服务器，会跟随主 DNS 服务器的配置自动更新设置。

但仅看 NS 记录是无法区分主、辅服务器的，需要使用 SOA 记录指定主 DNS 服务器，其他的皆为辅助 DNS 服务器。

③此文件中的 @ 符表示当前域，带 @ 符的配置即表示当前域的配置，如当前域内的 NS 记录、当前域内的 SOA 记录等。

④在主配置文件中已经指定了正向区域的区域名（如 rzz.com），此文件只对应区域创建的区域文件，因此在此文件中进行解析时不需要写明域名，只写主机名即可，如 www IN A 192.168.10.100。

⑤ CNAME 记录也称别名记录，用于给某个 FQDN 设定别名，可以理解为一台主机两个名字。

⑥每行中的 IN 关键字，为固定的书写格式。

⑦ MX 记录指定负责本域的邮件服务器（发邮件时使用的邮件服务软件）的域名，再由 A 记录解析出 MX 记录中邮件服务器域名对应的 IP 地址。

（5）创建反向区域文件

输入以下内容，如图 24-3-4 所示，创建反向区域文件。

cd /var/named	#进入区域文件存放位置
vi rzz_fan	#创建反向区域文件，对应主配置文件中区域文件名的指定

```
$TTL 1D
@ IN SOA ns1.rzz.com. admin.rzz.com. (
    20180319;serial
    3H;refresh
    15M;retry
    1W;expire
    1D;minimum
)
@ IN NS ns1.rzz.com.
@ IN NS ns2.rzz.com.
1 IN PTR ns1.rzz.com.                          #PTR 为反向解析记录
2 IN PTR ns2.rzz.com.
100 IN PTR www.rzz.com.
110 IN PTR ftp.rzz.com.
120 IN PTR mail.rzz.com.
```

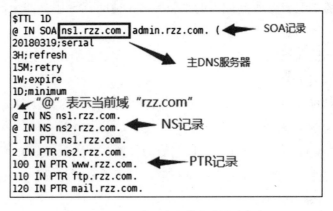

图 24-3-4 反向区域文件中填写的内容

说明如下：

①反向文件中的 PTR 记录将 IP 地址解析成域名。

②反向文件中只需要描述 IP 地址的第四段数字，因为在主配置文件中，反向区域名已经把 IP 地址的前三段写明了。

（6）启动服务

至此，负责 rzz.com 域的解析工作的 DNS 域名服务器已经配置完成。该域名服务器提供了 rzz.com 域的正向（域名到 IP 地址）和反向（IP 地址到域名）域名解析功能。如果配置文件的格式没有书写错误，就可以输入如下代码启动 DNS 服务。

| systemctl start named | #启动 DNS 服务 |
| systemctl enable named | #设置 DNS 服务允许其开机启动 |

如果启动失败，请检查配置文件的格式是否存在问题。如果 DNS 服务成功启动，即可在客户端进行 DNS 正向与反向解析的检测，验证 DNS 服务器的配置是否符合预期。在 Windows 客户端的网卡上设置 DNS 服务器地址为 192.168.10.1，如图 24-3-5 所示。

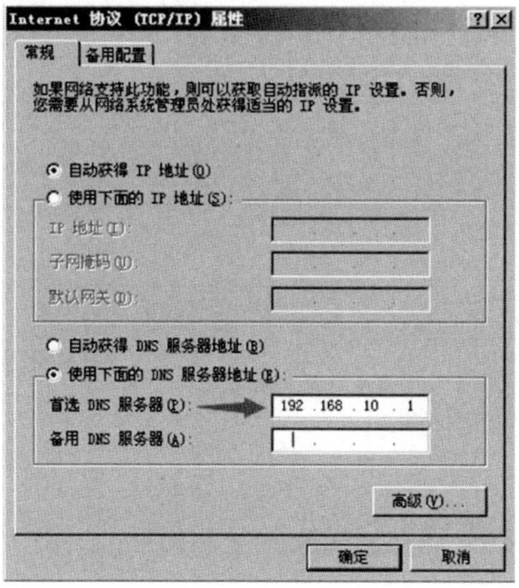

图 24-3-5　Windows 客户端设置新建 DNS 服务器的 IP 地址

在 cmd 界面中使用 nslookup 命令验证 DNS 解析是否成功，如图 24-3-6 所示。

```
C:\>nslookup
Default Server: ns1.rzz.com
Address: 192.168.10.1

> www.rzz.com
Server: ns1.rzz.com
Address: 192.168.10.1

Name:   www.rzz.com
Address: 192.168.10.100

> xia.rzz.com
Server: ns1.rzz.com
Address: 192.168.10.1

Name:    ftp.rzz.com
Address: 192.168.10.110
Aliases: xia.rzz.com

> ftp.rzz.com
Server: ns1.rzz.com
Address: 192.168.10.1

Name:   ftp.rzz.com
Address: 192.168.10.110

> exit

C:\>_
```

图 24-3-6　使用 nslookup 命令验证 DNS 解析是否成功

在解析 xia.rzz.com 时，会显示其原名 ftp.rzz.com，xia.rzz.com 是别名（aliases）。在日常上网时使用的很多域名都采用了别名的形式，如图 24-3-7 所示。

```
> www.baidu.com
服务器:    cachedns03.bj.chinamobile.com
Address:   221.179.155.161

非权威应答:
名称:      www.a.shifen.com          ◄── 百度的真实域名
Addresses: 2409:8c00:6c21:104f:0:ff:b03f:3ae
           2409:8c00:6c21:104c:0:ff:b02c:156c
           39.156.66.14
           39.156.66.18
Aliases:   www.baidu.com             ◄── 域名采用了别名
```

图 24-3-7　采用了别名形式的域名

由图可知，www.baidu.com 其实是网站的别名。其实，公网上很多网站的常用域名都是别名，这是因为很多网站服务器在企业内部有其特殊的命名方式，但为了方便公网用户使用，需要在公网上使用别名。

24.4　区域文件记录类型总结

区域文件中的记录类型如下。

SOA：起始授权机构，指定主 DNS 服务器。

NS：域名服务器，指定本域都有哪些 DNS 服务器。

A：主机记录，由域名解析出 IP 地址。

CNAME：别名记录，给域名起另一个名字。

MX：邮件服务器记录，指定本域的邮件服务器。

PTR：反向指针记录，由 IP 地址解析出域名。

AAAA：IPv6 主机记录，由域名解析出 IPv6 地址。

24.5　DNS 轮询

DNS 服务器的区域文件中支持同一域名对应多个 IP 地址，因此客户端每一次域名解析可按照一定的顺序循环得到不同的 IP 地址，DNS 服务提供的这种功能即轮询功能，可以用于服务器的负载均衡。DNS 服务器默认的设置会把多个 IP 地址轮流显示给客户。

输入 vi /var/named/rzz_zheng，写入对应主机名为 www 的多个 IP 地址设置，如图 24-5-1 所示。

```
@ IN NS ns1.rzz.com.
@ IN NS ns2.rzz.com.
ns1 IN A 192.168.10.1
ns2 IN A 192.168.10.2
www IN A 192.168.10.100
www IN A 192.168.10.101
www IN A 192.168.10.102
www IN A 192.168.10.103
ftp IN A 192.168.10.110
xia IN CNAME ftp.rzz.com.
```

图 24-5-1　一个主机名对应多个 IP 地址的 DNS 轮询设置

输入 systemctl restart named，重启 DNS 服务后，在客户端多次进行 www.rzz.com 的解析，每次可获得不同的 IP 地址，而且依次循环，如图 24-5-2 所示。

DNS 服务器中共有三种轮询方式：cyclic、fixed、random。

cyclic 是指多个 IP 地址轮流显示，若不进行设置，默认即为 cyclic 模式；fixed 是指按区域配置文件中的顺序固定显示；random 是指随机轮询显示。

如果希望设置 DNS 的轮询方式为非默认的 cyclic 模式，如设置为 random 模式，可在 DNS 服务的主配置文件 /etc/named.conf 中的 options{} 语句块中写入 rrset-order { order random; };，然后重启 DNS 服务即可生效。

另外，DNS 服务器的通信端口使用的是 TCP 53 及 UDP 53。TCP 53 用于主辅 DNS 服务器通信、区域复制、数据更新。UDP 53 为客户提供解析服务。

24.6　DNS 主配置文件简介

主配置文件中可见到有一个以 "." 命名的区域被称为根域，如图 24-6-1 所示。

其中，type hint; 表示本域为根域，file "named.ca"; 表示根域的区域文件为 /var/named/named.ca。

查看该文件，可见到全球 13 台根 DNS 服务器的地址，A 记录表示根 DNS 服务器的 IPv4 地址，AAAA 记录表示根 DNS 服务器的 IPv6 地址，如图 24-6-2 所示。

```
> www.rzz.com
服务器:  UnKnown
Address:  192.168.10.1

名称:     www.rzz.com
Addresses: 192.168.10.100
          192.168.10.101
          192.168.10.102
          192.168.10.103

> www.rzz.com
服务器:  UnKnown
Address:  192.168.10.1

名称:     www.rzz.com
Addresses: 192.168.10.101
          192.168.10.102
          192.168.10.103
          192.168.10.100

> www.rzz.com
服务器:  UnKnown
Address:  192.168.10.1

名称:     www.rzz.com
Addresses: 192.168.10.102
          192.168.10.103
          192.168.10.100
          192.168.10.101

> www.rzz.com
服务器:  UnKnown
Address:  192.168.10.1

名称:     www.rzz.com
Addresses: 192.168.10.103
          192.168.10.100
          192.168.10.101
          192.168.10.102
```

图 24-5-2　DNS 轮询在客户端的使用效果

```
zone "." IN {
        type hint;
        file "named.ca";
};
```

图 24-6-1　DNS 主配置文件中的根域

```
a.root-servers.net.       518400   IN       A        198.41.0.4
b.root-servers.net.       518400   IN       A        199.9.14.201
c.root-servers.net.       518400   IN       A        192.33.4.12
d.root-servers.net.       518400   IN       A        199.7.91.13
e.root-servers.net.       518400   IN       A        192.203.230.10
f.root-servers.net.       518400   IN       A        192.5.5.241
g.root-servers.net.       518400   IN       A        192.112.36.4
h.root-servers.net.       518400   IN       A        198.97.190.53
i.root-servers.net.       518400   IN       A        192.36.148.17
j.root-servers.net.       518400   IN       A        192.58.128.30
k.root-servers.net.       518400   IN       A        193.0.14.129
l.root-servers.net.       518400   IN       A        199.7.83.42
m.root-servers.net.       518400   IN       A        202.12.27.33
a.root-servers.net.       518400   IN       AAAA     2001:503:ba3e::2:30
b.root-servers.net.       518400   IN       AAAA     2001:500:200::b
c.root-servers.net.       518400   IN       AAAA     2001:500:2::c
d.root-servers.net.       518400   IN       AAAA     2001:500:2d::d
e.root-servers.net.       518400   IN       AAAA     2001:500:a8::e
f.root-servers.net.       518400   IN       AAAA     2001:500:2f::f
g.root-servers.net.       518400   IN       AAAA     2001:500:12::d0d
h.root-servers.net.       518400   IN       AAAA     2001:500:1::53
i.root-servers.net.       518400   IN       AAAA     2001:7fe::53
j.root-servers.net.       518400   IN       AAAA     2001:503:c27::2:30
k.root-servers.net.       518400   IN       AAAA     2001:7fd::1
l.root-servers.net.       518400   IN       AAAA     2001:500:9f::42
m.root-servers.net.       518400   IN       AAAA     2001:dc3::35
```

图 24-6-2　全球 13 台根 DNS 服务器的 IP 地址

24.7　DNS 转发配置

24.7.1　全局转发

在企业的局域网内，若每台主机上网都要访问公网的 DNS 服务器进行解析，并且访问的域名都集中在某几个最常用的网站上，则为了降低频繁进行 DNS 解析所耗费的网络流量并且提高 DNS 解析速度，可以在企业内网搭建一台 DNS 缓存服务器，存放各种 DNS 解析记录。当内部有客户请求解析某域名时，可以先在内网的 DNS 缓存服务器中完成解析，不需要访问公网 DNS。如果缓存服务器中无解析记录，再寻求公网DNS 服务器的解析。既可以节约公网流量（在以流量计费的企业内最为实用），又可以有效提升 DNS 的解析速度。

部署 DNS 缓存服务器的方式是在企业内部部署一台 DNS 转发服务器，不设置任何区域，仅配置转发功能，并指向外网某一台 DNS 服务器。

客户端的 DNS 服务器可指向该转发服务器，当客户要进行解析时，会先向转发服务器发出询问，若转发器缓存中无相关记录，则再向外网的 DNS 询问，得到结果后，先放入 DNS 转发器缓存中，然后反馈解析结果给客户端。这样若有其他客户端询问相同域名时，可以直接从 DNS 转发器缓存中提取信息，直接返回给客户。简单地说，DNS 转发服务器仅仅具有转发和缓存的功能。

DNS 转发服务器的配置实验步骤如下。

①主 DNS 服务器保持不变，配置一台新 Linux 虚拟机的 IP 地址为 192.168.10.2，关闭防火墙。

②输入 yum –y bind bind–chroot，安装 DNS 所需软件包。

③输入 vi /etc/named.conf，编辑 named.conf 配置文件，并输入如下内容，如图 24–7–1 所示。

在 options{} 语句块中，修改以下内容：
listen–on port 53 { 192.168.10.2; };　　# 指定本机对外提供服务的网卡
allow–query { any; };　　　　　　　　# 指定针对哪些客户端提供服务
dnssec–enable no;　　　　　　　　　# 关闭 DNS 安全设置模块
dnssec–validation no;　　　　　　　　# 关闭 DNS 安全验证
在 options{} 语句块中，添加以下内容：
forwarders { 192.168.10.1; };　　　　　# 指定解析时询问的 DNS 服务器
forward first;　　　　　　　　　　　# 设定缓存的使用顺序

图 24-7-1　DNS 转发服务器主配置文件修改和添加的内容

注意，"forward first;" 表示响应客户解析时，先查缓存，若缓存无，则再询问指定的转发 DNS 服务器 192.168.10.1，若该 DNS 服务器解析失败，则去询问当前本机的 DNS 服务器 192.168.10.2。"forward only;" 表示仅使用指定的转发 DNS 服务器 192.168.10.1，即使解析失败，也不再询问本地 DNS 服务器 192.168.10.2。"forwarder" 表示将客户端域名解析请求转发给指定的域名服务器来解析，书写格式为 forwarder { IP 地址 1; IP 地址 2; }，可以根据需要设置多个转发 DNS 服务器。

④输入如下代码，重启 DNS 服务器。

systemctl restart named：启动 DNS 服务器。

systemctl enable named：设置 DNS 服务器开机启动。

客户端网卡 DNS 服务器指向 192.168.10.2，验证转发 DNS 服务器能否成功解析，效果如图 24-7-2 所示。

```
C:\>nslookup
*** Can't find server name for address 192.168.10.2: Non-existent domain
Default Server:  UnKnown
Address:  192.168.10.2

> www.rzz.com
Server:  UnKnown
Address:  192.168.10.2

Non-authoritative answer:
Name:    www.rzz.com
Addresses:  192.168.10.103, 192.168.10.101, 192.168.10.100, 192.168.10.102
```

图 24-7-2　客户端通过转发 DNS 服务器解析域名

执行命令后，会提示无法查找到服务器 192.168.10.2 的域名，这是因为在 DNS 主配置文件中没有创建任何区域。可以在 DNS 转发服务器上手动创建反向区域并创建对应的区域文件，写入反向记录，或者不做改动，这并不影响实验的成功。

图中的 Non-authoritative answer，中文含义为非权威应答，表示解析结果从缓存中获取，并未经过 DNS 服务器的验证，不保证准确。但是，一般的应用服务器（如 web、FTP 等）搭建好后，很少更换 IP 地址，所以缓存中的信息基本可以确保准确。而且，转发器缓存中存放的信息有缓存时间，区域文件中的第一行 $TTL 1D 即为该区域文件中的信息被放入缓存后的有效期，在记录超期后 DNS 服务器会自动清理缓存，若再有客户询问时，则会重新询问公网的 DNS。

DNS 转发服务器上也可以使用 rndc flush 命令人为手动清除缓存。

24.7.2　区域转发

在转发器的主配置文件上，forward 两行并不一定写在 options{} 中，也可以写在 zone{} 中，即仅指定某个区域的解析进行转发，举例如下。

```
zone "rzz.com" IN {
    type forward;
    forwarders { 192.168.10.1; };
    forward first;
};
```

重启服务后可在客户端验证。

注意，若修改了 DNS 配置文件，可在 DNS 服务器主机上使用 rndc reload 命令直接实现重新加载配置文件的功能，而不需要重启 DNS 服务。如图 24-7-3 所示。

```
[root@Centos7-4 etc]# vi /etc/named.conf
[root@Centos7-4 etc]# rndc reload
server reload successful
[root@Centos7-4 etc]#
```

图 24-7-3　使用 rndc 命令重新加载修改后的 DNS 配置文件

24.8　辅助 DNS 服务器

当主 DNS 服务器宕机时，解析工作会受到影响，宕机的 DNS 服务器上的区域将无法解析，因此通常需要为 DNS 服务器再搭建一台辅助 DNS 服务器，当主 DNS 服务器宕机后，辅助 DNS 服务器仍可完成解析工作，这也是网卡上允许指定多个 DNS 服务器的原因。

而在主 DNS 服务器不可用时，无法获取主 DNS 服务器上的区域记录，因此必须在主 DNS 服务器正常时，将区域信息复制到辅助 DNS 服务器上，即区域复制。

再者，由于辅助 DNS 服务器上的区域信息需要与主 DNS 服务器上的保持一致，辅助 DNS 服务器必须定期与主 DNS 服务器通信并同步数据，即数据同步或数据更新。

比较主辅 DNS 服务器区域文件中的 serial 序列号，若主 DNS 服务器的 serial 高，则会进行区域复制，同步到辅助 DNS 服务器上，但是若辅助 DNS 服务器的区域文件中的 serial 高，却不会反向更新回主 DNS 服务器。

在区域文件中设置的 refresh 即为主辅 DNS 服务器的更新周期（可根据需求自定义）；但当更新失败时，retry 设定了重试的时间；若主辅 DNS 服务器的某一方彻底崩溃，expire 设定了持续重试的放弃时间，即持续重试多久后放弃重试；若更新失败，minimum 设定了发生变化的数据有效多久，功能与 TTL 相同，设定了本缓存的存在时间。

搭建一台辅助 DNS 服务器的步骤如下，为了节约虚拟机数量，仍使用 192.168.10.2 这台服务器作为辅助 DNS。

（1）配置主 DNS 服务器

输入 vi /etc/named.conf，编辑 named.conf 配置文件，并输入以下内容，如图 24-8-1 所示。

```
# 在 options{} 语句块中修改以下内容：
dnssec-enable no;              # 关闭 DNS 安全设置模块
dnssec-validation no;         # 关闭 DNS 安全验证
# 在 options{} 语句块中添加以下内容：
allow-transfer { 192.168.10.2; };    # 指定允许给哪个 IP 地址做区域复制的传输
```

修改完成后，使用 systemctl restart named 命令重启主 DNS 服务。

```
options {
        listen-on port 53 { 192.168.10.1; };
        listen-on-v6 port 53 { ::1; };
        directory       "/var/named";
        dump-file       "/var/named/data/cache_dump.db";
        statistics-file "/var/named/data/named_stats.txt";
        memstatistics-file "/var/named/data/named_mem_stats.txt";
        recursing-file  "/var/named/data/named.recursing";
        secroots-file   "/var/named/data/named.secroots";
        allow-query     { any; };
        allow-transfer  {
                192.168.10.2;          添加内容
        };
        /*
         - If you are building an AUTHORITATIVE DNS server, do NOT enable recursion.
         - If you are building a RECURSIVE (caching) DNS server, you need to enable
           recursion.
         - If your recursive DNS server has a public IP address, you MUST enable access
           control to limit queries to your legitimate users. Failing to do so will
           cause your server to become part of large scale DNS amplification
           attacks. Implementing BCP38 within your network would greatly
           reduce such attack surface
        */
        recursion yes;

        dnssec-enable no;        修改内容
        dnssec-validation no;

        ......
```

图 24-8-1　主 DNS 配置文件添加修改内容

（2）配置辅助 DNS 服务器

输入 vi /etc/named.conf，编辑 named.conf 配置文件，并输入以下内容，如图 24-8-2 所示。

```
# 在 options{} 语句块中删除以下内容：
forwarders { 192.168.10.1; };          # 删除
forward first;                         # 删除
# 在 options{} 语句块中修改以下内容：
listen-on port 53 { 192.168.10.2; };
allow-query     { any; };
dnssec-enable no;
dnssec-validation no;
# 在 options{} 语句块下添加以下内容：
zone "rzz.com" IN {
    type slave;                    #设定为辅助区域
    file "slaves/fu_rzz_zheng";    #指定辅助区域文件名，
```

```
        masters { 192.168.10.1; };          #指定主 DNS，必须放在 type slaves; 下面
};
zone "10.168.192.in-addr.arpa" IN {
    type slave;
    file "slaves/fu_rzz_fan";
    masters { 192.168.10.1; };
};
```

修改完成后，使用 systemctl restart named 命令重启辅 DNS 服务。

```
options {
        listen-on port 53 { 192.168.10.2; };        修改内容
        listen-on-v6 port 53 { ::1; };
        directory       "/var/named";
        dump-file       "/var/named/data/cache_dump.db";
        statistics-file "/var/named/data/named_stats.txt";
        memstatistics-file "/var/named/data/named_mem_stats.txt";
        recursing-file  "/var/named/data/named.recursing";
        secroots-file   "/var/named/data/named.secroots";
        allow-query     { any; };        修改内容

        /*
         - If you are building an AUTHORITATIVE DNS server, do NOT enable recursion.
         - If you are building a RECURSIVE (caching) DNS server, you need to enable
           recursion.
         - If your recursive DNS server has a public IP address, you MUST enable access
           control to limit queries to your legitimate users. Failing to do so will
           cause your server to become part of large scale DNS amplification
           attacks. Implementing BCP38 within your network would greatly
           reduce such attack surface
        */
        recursion yes;

        dnssec-enable no;
        dnssec-validation no;        修改内容

        . . . . . .
};

zone "." IN {
        type hint;
        file "named.ca";
};

zone "rzz.com" IN {
        type slave;
        masters { 192.168.10.1; };
        file "slaves/fu_rzz_zheng";
};                                           添加内容

zone "10.168.192.in-addr.arpa" IN {
        type slave;
        masters { 192.168.10.1; };
        file "slaves/fu_rzz_fan";
};
```

图 24-8-2　辅 DNS 配置文件添加修改内容

重启后可以在辅助 DNS 服务器的 /var/named/slaves 目录下看到复制过来的区域文件。如图 24-8-3 所示。

```
[root@Centos7-4 slaves]# cd
[root@Centos7-4 ~]# cd /var/named/slaves/
[root@Centos7-4 slaves]# ls -l
总用量 8
-rw-r--r-- 1 named named 511 1月  21 08:37 fu_rzz_fan
-rw-r--r-- 1 named named 453 1月  21 08:37 fu_rzz_zheng
[root@Centos7-4 slaves]#
```

图 24-8-3　在辅助 DNS 服务器查看从主 DNS 服务器复制过来的区域文件

说明如下：

①辅助 DNS 服务器每次重启服务，都会自动更新一次。

②主 DNS 服务器发生数据变化后，必须手动增加 serial 序列号（即 serial 数字 +1）后，所产生的变更才会更新到辅助 DNS 服务器上。

（3）客户端验证

由上述实验可知，辅助 DNS 服务器实质是把区域设置成了辅助类型，DNS 服务器本身是不分主辅的，一台 DNS 服务器上可以有主区域，也可以有辅助区域，只要区域名不相同即可。

24.9　子域解析

若客户端请求父域 DNS 服务器解析子域的 FQND，父域是要负责解析的，所以需要在父域的区域文件中做好相关配置。子域解析的配置方式有两种：子域的 FQDN 直接解析、委派解析。

24.9.1　子域的 FQDN 直接解析

子域的 FQDN 直接解析配置非常简单，只要编辑区域文件，将子域的 FQND 的 A 记录写入即可。以 IP 为 192.168.10.1 的 DNS 服务器，举例如下。

输入 vi /var/named/rzz_zheng，编辑正向区域文件，并输入以下内容，如图 24-9-1 所示。

www.bbs.rzz.com. IN A 192.168.10.200

```
@ IN NS ns1.rzz.com.
@ IN NS ns2.rzz.com.
ns1 IN A 192.168.10.1
ns2 IN A 192.168.10.2

www IN A 192.168.10.100
ftp IN A 192.168.10.110
xia IN CNAME ftp.rzz.com.
ma  IN A 10.10.10.10

@ IN MX 10 mail.rzz.com.           添加子域A记录
mail IN A 192.168.10.120

www.bbs.rzz.com. IN A 192.168.10.200
```

图 24-9-1　区域文件中添加子域 FQND A 记录

使用 systemctl restart named 命令重启辅 DNS 服务，令客户端 DNS 指向 192.168.1.10，然后在客户端输入 nslookup www.bbs.rzz.com 进行验证，如图 24-9-2 所示。

```
C:\nslookup www.bbs.rzz.com
Server:  ns1.rzz.com
Address:  192.168.10.1

Name:    www.bbs.rzz.com
Address:  192.168.10.200
```

图 24-9-2　客户端验证子域的域名解析

24.9.2　委派解析

委派解析是由上一级 DNS 服务器将解析任务分派给下级 DNS 服务器来完成的过程。举例如下。

IP 地址为 192.168.10.1 的主机作为上级 DNS 服务器，IP 地址为 192.168.10.2 的主机作为下级 DNS 服务器，上级 DNS 服务器负责 rzz.com 域的域名解析，并将子域 bbs.rzz.com 的域名解析委派给下级 DNS 服务器完成。

步骤如下：

①输入 vi /var/named/rzz_zheng，编辑上级 DNS 的区域文件，并输入以下内容，如图 24-9-3 所示。

```
bbs IN NS ns1.bbs.rzz.com.          # 指定负责 bbs 子域解析的域名服务
ns1.bbs.rzz.com. IN A 192.168.10.2  # 添加子域域名服务器 A 记录
```

```
$TTL 1D
@ IN SOA ns1.rzz.com. admin.rzz.com. (
20180319;serial
3H;refresh
15M;retry
1W;expire
1D;minimum
)

@ IN NS ns1.rzz.com.
@ IN NS ns2.rzz.com.
ns1 IN A 192.168.10.1
ns2 IN A 192.168.10.2

www IN A 192.168.10.100
ftp IN A 192.168.10.110
xia IN CNAME ftp.rzz.com.
ma  IN A 10.10.10.10

@ IN MX 10 mail.rzz.com.
mail IN A 192.168.10.120

www.bbs.rzz.com. IN A 192.168.10.200

bbs IN NS ns1.bbs.rzz.com.          ← 添加内容
ns1.bbs.rzz.com. IN A 192.168.10.2
```

图 24-9-3　上级 DNS 服务器区域文件中添加的子域委派解析内容

②使用 systemctl restart named 服务重启上级 DNS 服务。

③输入 vi /etc/named.conf，编辑下级 DNS 的正向区域文件，在主配置文件中创建 bbs.rzz.com 的主区域，并输入以下内容，如图 24-9-4 所示。

```
zone "bbs.rzz.com" IN {          #新建正向区域
    type master;                 #设定类型为标准主要主区域
    file "bbs_zheng";            #指定区域文件名
    allow-update { none; };      #拒绝动态更新
};
```

```
zone "." IN {
        type hint;
        file "named.ca";
};

zone "rzz.com" IN {
        type slave;
        masters { 192.168.10.1; };
        file "slaves/fu_rzz_zheng";
};

zone "bbs.rzz.com" IN {
        type master;
        file "bbs_zheng";            添加内容
        allow-update { none; };
};

zone "10.168.192.in-addr.arpa" IN {
        type slave;
        masters { 192.168.10.1; };
        file "slaves/fu_rzz_fan";
};
```

图 24-9-4　创建 bbs.rzz.com 区域

④输入 vi /var/named/bbs_zheng，编辑下级 DNS 的区域文件，并输入以下内容，创建 bbs.rzz.com 区域对应的区域文件，如图 24-9-5 所示。

```
$TTL 1d
@ IN SOA ns1.bbs.rzz.com. admin.bbs.rzz.com. (
    20180319;serial
    3H;refresh
    15M;retry
    1W;expire
    1D;minimum
)
@ IN NS ns1.bbs.rzz.com.
```

ns1 IN A 192.168.10.2	#ns1 主机 IP 地址
www IN A 192.168.10.220	#www 主机 IP 地址

```
$TTL 1d
@ IN SOA ns1.bbs.rzz.com. admin.bbs.rzz.com. (
        20180319;serial
        3H;refresh
        15M;retry
        1W;expire
        1D;minimum
)
@ IN NS ns1.bbs.rzz.com.
ns1 IN A 192.168.10.2
www IN A 192.168.10.220
```

图 24-9-5　创建 bbs.rzz.com 区域对应区域文件

⑤创建完成后，使用 systemctl restart named 命令重启下级 DNS 服务。

⑥客户端 DNS 指向上级 DNS 服务的 IP 地址，然后使用 nslookup www.bbs.rzz.com 进行验证，如图 24-9-6 所示。

```
C:\>nslookup www.bbs.rzz.com
Server:  ns1.rzz.com
Address:  192.168.10.1

DNS request timed out.
    timeout was 2 seconds.
Non-authoritative answer:
Name:   www.bbs.rzz.com
Address: 192.168.10.220
```

图 24-9-6　客户端验证子域委派解析

注意，若区域文件中子域的 FQDN 直接解析与委派解析并存，则以委派解析为准，即委派解析优先级高于子域的 FQDN 直接解析。

第二十五章
FTP 服务

25.1　FTP 简介

FTP：全称为 File Transfer Protocol，即文件传输协议。

FTP 的功能：支持客户端远程访问服务器端，实现文件的上传和下载。在全球 Internet 上，部署 FTP 主要是用于资源的共享，让客户端可以下载数据。现今很多企业内部也会部署 FTP 服务器作为文件服务器使用，从而替代 samba 的 SMB 等服务。

FTP 服务器的监听端口是 TCP 21，客户端可以向 FTP 服务器的 TCP 21 端口发起请求，建立通信连接。但是客户端连接成功后（TCP 三次握手建立连接），传输数据时会根据客户端与服务器的连接模式，更换为另一个数据端口，专用于数据的传输（即上传、下载）。

FTP 服务器能够同时支持两种客户端连接工作模式：主动模式与被动模式。不同的客户端，有的使用主动模式连接服务，有的选择被动模式连接服务，可以根据客户端的需求灵活选择。

主动或被动，是从客户端的角度出发的，客户端主动则是主动模式，客户端被动则是被动模式，两种模式的具体工作原理如下。

（1）主动模式

①假设客户端开启一个动态端口 2000，连接服务器端的 21 端口，在三次握手建立连接的过程中，客户端开启动态端口号 +1 的端口，即使用端口 2001 进行数据传输。

②连接建立后，客户端向服务器端发送通知命令 port 2001，告知服务器端自己处于主动模式下，并且数据端口为 2001。

③服务器端使用 20 端口与客户端的 2001 端口建立连接，开始传输数据。

注意，客户端使用浏览器、cmd 界面访问 FTP 时，一般使用主动模式。

（2）被动模式

①假设客户端开启一个动态端口 2000，连接服务器端的 21 端口，在三次握手

建立连接的过程中，客户端开启动态端口号 +1 的端口，即使用端口 2001 进行数据传输。

②连接建立后，客户端向服务器端发送通知命令 PASV，告知服务器端，自己处于被动模式下。

③假设服务器端开启一个动态端口 3000，向客户端发送通知命令 port 3000，告知客户端，自己的数据端口是 3000。

④客户端使用 2001 端口与服务器端的 3000 端口建立连接，开始传输数据。

注意，客户端使用软件（如迅雷，flashfxp 等）访问 FTP 时，一般使用被动模式。

综上可见，主动模式与被动模式的区别在于发送 port 命令的是客户端还是服务器端。客户端发送 port 命令，则为主动模式；服务器发送 port 命令，则为被动模式。

在主动模式下，服务器统一使用 20 端口与多个客户端传输数据，按照一个端口对应一个进程的原理，会出现服务器端的一个进程给多个客户端传输数据的情况，效率较低。而在被动模式下，服务器开启动态端口连接客户端，传输数据，可以认为一个进程专职服务一个客户，效率较高。但是正因为如此，被动模式会提高服务器的资源占用率，限制并发连接数。

FTP 服务器的通信端口如表 25-1-1 所示。

表 25-1-1　主动模式与被动模式下 FTP 服务器的端口使用情况表

	连接端口	数据传输端口
主动模式	TCP 21	TCP 20
被动模式	TCP 21	动态端口

25.2　VSFTP 基本配置

在 Unix 或 Linux 中，VSFTP 是常用的免费 FTP 服务器软件。

（1）实验环境

两台主机，IP 地址分别为 192.168.10.1、192.168.10.10，其中 IP 地址为 192.168.10.1 的 Linux 主机作为 FTP 服务器使用，并关闭防火墙，另一台使用 Windows 2003 系统，作为客户端使用。

视频讲解

（2）实验配置

输入 yum –y install vsftpd，安装 VSFTP 软件。

输入 vi /etc/vsftpd/vsftpd.conf，编辑配置文件，默认设置如图 25-2-1 所示。

```
12 anonymous_enable=YES
13 #
14 # Uncomment this to allow local users to log in.
15 # When SELinux is enforcing check for SE bool ftp_home_dir
16 local_enable=YES
17 #
18 # Uncomment this to enable any form of FTP write command.
19 write_enable=YES
20 #
21 # Default umask for local users is 077. You may wish to change this to 022,
22 # if your users expect that (022 is used by most other ftpd's)
23 local_umask=022
24 #
25 # Uncomment this to allow the anonymous FTP user to upload files. This only
26 # has an effect if the above global write enable is activated. Also, you will
27 # obviously need to create a directory writable by the FTP user.
28 # When SELinux is enforcing check for SE bool allow_ftpd_anon_write, allow_ftpd_full_access
29 #anon_upload_enable=YES
30 #
31 # Uncomment this if you want the anonymous FTP user to be able to create
32 # new directories.
33 #anon_mkdir_write_enable=YES
34 #
35 # Activate directory messages - messages given to remote users when they
36 # go into a certain directory.
37 dirmessage_enable=YES
38 #
       . . . . . .
125
126 pam_service_name=vsftpd
127 userlist_enable=YES
128 tcp_wrappers=YES
```

图 25-2-1 vsftp 配置文件中的参数设置

说明如下。

anonymous_enable=YES：允许匿名登录，匿名用户的默认访问位置为 /var/ftp/，且 /var/ftp 目录的权限必须是 755，不允许改动，否则匿名被禁用。

local_enable=YES：允许本机系统用户登录，系统用户默认访问位置为个人家目录。

write_enable=YES：为本机系统用户开放写权限。

local_umask=022：设定文件的默认权限。

dirmessage_enable=YES：在字符界面下登录成功或改变目录后，自动显示当前目录下 .message 文件的内容。

pam_service_name=vsftpd：指定登录验证时采用的登录验证配置文件为 /etc/pam.d/vsftpd。

userlist_enable=YES：启用用户列表文件 /etc/vsftpd/user_list，该文件中的用户不能登录 FTP 服务器。

systemctl start vsftpd：启动 VSFTP 服务。

systemctl enable vsftpd：允许 VSFTP 服务开机启动。

（3）客户端登录验证

可以在客户端中打开浏览器，地址栏输入 ftp://192.168.10.1，以匿名身份登录后，目录如图 25-2-2 所示。

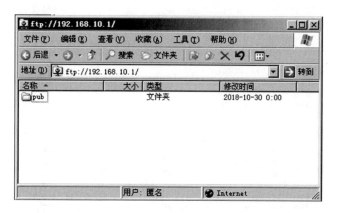

图 25-2-2　Windows 客户端匿名登录 VSFTP 服务器端后所看到的目录内容

也可以使用 ls 命令查看 /var/ftp 下的内容，即文件夹 pub，如图 25-2-3 所示。

```
[root@Centos7-2 pam.d]# cd
[root@Centos7-2 ~]# cd /var/ftp
[root@Centos7-2 ftp]# ls
pub
[root@Centos7-2 ftp]#
```

图 25-2-3　VSFTP 服务器端查看默认的匿名登录目录内容

在空白处右键，选择"登录"切换用户，如切换为用户 moon，则可使用该用户登录 FTP 站点，登录后，默认访问的是用户 moon 的家目录，如图 25-2-4 所示。

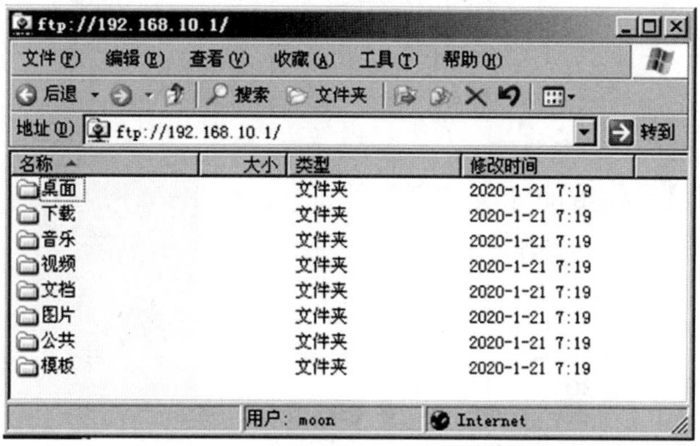

图 25-2-4　moon 用户登录 VSFTP 服务器端后看到的家目录的内容

注意，Linux 的系统用户和普通用户登录后有写权限，匿名用户登录后无写权限。

在 VSFTP 服务器端运行 chmod 777 /var/ftp 后，客户端再次登录时无法以匿名用户身份登录，这是因为 /var/ftp/ 目录下权限只可以是 755，否则 VSFTP 服务器端就不允许匿名登录。

由于在浏览器中登录后，无法切换到默认登录位置的上一级目录，可以通过在字符界面登录来演示，如图 25-2-5 所示。

```
C:\>ftp 192.168.10.1
Connected to 192.168.10.1.
220 (vsFTPd 3.0.2)
User (192.168.10.1:(none)): moon
331 Please specify the password.
Password:
230 Login successful.
ftp> pwd
257 "/home/moon"
ftp> cd /var
250 Directory successfully changed.
ftp> ls
200 PORT command successful. Consider using PASV.
150 Here comes the directory listing.
account
adm
cache
crash
db
empty
```

图 25-2-5　使用命令行 ftp 客户端登录服务器端

输入 ftp 192.168.10.1，登录 FTP 服务器，并以用户 moon 的身份登录，登录后输入 pwd 可查看到当前的完整路径。若使用 cd 命令切换目录，可以转入到系统中任何目录下，使用 get、mget、put、mput 等命令可以实现上传、下载文件，使用 quit 命令退出。

在服务器上执行如下命令：

```
cd /home/moon
echo "this is moon 's home " > .message
cd /mnt
echo "this is /mnt " > .message
```

则在 moon 家目录和 /mnt/ 下分别创建了 .message 文件，内容分别为 "this is moon 's home" 和 "this is /mnt"，在客户端登录验证，如图 25-2-6 所示。

```
C:\>ftp 192.168.10.1
Connected to 192.168.10.1.
220 (vsFTPd 3.0.2)
User (192.168.10.1:(none)): moon
331 Please specify the password.
Password:
230-this is moon's home
230 Login successful.
ftp> cd /mnt
250-this is /mnt
250 Directory successfully changed.
ftp>
```

图 25-2-6　目录改变时可以显示目录下 .message 文件中的内容

由图可知，用户 moon 登录或切换目录到 /mnt/ 下后都会自动显示出家目录下 .message 文件的内容，而 /var/ 下没有创建 .message，因此切换到 /var/ 下后不会显示。

若在客户端上尝试以 root 身份登录，则会发现无论是在浏览器还是在 cmd 界面都不可登录。这是因为 root 作为管理员，如果把密码透露给 FTP 用户，很容易造成 root 密码泄露，所以为了安全，VSFTP 默认拒绝系统 root 用户登录。

输入 vi /etc/vsftpd/user_list，可以查看被拒绝的用户列表 /etc/vsftpd/user_list，如图 25-2-7 所示。

```
[root@Centos7-2 vsftpd]# cat /etc/vsftpd/user_list
# vsftpd userlist
# If userlist_deny=NO, only allow users in this file
# If userlist_deny=YES (default), never allow users in this file, and
# do not even prompt for a password
# Note that the default vsftpd pam config also checks /etc/vsftpd/ftpusers
# for users that are denied.
root
bin
daemon
adm
lp
sync
shutdown
halt
mail
news
uucp
operator
games
nobody
```

图 25-2-7　查看拒绝 ftp 客户端登录的用户列表

把想要拒绝的用户加入该文件中，重启 vsftpd 服务后即可生效。

如果允许一个普通用户登录 FTP，需要把该用户的密码告知使用者，使用者可以直接通过 SSH 登录系统进行破坏。因此需要配置用户配置文件，设置用户只能登录 FTP，但不能登录 SSH，操作如下。

输入 vi /etc/passwd，编辑用户配置文件，修改用户的第七列为 /sbin/nologin，保存退出即可，如图 25-2-8 所示。

```
zhang:x:1000:1000:zhang:/home/zhang:/bin/bash
dhcpd:x:177:177:DHCP server:/:/sbin/nologin
named:x:25:25:Named:/var/named:/sbin/nologin          拒绝moon用户
moon:x:1001:1001::/home/moon:/sbin/nologin            登录系统
```

图 25-2-8　拒绝用户进行系统登录

原理：设置用户登录系统后的 shell 为 nologin，即登出 shell，此时用户未被禁用，可以登录 VSFTP 服务，但无法登录系统。

25.3 自定义配置

25.3.1 限制用户访问位置

当 Linux 用户登录到 FTP 服务器后，允许跳出用户家目录进行操作，当前的登录用户通过 ftp 可以下载其家目录之外的文件到客户端主机，这就存在一定的安全风险。为了解决这一问题，需要输入 vi /etc/vsftpd/vsftpd.conf，编辑配置文件，加入如下设置项，把用户锁定在家目录下，如图 25-3-1 所示。

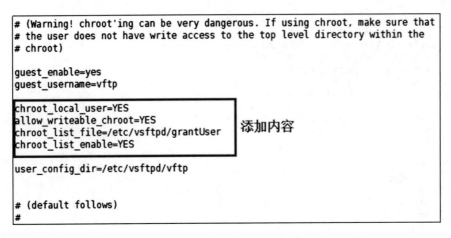

图 25-3-1　限制用户访问位置相关参数设置

说明如下。

chroot_local_user=YES：开启锁定用户在家目录下的功能，即在 FTP 界面下，把家目录当作根，使用 pwd 命令可见 "/"，即登录后的目录显示的是根目录，用户不能再跳出此目录去访问系统中的其他目录。

allow_writeable_chroot=YES：允许用户登录后读写。

chroot_list_file=/etc/vsftpd/grantUser：开启一个用户列表文件。

chroot_list_enable=YES：只允许 grantUser 文件中的用户跳出家目录。

然后对应配置文件，创建指定的用户列表文件 grantUser。

输入 vi /etc/vsftpd/grantUser，写入指定用户 zhang。

重启 VSFTP 服务后，可见用户 zhang 可以跳出家目录，而用户 moon 由于未被添加进 grantUser 文件中，故不能够跳出家目录，如图 25-3-2 所示。

```
C:\>ftp 192.168.10.1
Connected to 192.168.10.1.
220 (vsFTPd 3.0.2)
User (192.168.10.1:(none)): moon
331 Please specify the password.
Password:
230-this is moon's home
230 Login successful.
ftp> pwd
257 "/"
ftp> cd /var              ← moon用户不能跳出家目录
550 Failed to change directory.    否则报错
ftp> quit
221 Goodbye.

C:\>ftp 192.168.10.1
Connected to 192.168.10.1.
220 (vsFTPd 3.0.2)
User (192.168.10.1:(none)): zhang
331 Please specify the password.
Password:
230 Login successful.
ftp> pwd
257 "/home/zhang"          ← zhang用户可以跳出家目录
ftp> cd /var                 切换到/home/zhang以外的目录
250 Directory successfully changed.
ftp> ▄
```

图 25-3-2　限制用户访问位置

25.3.2　匿名用户上传

以匿名用户的身份登录后，默认锁定在登录目录下，且没有上传权限，若要允许匿名登录用户具有上传权限，需要进行如下配置。

①输入 chmod 777 /var/ftp/pub，放开 pub 目录的安全权限。

同 Samba、NFS 一样，FTP 访问也必须遵守访问权限规则，以网络权限和安全权限二者之间较严格的为准。但是匿名用户的默认路径 /var/ftp 目录的权限必须为 755，且系统普通用户对该目录同样不具备写权限，因此若想用户能上传文件到 /var/ftp 目录，只能在 /var/ftp 路径下的 pub 目录上开启写入功能。

②输入 vi /etc/vsftpd/vsftpd.conf，编辑配置文件，输入以下内容并执行。

anon_upload_enable=yes	#开启匿名上传功能，允许上传文件
anon_mkdir_write_enable=yes	# 允许上传目录
anon_other_write_enable=yes	# 允许改名删除
systemctl restart vsftpd	#重启 VSFTP 服务

客户端以匿名用户登录后，即可上传文件，但仅可以在 pub 目录下进行文件上传等写入操作。

注意，若客户端在字符界面下登录，可以使用 ftp 或 anonymous 表示匿名用户登录，密码为空。

25.3.3　其他辅助设置

除了以上设置外，配置文件中还可以针对连接数、上传、下载速率进行设置，具体如下。

max_clients=100：设置最大连接数。

max_per_ip=10：设置单个客户 IP 地址最大连接数。

local_max_rate=102400：设置系统用户登录后的最大传输速率，单位为 bps。

anon_max_rate=81920：设置匿名用户登录后的最大传输速率，80KB=81920B。

ascii_upload_enable=yes：针对文本文件开启 ASCII 编码上传传输方式。

ascii_download_enable=yes：针对文本文件开启 ASCII 编码下载传输方式。

25.4　虚拟用户

由以上实验可知，使用 VSFTP 服务共享服务器资源存在如下问题：①不同用户访问 FTP 服务器时，访问的是不同位置，因此很难实现共享资源的集中管理；②客户端通过系统用户账号来登录 FTP 服务器端，必须告知客户端系统用户的密码，存在一定安全隐患；③FTP 用户数量多通常意味着系统普通用户数量多，会增大系统管理的开销。

通过建立虚拟用户可以解决这些问题。建立虚拟用户的思路：在 Linux 中新建一个系统用户，作为 ftp 专用账号，给该账号建立多个虚拟映射账号，并各自配置密码，则所有的虚拟用户登录到 FTP 服务器后，使用的是同一个系统用户身份，且都访问到同一个目录下。但客户端却使用的是不同的用户名、密码，且客户并不知道真正的系统用户是谁，更为安全。

25.4.1　虚拟用户配置

配置虚拟用户的步骤如下。

（1）新建虚拟用户，生成虚拟用户库文件

代码如下：

```
cd /etc/vsftpd
mkdir vftp            #创建目录，专用于虚拟用户的管理
cd vftp
vi vusers            #创建虚拟用户记录文件，写入
   user1             #格式：一行用户名，一行密码
   123123
   user2
```

```
      456456

      user3

      789789
```

db_load –T –t hash –f vusers vusers.db   #生成虚拟用户库文件，库文件必须 .db 后缀

注意，–T 用于制作库文件，–t 用于指定加密算法，–f 用于指定用户记录文件。

（2）创建系统用户，专用于 FTP 服务器

代码如下：

```
useradd –d /mnt/ftp vftp        #新建用户，并指定家目录，该目录即 FTP 共享目录

passwd vftp                     #给用户设置密码

chmod 755 /mnt/ftp              #设定权限，允许非属主访问
```

（3）建立虚拟用户与系统用户的映射，并设置 FTP 验证方式为虚拟用户验证

输入 vi /etc/vsftpd/vsftpd.conf，编辑配置文件。

使用"#"注释掉匿名用户上传的设置，否则所有虚拟用户都具备上传功能，具体如下：

```
#anon_upload_enable=yes

#anon_mkdir_write_enable=yes

#anon_other_write_enable=yes
```

添加以下内容：

```
guest_enable=yes                #开启虚拟用户功能

guest_username=vftp             #设置虚拟用户对应的系统用户

allow_writeable_chroot=yes      #虚拟用户默认把家目录当作根，若之前已改则不写
```

输入 vi /etc/pam.d/vsftpd，编辑验证配置文件，使用"#"注释掉全部内容，然后添加以下内容：

```
auth required pam_userdb.so db=/etc/vsftpd/vftp/vusers

account required pam_userdb.so db=/etc/vsftpd/vftp/vusers
```

指定 FTP 登录验证时，不使用系统登录验证，而是使用用户库文件进行验证。指定库文件绝对路径时，文件名是生成的库文件名，但不需要加 .db。

重启 VSFTP 服务后在客户端可以验证得到，只能以虚拟用户身份登录 FTP 服务器，且所有虚拟用户登录后，访问点都相同，为 /mnt/ftp。

25.4.2 虚拟用户上传

创建虚拟用户后，客户端登录后可以验证得到，虚拟用户不支持上传，如果要让所有虚拟用户都具有上传权限，则需把设置匿名用户上传的代码写入主配置文件，但

是若要针对不同的虚拟用户设置不同的权限，则需给每个虚拟用户进行专项配置。

输入 vi /etc/vsftpd/vsftpd.conf，编辑配置文件，添加以下内容：

user_config_dir=/etc/vsftpd/vftp   # 指定虚拟用户的访问配置文件路径

输入 vi /etc/vsftpd/vftp/user1，针对虚拟用户名，添加以下内容，创建配置文件，文件名即用户名。

local_root=/mnt/ftp   # 指定用户 ftp 登录后的家目录
write_enable=yes   # 开启写权限
anon_upload_enable=yes   # 允许上传文件
anon_mkdir_write_enable=yes   # 允许上传目录
anon_other_write_enable=yes   # 允许改名删除

还可以再输入 vi user2 等内容，针对 user2 进行配置，本实验中暂不设置。

重启 VSFTP 服务后在客户端可以验证得到，user1 登录后有上传权限，其他用户登录后没有上传权限。

若需要变更虚拟用户设置，可以重新生成虚拟用户库文件，再重启 vsftpd 服务即可。

注意，虽然虚拟用户访问 FTP 服务器时是映射到系统用户的，但是对于 Linux 来说，虚拟用户仍然算作来宾用户，即 guest，仍然遵守匿名用户的权限限制，并且虚拟用户访问后，把默认访问点当作根，不允许跳出默认根目录进行操作。

第二十六章
Web 服务之 Apache

26.1 Apache HTTP 服务简介

Apache HTTP 服务器是 Apache 软件基金会旗下著名的开源网页服务器软件。从 20 世纪 90 年代中期诞生起，Apache 就以其安全性和稳定性成为世界范围内最流行的网页服务器之一，有很多知名网站都是通过 Apache HTTP 服务器来构建的。

Apache HTTP 服务器默认服务名为 httpd，默认占用 TCP 80 端口，其主要功能是将存储在磁盘中的网页、图片、音频、视频、二进制文件等资源内容通过 HTTP 协议提供给前来访问的客户端浏览器浏览和下载。下面我们就来介绍一下 CentOS 7 安装光盘自带的 Apache httpd 服务的部署细节。

26.2 Apache 配置

26.2.1 Apache 基本配置

（1）实验环境

视频讲解

两台 Linux 主机，IP 地址分别为 192.168.10.1、192.168.10.10，其中 IP 地址为 192.168.10.1 的主机作为服务器使用，并关闭防火墙，另一台使用 Windows 2003 系统，作为客户端使用，通过浏览器对 Apache 服务端的配置进行测试。

（2）实验配置

输入 yum –y install httpd，安装 Apache 软件。

安装完毕后，系统中自动新建用户 Apache，新建组 Apache，作为 HTTP 服务的属主和属组，即 HTTP 服务器进程以 Apache 用户的身份启动。

Apache 软件安装完毕后，即可输入如下语句，直接启动 HTTP 服务。

```
systemctl start httpd
systemctl enable httpd
```

客户端使用浏览器访问页面，可见到 Apache 的测试页面，证明 Apache 服务器启动正常，如图 26-2-1 所示。

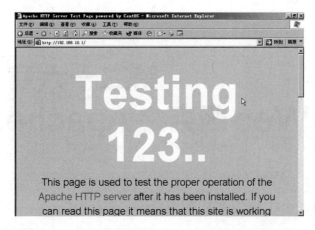

图 26-2-1　客户端浏览器访问 Apache 服务端的测试页面

Apache 的配置文件 /etc/httpd/conf/httpd.conf 中有如下默认项。

Listen 80：指定本 httpd 服务的监听端口，也可自定义，一般不改。

ServerAdmin：指定本服务的管理员邮箱。

ServerName：指定本网站的 FQDN。

User Apache：指定服务进程的所属用户。

Group Apache：指定服务进程的所属组。

DocumentRoot /var/www/html：指定网页文件的存放位置。

DirectoryIndex index.html：指定主页文件名。

Errorlog logs/error_log：指定错误日志的存放位置。

Customlog logs/access_log：指定日志文件的存放位置，一般为 /var/log/httpd/。

AddDefaultCharset UTF-8：指定页面传输时的编码，一般会将 UTF-8 改成 GB2312。

　　其中最为常用的是 DocumentRoot 和 DirectoryIndex 两项，DocumentRoot 项指定了本网站所有网页文件的存放位置，默认都在 /var/www/html/ 目录下。DirectoryIndex 项指定了客户端访问时所显示出的主页，默认主页文件名为 index.html。

　　可以通过手动创建网页来进行验证，输入如下命令创建 games.html、index.html、mail.html、news.html。

```
cd /var/www/html
echo www.games.com > games.html
echo www.index.com > index.html
echo www.mail.com > mail.html
echo www.news.com > news.html
```

创建完毕后，输入 ls 命令即可查看目录下的网页文件，如图 26-2-2 所示。

```
[root@centos7-1 html] # cd /var/www/html
[root@centos7-1 html] # ls
games.html   index.html   mail.html   news.html
[root@centos7-1 html] #
```

图 26-2-2   目录下的网页文件

客户端访问时，Apache 响应客户，自动把 index.html 文件发送给客户端浏览器显示，而其他网页文件可以在 index.html 页面内通过链接显示，如图 26-2-3 所示。

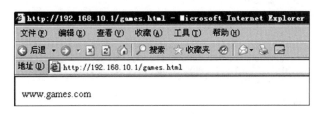

图 26-2-3   客户端浏览器访问新建的测试网页

Errorlog 与 Customlog 两项指定了错误日志与客户访问日志文件的位置，但只写明了文件名，并未指定绝对路径，这是因为错误日志和日志文件存放的统一位置都在 /var/log/http/ 目录下。

AddDefaultCharset 项指定了页面文件在传输过程中的编码格式，尤其在中文页面中，若编码格式指定错误，显示时就很容易出现乱码现象。UTF-8 是国际上对中文制定的编码格式，GBK 是我国政府对中文制定的编码格式，在我国大陆地区内的网站服务器，大多使用 GBK 编码。

注意，在生产环境中，该项与网页开发人员编写网页时指定的编码格式保持一致即可。

26.2.2   访问控制管理

默认情况下，Apache 服务端允许客户端浏览器匿名访问，即访问时不需要输入用户名和密码，但是 Apache 服务端也可以根据实际的需求，通过调整配置文件变更为使用用户名和密码验证的访问方式。

首先需要了解 Apache 配置文件中容器的概念，容器相当于以 "< 标记名 >" 开头，以 "</ 标记名 >" 结尾的一个语句块，可以在语句块之间加入所需的配置信息。

例如，如果需要对客户端浏览器进行访问控制管理，限制指定客户端的 IP 地址，可以在 Apache 配置文件的 <Directory "/var/www/html" > … </Directory> 容器中写入如下命令来实现，如图 26-2-4 所示。

```
# Further relax access to the default document root:
<Directory "/var/www/html">  ━━▶  容器起始
    #
    # Possible values for the Options directive are "None", "All",
    # or any combination of:
    #   Indexes Includes FollowSymLinks SymLinksifOwnerMatch ExecCGI MultiViews
    #
    # Note that "MultiViews" must be named *explicitly* --- "Options All"
    # doesn't give it to you.
    #
    # The Options directive is both complicated and important.  Please see
    # http://httpd.apache.org/docs/2.4/mod/core.html#options
    # for more information.
    #
    Options Indexes FollowSymLinks

    #
    # AllowOverride controls what directives may be placed in .htaccess files.
    # It can be "All", "None", or any combination of the keywords:
    #   Options FileInfo AuthConfig Limit
    #
    AllowOverride None

    #
    # Controls who can get stuff from this server.
    #
    #Require all granted  ━━▶  使用 "#" 注释掉
    order deny,allow
    allow from 192.168.10.0/24   添加内容
    deny from all
</Directory>  ━━▶  容器结束
```

图 26-2-4　限定指定的 IP 网段的客户端浏览器才能访问网站

说明如下。

#Require all granted：# 表示授权所有用户访问，若要对客户端 IP 地址进行限制，则需要先把这句命令注释掉。

order deny,allow：指定访问控制语句 deny 和 allow 的读取顺序。

allow from 192.168.10.0/24：指定允许访问的客户端 IP 地址。

deny from all：指定拒绝访问的客户端 IP 地址。

order 指定的读取顺序是先读取 deny 语句，再读取 allow 语句，后读的覆盖先读的，因此结果是只允许 IP 地址在 192.168.10.0/24 网段的客户端访问。修改完配置文件后，需要使用命令 systemctl restart httpd 重启服务后才能生效。

26.2.3　身份验证管理

除了可以进行访问控制管理外，Apache 服务端还可以进行身份验证管理，要求客户端访问时必须使用账户、密码登录后才能打开网站，

在 <directory "/var/www/html"> </directory> 容器中写入如下命令。

authtype basic	# 开启基本的身份验证功能
authname 163.com	# 指定弹出对话窗口上显示的提示文字

```
authuserfile /etc/httpd/userList          # 指定 Apache 服务端的用户、密码文件
require valid-user                         # 允许用户、密码文件中的所有用户访问
```

按照以上的内容修改配置文件后，还需要输入如下命令创建针对 Apache 服务端的用户密码文件 userList，放到上面 authuserfile 行指定的 /etc/httpd 目录中。

```
cd /etc/httpd
htpasswd -c userList pp     # 创建用户密码文件 userList，并加入用户 pp，-c 用于
                              创建文件
htpasswd userList qq
# 添加用户 qq 到 userList 文件，由于该文件已创建，不需要再用 -c 参数创建用户
  密码文件
htpasswd userList kk          # 添加用户 kk 到 userList 文件
chown apache.apache userList
# 某些 Linux 版本中用户文件默认权限不足，需要更改其所属信息
systemctl restart httpd       # 重启服务
```

注意，这里创建的用户是针对 Apache 服务端的，不是 Linux 系统用户，可随意定义。

此时客户端浏览器在访问 Apache 服务端时，会弹出用户登录界面，如图 26-2-5 所示，提示信息 "163.com" 即是配置文件中 authname 项指定的文字。

图 26-2-5 客户端浏览器需要登录才能访问网站

输入正确的用户名和密码后即可打开页面。

在进行上述的访问控制管理和身份验证管理后，默认情况下，客户端访问页面时需要同时满足二者要求，才可以打开页面。也可以在配置文件 /etc/httpd/conf/httpd.conf 中的 <directory "/var/www/html"> </directory> 容器中写入 satisfy any，设置为二者管理方式满足其一即可访问。

注意，若不添加 satisfy 参数，则表示默认情况是 satisfy all，二者管理方式都必须满足。

26.2.4　其他参数解释

在 <directory "/var/www/html"> </directory> 容器中，其他默认设置的功能如下。

options indexes：开启本目录的目录文件浏览功能，浏览器访问时可以看到目录下的所有文件，但前提条件是当前目录下没有诸如以 index.html 命名的主页文件。

options –indexes：关闭本目录的目录文件浏览功能。

options followsymlinks：允许客户端浏览器访问本目录软链接文件中所指向的其他文件的内容。

options –followsymlinks：不允许客户端浏览器访问本目录的软链接文件中所指向的其他文件的内容。

allowoverride none：网站的访问控制管理和身份验证管理以本配置文件中的设置为准。

allowoverride all：本配置文件中的访问控制管理和身份验证管理设置失效，以当前目录下访问控制文件 .htaccess 中的设置为准。

26.3　虚拟主机

26.3.1　功能简介

虚拟主机技术可以实现在一台服务器上架设多个站点，并通过以下三种方式解决如何在该服务器内区分不同站点的问题。

（1）基于 IP 地址

给一块网卡设置多个 IP 地址，不同的站点工作在不同 IP 地址上。

可以使用 ifconfig 命令给网卡临时增加 IP 地址。例如，ifconfig ens33:1 192.168.10.100 表示在当前网卡设备 ens33 上创建子网卡 ens33:1，并为其设置 IP 地址为 192.168.10.100。

若要使其永久生效，需要使用 nmtui 命令进行配置。

若服务器上架设站点较多，则一块网卡上需要设置很多的 IP 地址，且由于服务器在公网上，需要使用收费的公网 IP 地址，故这种方式使用麻烦，成本较高，不够实用。

（2）基于端口

让不同的站点工作在同一 IP 地址、不同端口上。例如，让 rzz 工作在 80 口上，让 baidu 工作在 800 口上，让 qq 工作在 8000 口上等。

但是这种方式需要客户端记忆不同站点的端口，很不方便客户的使用，故这种方式也不够实用。

（3）基于域名

让多个站点都工作在同一 IP 地址及 80 端口上。由于客户访问时多使用域名，且服务器端让不同站点绑定各自的域名，故可以实现不同站点之间的区分。

注意，这种方式需要 DNS 服务器的支持。

26.3.2 基于域名的案例演示

我们仍使用之前的实验服务器，部署虚拟主机。本例中创建 rzz2、rzz3 两个站点。

（1）创建各网站的页面

输入如下代码：

```
cd /var/www/html

mkdir rzz2 rzz3

echo www.rzz2.com > rzz2/index.html

echo www.rzz3.com > rzz3/index.html
```

（2）编辑配置文件

在配置文件 /etc/httpd/conf/httpd.conf 的最后输入如下代码：

```
namevirtualhost 192.168.10.1              # 指定本机支持虚拟主机的网卡
<virtualhost 192.168.10.1:80>             # 创建虚拟站点，指定 IP 地址和端口
    servername www.rzz2.com               # 设定 FQDN
    documentroot /var/www/html/rzz2        # 该虚拟主机的网页存放位置
</virtualhost>
<virtualhost 192.168.10.1:80>             # 创建另一个虚拟站点
    servername www.rzz3.com
    documentroot /var/www/html/rzz3
</virtualhost>
```

编辑好配置文件以后，在系统中执行 systemctl restart httpd 重启服务。

为了简化测试，本实验中暂不配置 DNS 服务，可以在客户端 Windows 2003 主机中，修改位于 C:\WINDOWS\system32\drivers\etc 目录下的 hosts 文件，在文件的最后添加如下内容，如图 26-3-1 所示。

```
192.168.10.1          www.rzz2.com
192.168.10.1          www.rzz3.com
```

```
127.0.0.1              localhost

192.168.10.1     www.rzz2.com
192.168.10.1     www.rzz3.com          添加内容
```

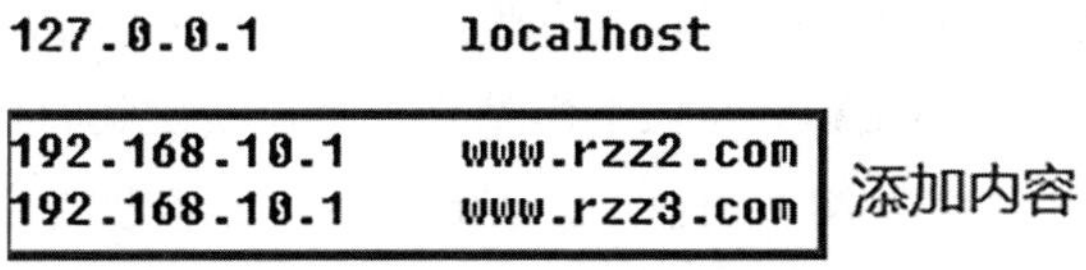

图 26-3-1　Windows 客户端 hosts 文件添加 IP 地址对应的域名

然后客户端使用浏览器分别访问 www.rzz2.com 和 www.rzz3.com，如图 26-3-2 所示。

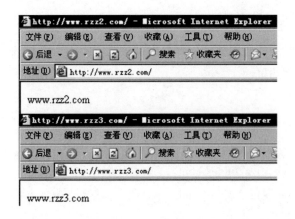

图 26-3-2　基于不同域名来访问域名所对应不同的虚拟主机

由此可见，域名可以区分位于同一台服务器上的多个虚拟主机。

注意，虚拟主机建立后，原服务器站点可以通过 IP 地址来访问。

26.3.3　虚拟主机管理设置

访问控制、身份验证语句不可以写到虚拟主机的容器（即 <virtual> </virtual> 容器）中，因此若要针对虚拟主机的站点设定访问控制及身份验证，需要在配置文件中针对虚拟主机对应的系统目录单独创建 <Directory></Directory> 容器进行配置，然后在该容器中写入访问控制、身份验证语句，重启服务后，针对单个站点的配置即可生效。

26.4　SSL 安全套接层协议

26.4.1　SSL 简介

SSL：全称为 Secure Sockets Layer，即安全套接层。

SSL 协议属于应用层协议，访问协议头为 https://。它主要有两个特点：①安全性，在网页登录时，对数据进行加密传输；②合法性，有服务发布证书。

SSL 提供了证书机制，以保证用户打开的网站是真正的官网。网站的运营商可以向全球的权威认证机构 CA 发送申请，申请通过 CA 机构审核后，CA 机构会给该企业颁发一个证书。企业将证书发布到自己的网站上，客户端访问时使用 https:// 的协议头访问，则浏览器会自动检查该网站的证书，若有问题（如超期或颁发对象有误），浏览器会自动报错。

当使用浏览器访问网站时，若地址栏显示的是 https:// 协议头，说明当前正在使用

SSL 协议进行通信。以淘宝网为例，在浏览器菜单栏（单击 Alt 键可显示出菜单栏）的文件选项卡中选择"属性"，单击"证书"按钮即可查看该网站的证书，如图 26-4-1 和图 26-4-2 所示。

图 26-4-1　浏览器查看网站的安全证书

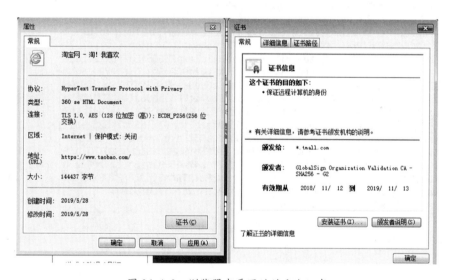

图 26-4-2　浏览器查看网站的安全证书

现今 CA 证书的颁发机构主要有 Symantec、Thawte、GeoTrust、GlobalSign 等。注意，SSL 服务器的通信端口是 TCP 443。

26.4.2　SSL 部署

使用 SSL 相关程序，模拟 CA 机构给网站颁发一个用于实验的证书，步骤如下。

（1）恢复 Apache 默认配置

环境：一台为 Linux 主机，IP 地址为 192.168.10.1，作为 Apache 服务端使用，并关闭防火墙，删除配置文件中有关虚拟主机的配置，恢复默认站点的使用。另一台使用 Win7 系统，作为客户端使用，通过浏览器对服务端的配置进行测试。

（2）安装 SSL 软件

输入 yum –y install openssl mod_ssl，安装 SSL 程序包。

（3）制作证书密钥

①输入 openssl genrsa –des3 –out /mnt/miyao.key 1024，制作证书密钥 miyao.key，并指定密钥长度为 1024，然后会提示设置密钥密码，如图 26-4-3 所示。

```
[root@Centos7-1 ~]# openssl genrsa -des3 -out /mnt/miyao.key 1024
Generating RSA private key, 1024 bit long modulus
.........++++++
.++++++
e is 65537 (0x10001)
Enter pass phrase for /mnt/miyao.key:                ←── 输入密码2次
Verifying - Enter pass phrase for /mnt/miyao.key:
[root@Centos7-1 ~]# cat /mnt/miyao.key    ←── 查看密钥文件内容
-----BEGIN RSA PRIVATE KEY-----
Proc-Type: 4,ENCRYPTED
DEK-Info: DES-EDE3-CBC,28CD2AEC62EEF5E0

9XooGZOrMFzz3ATwZWrUKVk4YOrGNXjBoEuYuJBEZeK8xuHdHxEVJa2MfpTg/yiO
/DLt9QK4QM+Jn4Pr0DiXXtUiyP85RiAHuDXMmtp5kwxzt6KUONYhnFCfWksKZL7V
+O4uPn3H4FWIva8SmxALB0zuw+hl2YieHVciZN4Iok+xpXECQ54Eh/f8kT2650dB
kB3vH5JXqMSedAvRDx3nZ3SbgQvYfQzEmg3f5NFsC2pH68eSDz20hr0/V3+G5nn4
/AEiRmvxkCJEWZQd2/ROZGJzoKAADKLjG/haBszGud0diH8Vg0jyYhYSuO35QzGH
BzRbM2Fdg3BNt8Gyg3nxxH0OzBsO/wkwZJrVXEiyvicPP6Jhu8uJlw1UPUZo4mSm
7giMfuswXhlz5/2UBE+hV/OiptIGjmipi6iz3FZ3158FLRsWO3SYfFJJIBeZmLbD
DEK0DwxQ3JwtEkALqvtPOsgxZlP6Uz//YrGJVDajag2ytM0Zxl8S7s7jC26j+aiv
AyeL2PNuGzxka3V7KQk5juzzyToAfA735j0DnsDbR58Haku7q5omqwTrrZVCckXR
lGvQCTrbr2SKFEZ0VM4C/26eVBcxmvDlNPhG+VDXTuf5RHZna3cOLNLiOYWXlaUB
xWFNWll6ZNQZVMqnizR2ZDlGQt9SJprIo+PdW2Msa4YWn5PRis98hC22Vzy9lZ3n
2FGv6GYV56S++sG0dYqjp3/obtEHA6U3IPxhdNZPtl2TwdmVvdJ2GRRfUBxxblb2
IWVaM6j9KBDmmIthLqe70viDB4CEHDMuu9ob88C3+Sy6flT7G0AUiw==
-----END RSA PRIVATE KEY-----
[root@Centos7-1 ~]#
```

密钥
内容

图 26-4-3　制作证书密钥

②输入 openssl rsa –in /mnt/miyao.key –out /mnt/miyao.key，清空密钥密码。

（4）借助密钥制作证书请求文件

输入 openssl req –new –key /mnt/miyao.key –out /mnt/shenqing.csr，生成证书请求文件 shenqing.csr。

制作证书请求文件的过程中会要求输入企业的相关信息，按照提示输入国家、省份、城市、企业名、部门、要颁发的域名、通信邮箱即可，附加密码的信息可以直接回车略过，如图 16-4-4 所示。

```
[root@Centos7-1 ~]# openssl req -new -key /mnt/miyao.key -out /mnt/shenqing.csr
You are about to be asked to enter information that will be incorporated
into your certificate request.
What you are about to enter is what is called a Distinguished Name or a DN.
There are quite a few fields but you can leave some blank
For some fields there will be a default value,
If you enter '.', the field will be left blank.
-----
Country Name (2 letter code) [XX]:cn
State or Province Name (full name) []:beijing
Locality Name (eg, city) [Default City]:beijing
Organization Name (eg, company) [Default Company Ltd]:rzz
Organizational Unit Name (eg, section) []:teach
Common Name (eg, your name or your server's hostname) []:*.rzz.com
Email Address []:admin@rzz.com

Please enter the following 'extra' attributes
to be sent with your certificate request
A challenge password []:        ◀━━━ 附加密码信息可忽略
An optional company name []:
[root@Centos7-1 ~]#
```

图 26-4-4 制作证书请求文件

（5）模拟生成证书

输入 openssl req –new –x509 –days 365 –key /mnt/miyao.key –out /mnt/zhengshu.crt，生成证书 zhengshu.crt。

（6）发布证书

①输入 vi /etc/httpd/conf.d/ssl.conf，编辑 ssl 的配置文件。

②在文件中第 56 行找到 <virtualhost _default_:443>。

③在文件中第 59 行找到 documentroot /var/www/html，去掉注释。

④在文件中第 60 行找到 servername，去掉注释，改为 www.rzz.com:443，用于指定发布证书的网站 FQDN，并指定 SSL 通信端口为 443。

⑤在文件中第 107 行找到 SSLCertificateKeyFile，改为 /mnt/miyao.key，用于指定密钥文件。

⑥在文件中第 100 行找到 SSLCertificateFile，改为 /mnt/zhengshu.crt，用于指定证书文件。

注意，该配置文件中已有密钥及证书的对应文件，这些都是安装完 SSL 之后自带的证书文件，可以直接使用。在本实验中，使用的是自己创建的密钥及证书。

此实验的客户端建议不要使用 Windows 2003 系统提供的浏览器，最好使用如 Win7、Win8、Win10 系统提供的浏览器，因为 Windows 2003 系统提供的默认浏览器安全设置较高，会屏蔽假证书的审核，而降低安装设置的方法又比较麻烦，所以本实验中使用了 Win7 系统提供的浏览器。效果如图 26-4-5 所示。

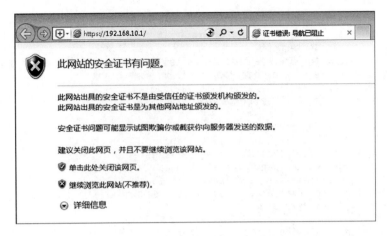

图 26-4-5　实验中浏览器访问带有安全证书的网站

因为使用的安全证书是模拟的，所以浏览器会提示"此网站的安全证书有问题"，选择"继续浏览此网站（不推荐）"即可访问成功，如图 26-4-6 所示。

图 26-4-6　实验中浏览器访问带有安全证书的网站主页

查看证书，可见到证书是由自己颁发给自己的，如图 26-4-7 所示。

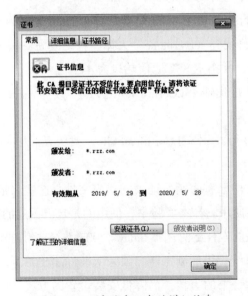

图 26-4-7　实验中证书的详细信息

26.5 PHP 安装

PHP 是现今使用率很高的后台开发语言，在 Windows、Linux 系统下都可以使用，适合于中小型网站的架设。Apache 与 PHP 是一种常见的组合方式，通过少量的配置就可以使 Apache 服务支持 PHP 语言开发的网页。

PHP 环境的部署过程如下：

①输入 yum –y install php php-pear php-mbstring，安装 php 的相关软件包。

②输入 vi /etc/httpd/conf/httpd.conf，编辑配置文件。

③找到 DirectoryIndex 行，在其后输入 index.php，用于支持 php 的主页文件。

④输入 rm –f /var/www/html/index.html，删除原有主页。

⑤输入如下代码，创建 php 的测试主页。

```
vi /var/www/html/index.php
    <?php
    phpinfo();
    ?>
```

注意，index 主页的功能是显示服务器上当前 PHP 的版本，遵守的是 PHP 的语法要求。

⑥输入 systemctl restart httpd，重启 Apache httpd 服务，即可让 Apache 兼容 PHP 页面。

26.6 Apache 的工作模式

Apache 响应客户时有三种不同的工作模式。

（1）prefork MPM 模式

prefork MPM 模式为默认模式。

Apache 主进程开启多个独立的子进程，每个进程响应一个客户访问。对内存、CPU 资源的消耗较大，适合并发数较少，页面程序较多的站点。

（2）worker MPM 模式

Apache 主进程开启多个子进程，每个子进程内部分为多个线程，每个线程响应一个客户访问。适合并发数较多，点击量较大的站点。

（3）event MPM 模式

Apache 主进程在客户端用户登录后，主进程将开启一个独立的子进程响应登录后的客户操作。适合多用户登录，需要权限划分的站点。这种模式可以用于配合网站登录验证功能的使用，但登录验证功能在实际生产环境中使用较少。

注意，一般都是靠后台代码实现会员的注册与登录，使用数据库存储会员信息。

这三种模式的配置文件均为 /etc/httpd/conf.modules.d/00-mpm.conf。

通过注释、取消注释相关设置即可更改工作模式，如图 26-6-1 所示。

```
# Select the MPM module which should be used by uncommenting exactly
# one of the following LoadModule lines:

# prefork MPM: Implements a non-threaded, pre-forking web server
# See: http://httpd.apache.org/docs/2.4/mod/prefork.html
LoadModule mpm_prefork_module modules/mod_mpm_prefork.so

# worker MPM: Multi-Processing Module implementing a hybrid
# multi-threaded multi-process web server
# See: http://httpd.apache.org/docs/2.4/mod/worker.html
#
#LoadModule mpm_worker_module modules/mod_mpm_worker.so

# event MPM: A variant of the worker MPM with the goal of consuming
# threads only for connections with active processing
# See: http://httpd.apache.org/docs/2.4/mod/event.html
#
#LoadModule mpm_event_module modules/mod_mpm_event.so
```

图 26-6-1　切换 Apache 工作模式相关配置文件的内容

第二十七章
tomcat 服务

27.1 tomcat 简介

　　tomcat 是支撑 Java 语言中的 Servlet、JSP、WebSocket 等技术的开源软件项目，由 Apache 软件基金会来维护与推广。在使用 Java 语言开发 Web 应用程序的企业中，tomcat 以其开源免费、性能稳定的优点得到了世界范围内各领域中企业的广泛应用，因此 tomcat 已经成为目前比较流行的 Web 应用服务器之一。在中小型企业的业务系统中，tomcat 通常用于并发访问用户不是很多的场合，专用于发布 jsp 页面的软件服务。

27.2 tomcat 部署

　　因为 tomcat 提供了 Java 语言对于 Web 应用的功能扩展，其服务本身仍然依赖于 Java 语言，所以在部署 tomcat 服务器之前需要先在 Linux 系统中安装提供 Java 运行和编译环境的软件开发包 jdk。jdk 可以把 Java 程序编译成系统 shell 可识别、运行的程序，再由系统 shell 转给内核处理。

视频讲解

27.2.1 jdk 安装

　　①从 Oracle 官方网站 www.oracle.com 下载 jdk8 的 Linux 版本，如图 27-2-1 所示。然后使用 rz 命令将下载的 jdk8 软件包上传到 Linux 系统。

Java SE Development Kit 8u241

You must accept the Oracle Technology Network License Agreement for Oracle Java SE to download this software.
Thank you for accepting the Oracle Technology Network License Agreement for Oracle Java SE; you may now download this software.

Product / File Description	File Size	Download
Linux ARM 32 Hard Float ABI	72.94 MB	⬇jdk-8u241-linux-arm32-vfp-hflt.tar.gz
Linux ARM 64 Hard Float ABI	69.83 MB	⬇jdk-8u241-linux-arm64-vfp-hflt.tar.gz
Linux x86	171.28 MB	⬇jdk-8u241-linux-i586.rpm
Linux x86	186.1 MB	⬇jdk-8u241-linux-i586.tar.gz
Linux x64	170.65 MB	⬇jdk-8u241-linux-x64.rpm
Linux x64	185.53 MB	⬇jdk-8u241-linux-x64.tar.gz
Mac OS X x64	254.06 MB	⬇jdk-8u241-macosx-x64.dmg
Solaris SPARC 64-bit (SVR4 package)	133.01 MB	⬇jdk-8u241-solaris-sparcv9.tar.Z
Solaris SPARC 64-bit	94.24 MB	⬇jdk-8u241-solaris-sparcv9.tar.gz
Solaris x64 (SVR4 package)	133.8 MB	⬇jdk-8u241-solaris-x64.tar.Z
Solaris x64	92.01 MB	⬇jdk-8u241-solaris-x64.tar.gz
Windows x86	200.86 MB	⬇jdk-8u241-windows-i586.exe
Windows x64	210.92 MB	⬇jdk-8u241-windows-x64.exe

图 27-2-1　jdk8 的下载页面

②使用如下命令安装 jdk8 rpm 软件包，如图 27-2-2 所示。

rpm –ivh jdk–8u241–Linux–x64.rpm

```
[root@Centos7-1 ~]# rpm -ivh jdk-8u241-linux-x64.rpm
警告: jdk-8u241-linux-x64.rpm: 头V3 RSA/SHA256 Signature, 密钥 ID ec551f03: NOKEY
准备中...                              错误: rpmdb: damaged header #1045 retrieved -- skipping.
############################### [100%]
正在升级/安装...
   1:jdk1.8-2000:1.8.0_241-fcs        ############################### [100%]
Unpacking JAR files...
        tools.jar...
        plugin.jar...
        javaws.jar...
        deploy.jar...
        rt.jar...
        jsse.jar...
        charsets.jar...
        localedata.jar...
[root@Centos7-1 ~]#
```

图 27-2-2 使用 rpm 命令安装 jdk8 软件包

③ jdk 安装完毕后，默认安装在 /usr/java 下，配置环境变量配置文件，如图 27-2-3 所示。

```
unset i
unset -f pathmunge

export JAVA_HOME=/usr/java/default
export CLASSPATH=.:$JAVA_HOME/lib
export PATH=$PATH:$JAVA_HOME/bin
```

图 27-2-3 按照 jdk 运行要求添加相应环境变量

说明如下。

export JAVA_HOME=/usr/java/default：按照 jdk 安装要求设置 JAVA_HOME 环境变量指向 jdk 安装目录。

export CLASSPATH=.:$JAVA_HOME/lib：按照 jdk 安装要求设置 CLASSPATH 环境变量指向当前目录和 jdk 安装目录下的 lib 目录。

export PATH=$PATH:$JAVA_HOME/bin：为了方便使用，将 Java 的 bin 目录加到 PATH 环境变量的值中。

④输入如下命令，使配置立即生效，如图 27-2-4 所示。

source /etc/profile

```
[root@Centos7-1 bin]# vi /etc/profile
[root@Centos7-1 bin]# source /etc/profile
[root@Centos7-1 bin]#
```

图 27-2-4 使 jdk 运行需要的环境变量生效

注意，该命令在当前 shell 内执行。

⑤输入如下命令，查看 jdk 的版本，如图 27-2-5 所示。

java –version

```
[root@Centos7-1 bin]# java -version
java version "1.8.0_241"
Java(TM) SE Runtime Environment (build 1.8.0_241-b07)
Java HotSpot(TM) 64-Bit Server VM (build 25.241-b07, mixed mode)
[root@Centos7-1 bin]#
```

图 27-2-5 查看 jdk 版本

27.2.2 安装部署 tomcat

除了 jdk 外，还需要手动从 tomcat 官网 tomcat.apache.org 下载 tomcat 的安装包 apache-tomcat-7.0.99.tar.gz，如图 27-2-6 所示。

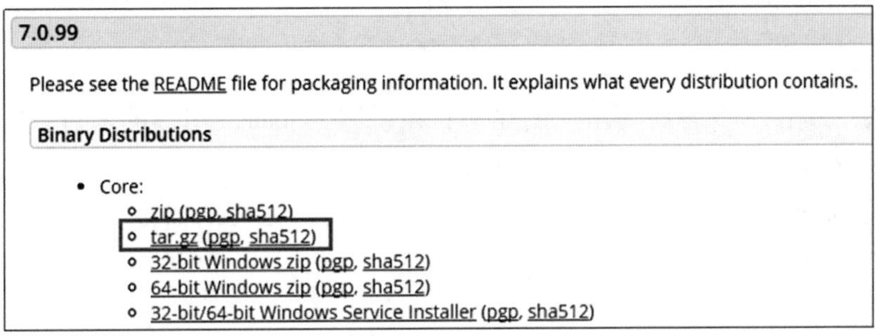

7.0.99

Please see the README file for packaging information. It explains what every distribution contains.

Binary Distributions

- Core:
  - zip (pgp, sha512)
  - tar.gz (pgp, sha512)
  - 32-bit Windows zip (pgp, sha512)
  - 64-bit Windows zip (pgp, sha512)
  - 32-bit/64-bit Windows Service Installer (pgp, sha512)

图 27-2-6 从 tomcat 官网下载 tomcat

假设下载后并将文件放到了 /mnt/ 目录下，步骤如下。

①输入如下命令，解压安装包，如图 27-2-7 所示。

cd /mnt/

tar –xvf apache–tomcat–7.0.99.tar.gz

```
[root@Centos7-1 ~]# cd /mnt
[root@Centos7-1 mnt]# tar -xvf apache-tomcat-7.0.99.tar.gz
```

图 27-2-7 使用 tar 命令解压 tomcat 安装包

②输入如下命令，将加压后的目录，移动到 /usr/ 中，并改名为 tomcat，如图 27-2-8 所示。

mv apache–tomcat–7.0.99 /usr/tomcat

```
[root@Centos7-1 mnt]# pwd
/mnt
[root@Centos7-1 mnt]# mv apache-tomcat-7.0.99 /usr/tomcat
[root@Centos7-1 mnt]# ls /usr/tomcat
bin              conf              lib        logs      README.md      RUNNING.txt   webapps
BUILDING.txt     CONTRIBUTING.md   LICENSE    NOTICE    RELEASE-NOTES  temp          work
```

图 27-2-8　移动 tomcat 目录到 /usr 目录中

注意，移动到的目录与新的目录名都可以自定义，只是在生产环境中一般习惯如此操作。

③输入如下命令，为 tomcat 创建专用的服务用户，如图 27-2-9 所示。

useradd –M –d /usr/tomcat tomcat

```
[root@Centos7-1 ~]# useradd -M -d /usr/tomcat tomcat
[root@Centos7-1 ~]# id tomcat
uid=1001(tomcat) gid=1001(tomcat) 组=1001(tomcat)
[root@Centos7-1 ~]#
```

图 27-2-9　创建 tomcat 服务专用用户

注意，–M 表示不需要为用户创建家目录，因为 tomcat 用户的家目录就是 tomcat 目录，已经存在，不需要创建。

④输入如下命令，为家目录设定属主属组，如图 27-2-10 所示。

chown –R tomcat.tomcat /usr/tomcat

```
[root@Centos7-1 ~]# chown -R tomcat.tomcat /usr/tomcat
[root@Centos7-1 ~]# ls -ld /usr/tomcat
drwxr-xr-x 9 tomcat tomcat 4096 2月    7 14:35 /usr/tomcat
[root@Centos7-1 ~]#
```

图 27-2-10　为 tomcat 安装目录设置所属用户和组

⑤输入如下命令，进入新的 tomcat 目录下，查看 tomcat 的所有相关文件，如图 27-2-11 所示。

cd /usr/tomcat

ls

```
[root@Centos7-1 ~]# cd /usr/tomcat
[root@Centos7-1 tomcat]# ls
bin              conf              lib        logs      README.md      RUNNING.txt   webapps
BUILDING.txt     CONTRIBUTING.md   LICENSE    NOTICE    RELEASE-NOTES  temp          work
[root@Centos7-1 tomcat]#
```

图 27-2-11　查看 tomcat 目录下相关文件

⑥输入如下命令，进入 bin 目录中，查看存放的 tomcat 进程，如图 27-2-12 所示。

cd bin

ls

```
[root@Centos7-1 bin]# cd /usr/tomcat/bin
[root@Centos7-1 bin]# ls
bootstrap.jar        commons-daemon-native.tar.gz    digest.sh         startup.bat              tool-wrapper.sh
catalina.bat         configtest.bat                  setclasspath.bat  startup.sh               version.bat
catalina.sh          configtest.sh                   setclasspath.sh   tomcat-juli.jar          version.sh
catalina-tasks.xml   daemon.sh                       shutdown.bat      tomcat-native.tar.gz
commons-daemon.jar   digest.bat                      shutdown.sh       tool-wrapper.bat
[root@Centos7-1 bin]#
```

图 27-2-12　查看 bin 目录下的 tomcat 进程

注意，startup.sh 是 tomcat 的启动进程，shutdown.sh 是 tomcat 的关闭进程，可以直接运行这两个进程以启动、关闭 tomcat。

a. 输入如下命令，启动 tomcat，如图 27-2-13 所示。

./startup.sh

```
[root@Centos7-1 bin]# ./startup.sh
Using CATALINA_BASE:   /usr/tomcat
Using CATALINA_HOME:   /usr/tomcat
Using CATALINA_TMPDIR: /usr/tomcat/temp
Using JRE_HOME:        /usr/java/default
Using CLASSPATH:       /usr/tomcat/bin/bootstrap.jar:/usr/tomcat/bin/tomcat-juli.jar
Tomcat started.
[root@Centos7-1 bin]#
```

图 27-2-13　启动 tomcat 服务

b. 输入如下命令，关闭 tomcat，如图 27-2-14 所示。

./shutdown.sh

```
[root@Centos7-1 bin]# ./shutdown.sh
Using CATALINA_BASE:   /usr/tomcat
Using CATALINA_HOME:   /usr/tomcat
Using CATALINA_TMPDIR: /usr/tomcat/temp
Using JRE_HOME:        /usr/java/default
Using CLASSPATH:       /usr/tomcat/bin/bootstrap.jar:/usr/tomcat/bin/tomcat-juli.jar
[root@Centos7-1 bin]#
```

图 27-2-14　关闭 tomcat 服务

⑦输入如下命令，让 tomcat 服务开机自动启动，可以把启动脚本的调用写入到开机启动脚本中，如图 27-2-15 所示。

echo "/usr/tomcat/bin/startup.sh" >> /etc/rc.local

chmod a+x /etc/rc.local

```
[root@Centos7-1 ~]# echo "/usr/tomcat/bin/startup.sh" >> /etc/rc.local
[root@Centos7-1 ~]# chmod a+x /etc/rc.local
[root@Centos7-1 ~]# cat /etc/rc.local
#!/bin/bash
# THIS FILE IS ADDED FOR COMPATIBILITY PURPOSES
#
# It is highly advisable to create own systemd services or udev rules
# to run scripts during boot instead of using this file.
#
# In contrast to previous versions due to parallel execution during boot
# this script will NOT be run after all other services.
#
# Please note that you must run 'chmod +x /etc/rc.d/rc.local' to ensure
# that this script will be executed during boot.

touch /var/lock/subsys/local
/usr/tomcat/bin/startup.sh
[root@Centos7-1 ~]#
```

图 27-2-15   设置 tomcat 服务开机启动

27.2.3   部署测试页面

部署测试页面的具体步骤如下。

①启动 tomcat，tomcat 默认的 Web 服务端口为 8080，服务器 IP 地址为 192.168.10.1，在客户端浏览器地址栏中指定地址，如图 27-2-16 所示。

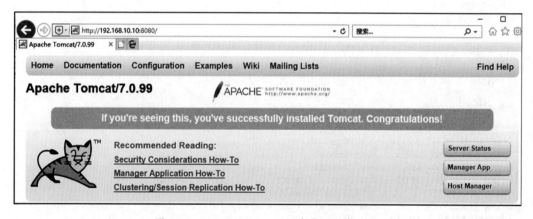

图 27-2-16   测试 tomcat 服务是否正常启动

②如果可以看到图 27-2-16 中的页面，说明 tomcat 服务已经正常启动。测试成功后，如果希望修改 tomcat 的端口为 80，可以输入如下命令，修改 tomcat 的配置文件，该文件的路径是 /usr/tomcat/conf/server.xml，如图 27-2-17 所示。

vi /usr/tomcat/conf/server.xml

Connector port="80"

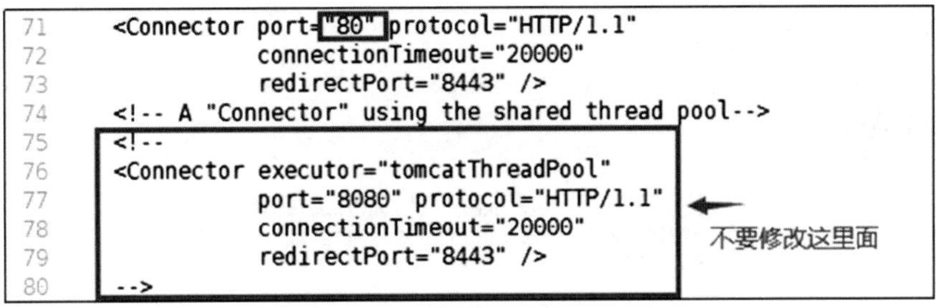

```
71    <Connector port="80" protocol="HTTP/1.1"
72              connectionTimeout="20000"
73              redirectPort="8443" />
74    <!-- A "Connector" using the shared thread pool-->
75    <!--
76    <Connector executor="tomcatThreadPool"
77              port="8080" protocol="HTTP/1.1"
78              connectionTimeout="20000"          ← 不要修改这里面
79              redirectPort="8443" />
80    -->
```

图 27-2-17　修改 tomcat 服务端口为 80

注意，该文件中 <!--　--> 中的是注释，而下面也有一个类似的模块是放在 <!---->中的，读者不要更改错了位置。

③ tomcat 的默认主页文件 index.jsp 在 Linux 系统的 /usr/tomcat/webapps/ROOT 目录下，也可以根据需要更改主页文件位置及文件名。例如，输入 vi /usr/tomcat/conf/server.xml，在 host 段中加入如下内容，修改 tomcat 的配置文件，将主页文件位置从原来的 /usr/tomcat/webapps/ROOT 目录改到 /var/www/html 目录，如图 27-2-18 所示。

<Context path="" docBase="/var/www/html" debug="0" reloadable="true" crossContext="true"/>

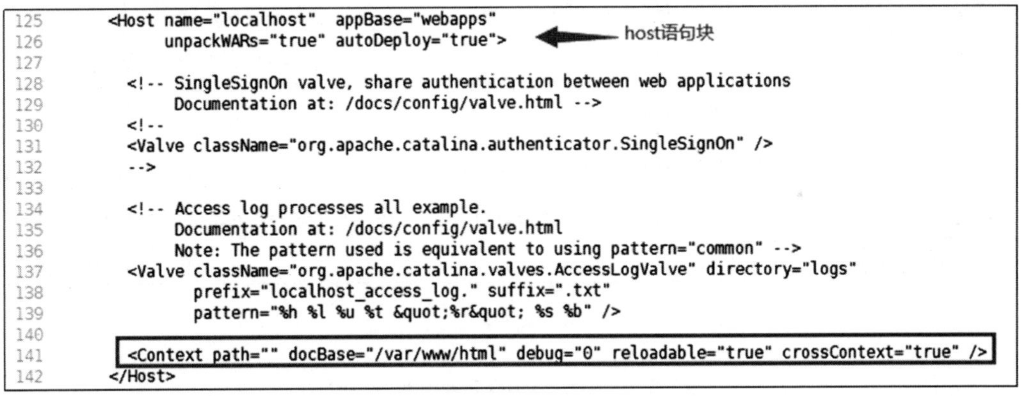

```
125    <Host name="localhost"  appBase="webapps"
126         unpackWARs="true" autoDeploy="true">          ← host语句块
127
128        <!-- SingleSignOn valve, share authentication between web applications
129             Documentation at: /docs/config/valve.html -->
130        <!--
131        <Valve className="org.apache.catalina.authenticator.SingleSignOn" />
132        -->
133
134        <!-- Access log processes all example.
135             Documentation at: /docs/config/valve.html
136             Note: The pattern used is equivalent to using pattern="common" -->
137        <Valve className="org.apache.catalina.valves.AccessLogValve" directory="logs"
138             prefix="localhost_access_log." suffix=".txt"
139             pattern="%h %l %u %t &quot;%r&quot; %s %b" />
140
141        <Context path="" docBase="/var/www/html" debug="0" reloadable="true" crossContext="true" />
142    </Host>
```

图 27-2-18　变更 tomcat 服务主页文件目录

④输入如下命令，手动创建测试主页，如图 27-2-19 所示。

mkdir –p /var/www/html

cd /var/www/html

vi index.jsp

　　<%@ page contentType="text/html" %>

　　<html>

　　<body>

```
        HELLO！
    </body>
    </html>
```

```
[root@Centos7-1 ~]# mkdir -p /var/www/html
[root@Centos7-1 ~]# cd /var/www/html
[root@Centos7-1 html]# vi index.jsp

<%@ page contentType="text/html" %>
<html>
<body>
        HELLO!
</body>
</html>                                    编辑内容
```

图 27-2-19　新的主页目录中创建 tomcat 测试主页

⑤输入如下命令，重启 tomcat 服务，如图 27-2-20 所示。

```
/usr/tomcat/bin/shutdown.sh
/usr/tomcat/bin/startup.sh
```

```
[root@Centos7-1 ~]# /usr/tomcat/bin/shutdown.sh
Using CATALINA_BASE:   /usr/tomcat
Using CATALINA_HOME:   /usr/tomcat
Using CATALINA_TMPDIR: /usr/tomcat/temp
Using JRE_HOME:        /usr/java/default
Using CLASSPATH:       /usr/tomcat/bin/bootstrap.jar:/usr/tomcat/bin/tomcat-juli.jar
[root@Centos7-1 ~]# /usr/tomcat/bin/startup.sh
Using CATALINA_BASE:   /usr/tomcat
Using CATALINA_HOME:   /usr/tomcat
Using CATALINA_TMPDIR: /usr/tomcat/temp
Using JRE_HOME:        /usr/java/default
Using CLASSPATH:       /usr/tomcat/bin/bootstrap.jar:/usr/tomcat/bin/tomcat-juli.jar
Tomcat started.
[root@Centos7-1 ~]#
```

图 27-2-20　重启 tomcat 服务

⑥使用浏览器访问服务器端 IP 地址，执行结果如图 27-2-21 所示。

图 27-2-21　浏览器访问新的主页内容

第二十八章
MySQL 数据库服务

28.1 MySQL 数据库简介

MySQL 早期由瑞典的 MySQL AB 开发与推广，后来先后被 SUN 和 Oracle 公司所收购，成为当今最流行的开源数据库。与其他商用数据库比较，MySQL 在功能上存在一定程度的不足，但是这并不影响其受欢迎的程度。因为基本功能够用而且开源免费，可以大大降低运营成本，所以 MySQL 在世界范围内的大中小型企业中得到了广泛的应用。MySQL 主要用于存储业务过程中产生的各类业务数据。

28.2 CentOS 7 上 MySQL 5.7 rpm 包安装

（1）前提条件

假设当前 CentOS 7 已经配置好了本地 yum 源，考虑到安全稳定性，通常作为服务器用的 Linux 普遍采用最小安装方式，即只安装必须要用的软件包，这样可以节约系统资源和降低不需要的应用程序所携带的潜在安全风险。

MySQL 软件的安装过程需要用到诸如 Perl 语言等的一些相关软件包。

（2）下载针对 CentOS 7 的 MySQL 5.7 rpm 包

下载 MySQL 的网址是 https://www.mysql.com/downloads/，进入页面后单击 MySQL 社区版链接，如图 28-2-1 所示。

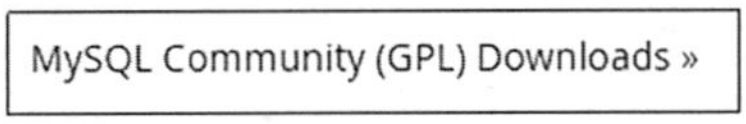

> MySQL Community (GPL) Downloads »

图 28-2-1　MySQL 社区版下载链接

进入页面后单击 "MySQL Community Server"，如图 28-2-2 所示。

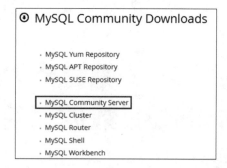

图 28-2-2　MySQL Community Server 下载链接

进入页面后，单击"Looking for previous GA versions?"，跳转到 MySQL 早期版本下载页面。当前 MySQL 最新版本是 8.0 版，由于推出时间不长，在企业中使用的 MySQL 还是以 5 版本为主，本书选择安装 MySQL 5 版本中最新的 5.7 版本，如图 28-2-3 所示。

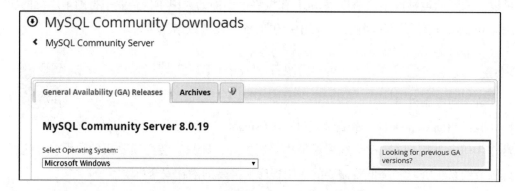

图 28-2-3　选择 MySQL 早期版本下载链接

进入页面后，操作系统选择"Red Hat Enterprice Linux/Oracle Linux"，操作系统版本选择"Red Hat Enterprice Linux 7/Oracle Linux 7 (x86,64-bit)"，如图 28-2-4 所示。

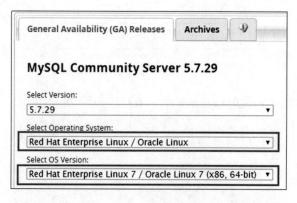

图 28-2-4　选择 MySQL 5.7 对应的操作系统及其版本

在当前页面下方可以看到 MySQL 5.7 对应的 "rpm bundle" 下载链接，单击 "Download" 即可，如图 28-2-5 所示。

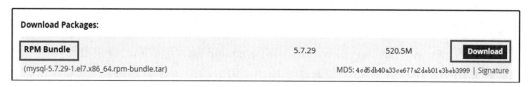

图 28-2-5　点击下载按钮

页面跳转到如图 28-2-6 所示页面，单击 "No thanks, just start my download."，即可开始下载 MySQL 5.7 rpm 包安装程序。

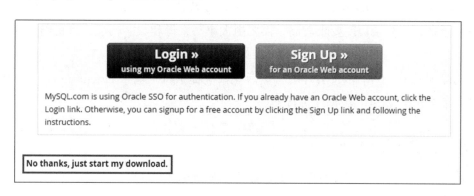

图 28-2-6　开始下载 MySQL 5.7 rpm 安装包

（3）安装步骤

①输入 setenforce 0，禁用 selinux。通常 MySQL 运行时需要禁用 selinux 功能，否则可能会影响 MySQL 数据库服务的正常运行。

②上传 MySQL 软件包到 CentOS 7 系统。通常使用用户 root 身份进行操作，使用 rz 命令将 MySQL 5.7 rpm 软件安装包 mysql-5.7.29-1.el7.x86_64.rpm-bundle.tar 上传到 CentOS 7 的 /root 目录中。

③输入 tar -xvf mysql-5.7.29-1.el7.x86_64.rpm-bundle.tar，还原安装包中的 rpm 包。

④输入 yum install mysql-community-{libs,client,common,server}-*.rpm，安装软件。

⑤输入 systemctl start mysqld，启动 MySQL 数据库初始化。

（4）首次登录准备工作

至此，MySQL 软件已经安装完毕，然后需要启动 MySQL 服务，进行数据文件的初始化工作，步骤如下：

①输入如下命令修改配置文件 /etc/my.cnf。

```
vi /etc/my.cnf
```

[mysqld]	
character-set-server=utf8	# 可以在表中录入中文

②输入 systemctl restart mysqld，重启 MySQL 服务，以使上一步修改后的 MySQL 配置文件 /etc/my.cnf 生效。

③输入 grep –i "temporary password" /var/log/mysqld.log，抓取临时登录密码。

这是因为首次登录 MySQL 服务需要使用临时密码，该密码存放在 /var/log/mysqld.log 文件中，其所在行的内容包含 "temporary password" 关键字，可以通过 grep 命令获取。

④输入 mysql –uroot –p，然后输入临时密码，连接 MySQL 数据库。

⑤输入 alter user root@localhost identified by ' 新密码 ';，CentOS 7 版本的 MySQL 5.7 针对登录密码的复杂程度要求较高，需要由大小写字母和数字构成，且密码长度不少于 8 位。

⑥输入 exit，退出 MySQL 环境，然后在系统提示符下输入 mysql –uroot –p，使用新密码重新连接 MySQL 数据库进行验证。

28.3 数据库备份与恢复

数据库备份是指给数据库现有的部分或全部数据文件、相关日志文件或参数文件生成一份副本，主要针对以下两种突发情况。

①硬盘介质损坏。

②人为误操作。

对于第一种情况，因为任何硬件都有使用寿命，通常硬盘（包括普通磁盘和固态盘）中的每个存储单元都有最大写入次数，所以频繁的读取和写入会影响硬盘的使用寿命。而且硬盘在工作时还可能遇到写入时断电等突发事件，这些外界因素都可能会造成硬盘出现异常状况，导致存储在硬盘上的数据读写异常，如果没有备份就有数据库数据丢失的风险。

对于第二种情况，这是不可避免的。例如，程序开发人员或管理员通过开发工具软件同时连接生产库和测试库；本应删除测试库的相关数据却误删除了生产库的数据。这类人为错误虽然可以依靠制度等约束尽量避免发生，但是不可能完全杜绝。因此定期地备份数据和日志，并且把数据和日志的备份与数据库原始数据进行物理隔离是挽回损失的必要操作。

备份与恢复相关的术语：备份（backup）、还原（restore）、恢复（recover）。

备份是把当前数据库的内容复制一份，以备不时之需的过程；还原是用保存的备份替换当前数据库，使数据回到备份时状态的过程；恢复是把保存到二进制日志中从备份时刻到故障时刻之间产生的数据变更 SQL 语句重新执行一遍的过程。

按照备份数据文件的格式，数据库备份可以分为物理备份、逻辑备份和基于数据库复制的备份三种；按照备份时服务器运行的状态，数据库备份可以分为冷备、热备和温备；按照所备份数据的完整程度，数据库备份可以分为完全备份和不完全备份等。

常用的备份工具有操作系统自带的文件复制命令、mysqldump 等。

还原包括物理备份的还原和逻辑备份的还原。

二进制日志（binlog）记录数据库的变更过程，例如创建数据库、建表、修改表等 DDL 操作，数据表的相关 DML 操作，这些操作会导致数据库产生变化，开启 binlog 以后导致数据库产生变化的操作会按照时间顺序以"事件"的形式记录到 binlog 二进制文件中。

以图 28-3-1 为例，分别加以介绍和说明。

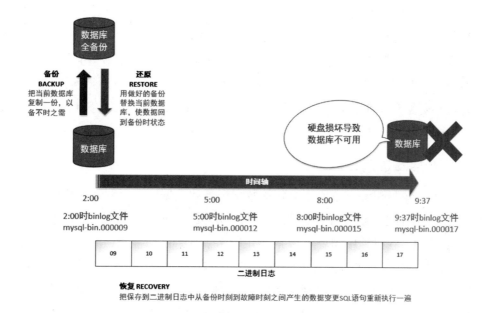

图 28-3-1　备份、还原与恢复图示说明

凌晨 2:00，管理员将已开启二进制日志的数据库中的数据进行了一次完整备份，随着时间的推移，仍然有用户对数据库进行相关的写操作（包括 DDL 语句、DML 语句中的增删改操作、DCL 授权语句和 TCL 事务处理语句等），导致二进制日志文件被写满（默认 1G）后自动切换。

上午 9:37，由于硬盘出现故障，数据库用户不能正常访问存放在硬盘中的数据库数据，此时若数据库备份和二进制日志没有损坏，管理员可以通过还原备份和恢复二进制日志的方式挽回数据损失。

挽回数据损失的过程如下：

①更换新硬盘。

②还原备份。

③重新执行从备份到故障时段的二进制日志中的 SQL 语句。

以上步骤执行完毕后，正常情况下不会造成数据的丢失，损失的仅仅是恢复过程所造成的一段停机时间。

上例中，还原数据备份时，数据库中的数据回到了备份时刻的状态，而二进制日志记录了从备份到故障前一段时间内所有用户对数据库进行写操作的语句，只要把这些语句按照时间顺序重新运行一遍，所还原的数据就会变成故障前那一刻的状态，不会造成数据丢失。因此通常把保存在二进制日志中的语句重新执行的过程称为恢复。

通常情况下，数据恢复成功有两个必要条件。

①有完整可用的数据库备份。

②有连续完整没有缺失的二进制日志。

如果两个条件都满足，就可以恢复故障数据；如果仅仅满足第一个条件，只能进行数据还原。对于上例来说，数据库中的数据只能还原到备份时刻凌晨 2:00 时的状态，会丢失凌晨 2:00 到上午 9:37 期间的数据；如果仅仅满足第二个条件，仍然会造成数据库数据的丢失，损失不可避免。因此，开启二进制日志是恢复数据的必要条件。

28.3.1　开启二进制日志

二进制日志（binlog）主要用途包括数据恢复和数据库的复制。MySQL 数据库默认不开启二进制日志，若要开启二进制日志，则需要在 /etc/my.cnf 中添加和配置 server-id 和 log-bin 选项，在过程中需要重启 MySQL 服务。此外还应注意，开启二进制日志会使数据库额外损失一定的性能（大约 2% 左右）。对于写操作频繁的生产库，应该开启二进制日志，因为可以在出现数据损毁的极端情况时，通过二进制日志的恢复挽回丢数据的损失；但是如果对于不在乎部分数据的丢失或者数据以读操作（select）为主的数据库，考虑到性能损耗的因素，可以不开启二进制日志。

开启二进制日志的步骤如下。

①编辑 /etc/my.cnf。

②在 [mysqld] 下写入如下命令：

server-id= 非零值

log-bin=mysql-bin

③输入 systemctl restart mysqld，重启 MySQL 服务。

其中，MySQL 5.7 版本要求 server-id 的值不能与其他存在复制关系的 MySQL 数据库的 server-id 值重复，其取值范围为 $1\sim2^{32}-1$，若为 0，则二进制日志不能开启。通常该值设置为 IP 地址的末位段，确保网段内的 server-id 无重复值。

log-bin 变量对应的 mysql-bin 为二进制日志的前缀名，默认二进制日志保存在 datadir 变量对应的数据文件路径中。为了降低二进制日志文件与数据文件同时损坏的概率，通常把二进制文件与数据文件分开存放，最好放在不同的磁盘中。例如，将二进制日志放在 /binlogs 中。但这样需要提前创建该目录，并设置好相应的属主、属组和权限，否则重启 mysqld 时会失败。相关配置如下：

root# mkdir /binlogs	#创建存放二进制日志的目录，可根据实际情况调整目录位置
root# chown mysql:mysql /binlogs	#将目录的所属者和组均设置为 mysql
root# chmod 750 /binlogs	#设置目录的权限为 750

在 /etc/my.cnf 中的 [mysqld] 后面添加如下内容：

```
server-id= 非零值
log-bin=/binlogs/mysql-bin
```

重启 MySQL 服务的语句如下：

```
systemctl restart mysqld
```

至此，二进制日志开启成功，登入 MySQL 后可以使用 show binary logs; 命令查看所有的二进制日志。默认二进制日志最大为 1G，其切换条件包括以下三种。

① mysqld 重启。

②日志被写满。

③输入 flush logs; 命令。

在开启了二进制日志的情况下，如果备份和日志齐全，在数据库数据出现损坏时，就可以对数据进行恢复。

28.3.2 查看二进制日志内容

二进制日志记录了客户端传给 MySQL 服务器端的所有写相关的 SQL 语句，可以通过 MySQL 自带的 mysqlbinlog 命令查看其内容。例如，输入如下内容，查看 /binlogs 目录下，mysql-bin.000001 和 mysql-bin.00002 日志的内容。

```
cd /binlogs
mysqlbinlog mysql-bin.000001 mysql-bin.000002
```

如果日志的内容很多，可以输入如下内容，将日志内容保存到文本文件中，再用文本编辑器查看。

```
mysqlbinlog mysql-bin.000001>1.log
```

当客户端传来写操作的语句时，mysqld 后台进程会分配单独的线程，将该语句记录在当前日志的尾部。头标注（即记录之前日志文件的大小的字节数）会在记录语句之前先写入到日志文件中，同一个日志中头标注只会越来越大，其大小可以反映出每个语句执行的先后顺序，是日志中的重要标记。头标注的形式为"# at 数字"。

语句执行的时间也会记录在二进制日志中，同一时刻可以有成百上千条语句执行，但是每条语句的头标注却不同，通过头标注的大小可以清晰地看出每条语句执行的先后顺序，因此头标注通常用来精确定位每条语句的执行顺序。

例如，当前日志为 4 号日志 mysql-bin.000004，连接到 MySQL 后，发出命令 create database xyz;，输入 show binary logs; 命令查看当前日志的内容变化，结果如图 28-3-2 所示。

```
root@localhost[(none)]>show binary logs;
+------------------+-----------+
| Log_name         | File_size |
+------------------+-----------+
| mysql-bin.000001 |       177 |
| mysql-bin.000002 |       177 |
| mysql-bin.000003 |  46144091 |
| mysql-bin.000004 |       762 |
+------------------+-----------+
4 rows in set (0.00 sec)
```

图 28-3-2　查看当前数据库所有二进制日志

再输入 create database xyz;，查看当前日志 mysql-bin.00004 的尾部内容。

Linux 系统中使用 mysqlbinlog /binlogs/mysql-bin.000004 命令查看日志中的内容，如图 28-2-3 所示。

```
# at 762    ◄── 头标注
#190702  9:25:40 server id 21   end_log_pos 827 CRC32 0x20bb0eca
br_only=no
SET @@SESSION.GTID_NEXT= 'ANONYMOUS'/*!*/;
# at 827    ◄── 头标注
#190702  9:25:40 server id 21   end_log_pos 918 CRC32 0xb7056d5a
SET TIMESTAMP=1562030740/*!*/;
create database xyz    ◄── 写操作语句
/*!*/;
SET @@SESSION.GTID_NEXT= 'AUTOMATIC' /* added by mysqlbinlog */ /*!*/;
DELIMITER ;
# End of log file
/*!50003 SET COMPLETION_TYPE=@OLD_COMPLETION_TYPE*/;
/*!50530 SET @@SESSION.PSEUDO_SLAVE_MODE=0*/;
```

图 28-3-3　查看二进制日志中写入的 SQL 语句

可以看出，在执行 create database xyz; 之前，mysql-bin.000004 文件的字节数是 762，语句记入日志时日志的大小是 827 字节，可以通过 4 号日志的头标注 827 来定位该语句的执行时间。

若想查看日志中的某一段区间内执行的语句，可以分别给 --start-position 和 --

stop-position 这两个选项指定起始头标注和结束头标注。例如，输入如下内容，查看 4 号日志在位置 531 到 827 之间记录的语句。

```
mysqlbinlog --start-position=531 --stop-position=827 /binlogs/mysql-bin.000004
```

若已经登录到 MySQL，可以采用 show binlog events in ' 日志号 ' 的格式，来查看指定日志中发生过的事件（写操作语句），结果以表格形式显示。

例如，输入 show binlog events in 'mysql-bin.000004';，执行结果如图 28-3-4 所示。

```
root@localhost[(none)]>show binlog events in 'mysql-bin.000004';
+-----------------+------+----------------+-----------+-------------+------------------------------------------+
| Log_name        | Pos  | Event_type     | Server_id | End_log_pos | Info                                     |
+-----------------+------+----------------+-----------+-------------+------------------------------------------+
| mysql-bin.000004 | 4    | Format_desc    | 21        | 123         | Server ver: 5.7.26-log, Binlog ver: 4    |
| mysql-bin.000004 | 123  | Previous_gtids | 21        | 154         |                                          |
| mysql-bin.000004 | 154  | Anonymous_Gtid | 21        | 219         | SET @@SESSION.GTID_NEXT= 'ANONYMOUS'     |
| mysql-bin.000004 | 219  | Query          | 21        | 310         | create database abc                      |
| mysql-bin.000004 | 310  | Anonymous_Gtid | 21        | 375         | SET @@SESSION.GTID_NEXT= 'ANONYMOUS'     |
| mysql-bin.000004 | 375  | Query          | 21        | 466         | create database xyz                      |
| mysql-bin.000004 | 466  | Anonymous_Gtid | 21        | 531         | SET @@SESSION.GTID_NEXT= 'ANONYMOUS'     |
| mysql-bin.000004 | 531  | Query          | 21        | 614         | drop database xyz                        |
| mysql-bin.000004 | 614  | Anonymous_Gtid | 21        | 679         | SET @@SESSION.GTID_NEXT= 'ANONYMOUS'     |
| mysql-bin.000004 | 679  | Query          | 21        | 762         | drop database abc                        |
| mysql-bin.000004 | 762  | Anonymous_Gtid | 21        | 827         | SET @@SESSION.GTID_NEXT= 'ANONYMOUS'     |
| mysql-bin.000004 | 827  | Query          | 21        | 918         | create database xyz                      |
+-----------------+------+----------------+-----------+-------------+------------------------------------------+
12 rows in set (0.00 sec)
```

图 28-3-4　查看指定日志中的事件

28.3.3　数据库备份

按照备份数据文件的格式数据库的备份可以分为物理备份、逻辑备份和基于数据库复制的备份三种，本节重点介绍物理备份和逻辑备份，基于数据库复制的备份简称数据库复制，将在下面章节介绍。

物理备份是生成数据库文件的二进制完整副本的过程，通常可以使用操作系统的复制命令来完成。例如，Linux 操作系统的 cp、tar 命令；Windows 操作系统的 xcopy 命令或直接使用图形界面的复制和粘贴。

物理备份的特点如下：

①备份可以在不同的计算机操作系统间还原。如 Linux 系统的 MySQL 备份文件可以还原至 Windows 系统下的数据库。

②物理备份比逻辑备份的速度快。

③数据库文件在物理备份期间不能更改，要保证数据的一致性。

④对于默认引擎为 InnoDB 的数据库，需要停止 MySQL 服务后再进行物理备份。

逻辑备份是指将数据库和表转换为一个文本文件，里面包括可以重构数据库和表等数据对象的 SQL 语句。

逻辑备份的特点如下：

①可以在不同的操作系统中使用备份的文本文件对数据库进行恢复。

② MySQL 服务器在备份期间必须保持运行。

③可以备份本地和远程数据库服务器中的数据。

④通常比物理备份的速度慢。

⑤逻辑备份文件的大小可能会超过所备份的数据库物理文件的大小。

按照备份的完整度，数据库备份可以分为完全备份和不完全备份。完全备份备份的内容包括数据库所有数据文件、所有二进制日志文件和选项文件（/etc/my.cnf）；不完全备份仅仅备份经常变更的数据部分。为了安全起见，通常要定期对数据库进行一次完整备份。

按照备份时 MySQL 数据库运行的状态，可以将数据库备份分为冷备、热备和温备。

冷备是指备份时 MySQL 服务器处于关闭状态，数据库中所有数据处于不变状态。

冷备的特点如下：

①数据库处于关闭状态，备份时用户不能登录，因此用户无法读取或修改数据。

②冷备会阻止执行任何使用数据的活动，如果备份时间较长，会造成用户在较长的时间里无法访问数据。数据量大时会有较长的停机时间，冷备需要根据业务情况提前规划。

③采用物理备份方式。

热备是指备份时 MySQL 服务处于开启状态，备份时有用户连接到数据库并进行读写操作。

热备的特点如下：

①备份时数据库开启，可能有用户读取或修改数据。

②热备不会阻止用户正常的数据库操作，有些专业热备工具甚至能捕获备份进行期间发生的更改事件。

③并不是所有引擎都支持热备，InnoDB 存储引擎可以支持热备，但 MyISAM 存储引擎不支持热备，只支持温备或冷备。

温备是指备份时 MySQL 服务器处于只读状态，仅允许连接的用户读取数据库数据，不能进行写操作。

温备的特点如下：

①数据库不关闭，处于只读模式，备份可以在用户读取数据时进行。

②不必完全锁定访问数据库的用户，但用户无法在进行备份时修改数据库中的数据。

③温备是冷备和热备的折中方案。

28.3.4 备份工具说明

（1）物理备份工具

数据库常用的物理备份工具主要是操作系统自带的文件复制命令。例如，Linux 系统的 cp 命令和 tar 命令；Windows 系统的 xcopy 命令、图形界面操作的复制（Ctrl+C）和粘贴（Ctrl+V）。这些操作都可以冷备或温备数据库。

在 Linux 环境下使用 cp 命令冷备整个数据库，假定数据库数据文件存放位置为 /var/lib/mysql，具体步骤如下。

①关闭数据库，命令如下：

systemctl stop mysqld

②创建数据库备份文件的存放目录，命令如下：

mkdir /backup

③将整个数据库的内容备份到 /backup 中，命令如下：

cp –a /var/lib/mysql /backup

其中，–a 代表复制目录的同时保留复制对象的属主、属组和权限，这样还原备份时，不用修改文件或目录的属性。

④将通过备份后恢复的新生成的文件重命名，命令如下：

mv /var/lib/mysql /var/lib/mysql.old

⑤查看恢复的数据库中的数据，命令如下：

cp –a /backups/mysql /var/lib

（2）逻辑备份工具

mysqldump 是 MySQL 提供的默认逻辑备份工具，使用该工具可以将数据库中的数据转换为 SQL 语句形式，存储在文本文件中。

mysqldump 的特点如下：

①将数据库中的数据转储到文本文件中。

②可以指定所有数据库、特定数据库或特定数据表。

③可以备份本地或远程数据库中的数据。

④与存储引擎无关。

⑤比物理备份速度慢，适合数据量较小的数据库备份。

⑥备份过程中不能关闭数据库。

例如，将当前数据库 test 中的数据备份到 db_test.sql 文件中，命令如下：

mysqldump –uroot –p test > db_test.sql

mysqldump 中的 –u 和 –p 的用法和 MySQL 客户端一致，分别表示要备份数据库的用户名和密码。该命令仅将 test 数据库下的所有数据对象导出并转换成 SQL 语句，默认输出到屏幕上，可以与输出重定向符 ">" 结合使用，最后将导出结果输出到 db_test.sql 文件中。

（3）备份工具与各类备份形式的关系

如表 28-3-1 所示。

表 28-3-1　备份工具与各类备份形式对照表

备份工具	物理备份	逻辑备份	冷备	温备	热备	innodb 引擎	非 innodb 引擎
操作系统复制命令	是	否	是	否	否	只能冷备	只能冷备
mysqldump	否	是	否	是	是	可以热备	只能温备

28.3.5　使用 mysqldump 导出数据

逻辑备份工具 mysqldump 可以备份指定的数据库和表中的数据。从备份数据的完整度角度来看，可以分为以下三个等级。

①备份所有数据库中的所有表，命令如下：

mysqldump [选项] – all–databases

②备份多个数据库中的所有表，命令如下：

mysqldump [选项] ––databases db1,db2,…

③备份一个数据库中的一个表或多个表，命令如下：

mysqldump [选项] dbname tb1 tb2 tb3 …

28.3.6　mysqldump 相关选项

为了保证备份时主库与从库数据一致，记录备份时的二进制日志位置以便于还原数据，mysqldump 命令提供了一系列选项，以满足各类备份需求。

（1）一致性选项

一致性选项用于确保备份时，主库与从库处于同一个版本，相关选项包括 ––master-data=2、––single-transaction、––lock-all-tables 和 ––flush-logs，其说明如表 28-3-2 所示。

表 28-3-2　mysqldump 常用的一致性选项说明

选项	说明
––master-data=2	备份时锁定所有表，禁止执行除 select 以外的 SQL 语句。会把备份时刻的头标注和当前二进制日志文件名写到备份文件头部，在数据还原后，如果进行数据恢复，可以知道从哪个日志的哪个位置开始恢复

续表

选项	说明
--single-transaction	对于支持事务 InnoDB 存储引擎的所有数据表，将开启一个新事务进行备份，利用事务的读一致性确保备份的多个表属于同一个版本，此后用户对表的增删改操作不会被备份（属于热备）
--master-data=2 和 --single-transaction 一同使用	对于 InnoDB 存储引擎的数据表，可以在备份时确保一致性；对于不支持事务的其他引擎不确保备份的一致性
--lock-all-tables	锁定所有数据库中的所有表来确保备份的一致性（属于温备）
--flush-logs	开始备份前先刷新二进制日志

（2）删除选项

删除选项用于在备份时，确定是否在建库和建表语句之前添加对应的删除语句，如果不加，在还原时若数据库和数据表已经存在，将不会删除原数据库和数据表中的数据，其说明如表 28-3-3 所示。

表 28-3-3　mysqldump 常用的删除选项说明

选项	说明
--add-drop-database	将 drop database 语句添加到每个 create database 语句之前，还原时会先删除已有的数据库并重新创建数据库
--add-drop-tables	将 drop table 语句添加到每个 create table 语句之前，还原时会先删除已有的数据表并创建新的数据表

（3）编程组件选项

编程组件选项主要用于声明备份时，是否导出数据库中相关的存储过程、函数和触发器到备份文件中，其说明如表 28-3-4 所示。

表 28-3-4　mysqldump 常用编程组件选项说明

选项	说明
--routines	导出存储过程和函数到备份文件中
--triggers	导出触发器到备份文件中

（4）默认选项

默认选项 opt 默认为启用状态（不指定该选项也会生效），是包括一系列选项的组合选项，作用是备份时提高备份效率和还原时方便导入数据。其组合的所有选项及说明如表 28-3-5 所示。

表 28-3-5　mysqldump 默认选项说明

选项	说明
--add-drop-tables	将 drop table 语句添加到每个 create table 语句之前，还原时会先删除已有的数据表并创建新的数据表
--add-locks	还原时在 insert 语句前加独占写锁，不许其他用户更新数据
--create-options	在所有数据对象之前 create 语句
--quick	备份过程中不会把 SQL 语句放到查询缓冲区中，而是输出打印到标准输出
--extended-insert	导出的数据使用多行插入语法
--lock-tables	给备份过程中遇到的每个表添加只读锁，备份过程中其他需要修改表的用户要等待该表备份完成
--set-charset	添加 set names default_character_set 到输出文件，用来指明客户端连接时使用的字符集
--disable-keys	添加 disable keys 和 enable keys 到备份输出文件，还原过程中在插入记录时，插入完成后再建立索引，提高还原效率

28.3.7　数据备份还原

对于物理备份，还原数据备份时，使用操作系统复制命令将物理备份复制到数据库数据文件对应的目录即可。例如，对于 Linux 操作系统，可以使用 cp –a 命令保留原来备份文件的权限、属主和属组，若数据文件的位置还有原来的数据文件，则可先给其所在目录改名，然后再进行还原复制。

对于逻辑备份，还原数据备份时，需要开启数据库才能还原数据。若当前数据库的文件已经不可用，则可考虑给有问题的数据文件所在目录改名，然后对数据库重新做初始化。

例如，假如当前 MySQL 以 rpm 包方式安装，默认数据文件的安装目录为 /var/lib/mysql，还原之前需输入 mv /var/lib/mysql /var/lib/mysql.old，给该目录改名，然后输入 systemctl start mysql，重启 MySQL 服务。若不存在 /var/lib/mysql 目录，MySQL 就会重新初始化，重建 /var/lib/mysql 目录以及该目录下的数据库运行时需要的各类核心数据文件，之后 MySQL 数据库启动时就可以连接使用。

还原逻辑备份可以采用如下两种方式：
①客户端连接数据库后使用 source 语句还原备份。
②客户端登录连接时执行逻辑备份中的语句。

例如，假如数据库逻辑全备的文件为 db_all.sql，放在 /root 目录下，可以输入 mysql> source /root/all_db.sql，采用第一种方式还原；或输入 mysql –uroot –p </root/db_all.sql，采

用第二种方式还原。

28.3.8　数据恢复

数据库备份还原以后，数据库的数据回到了备份时刻的状态，若想要恢复备份时刻到故障时刻之间的数据，必须在备份之前就开启了 binlog 二进制日志，且保证日志的连续完整，这样备份到故障时刻对数据库产生变更的语句可以从日志中找出来，重新应用执行这些语句就是恢复数据阶段的实质内容。

数据库恢复分为完全恢复和不完全恢复。

①完全恢复：在日志中重新执行从备份点到故障之前的最后一条 SQL 语句，主要针对硬盘故障这种介质损坏的情况。通常在满足备份和日志完整的情况下，可以保证没有数据丢失。

②不完全恢复：重新执行从备份点到误删除点之间的 SQL 语句，而不是执行到最后一个日志的最后一条语句，主要针对误删数据这种人为错误。为了保证生产库数据安全和不停机，恢复的过程通常在测试机上完成。首先，在生产机中找出误删除数据时的日志位置，并利用 mysqlbinlog 工具生成出早期备份时刻到故障时刻前的 SQL 语句（即恢复脚本），然后在测试机还原早期的备份并应用恢复脚本，这样在测试机上数据已经回到了误删除之前的状态，最后在测试机上导出误删除的数据，并导入到生产机上即可。恢复数据的操作和逻辑备份的还原方式一样。

总而言之，可用的备份和完整的日志是数据库恢复的必要条件，管理员需要对数据库的备份定期进行可用性检测，以应对各类突发状况，保证数据库数据的安全。

28.4　提高数据库可用性

为了能够尽量给用户提供不间断的服务，减少因各类故障造成的宕机时间，提高可用性，MySQL 数据库提供了数据库复制功能，允许将数据产生的变更从一个数据库复制到多个数据库。其主要原理是将二进制日志从一个 MySQL 数据库传递到一台或多台其他 MySQL 数据库中，由于二进制日志记录了所有改变数据库数据的语句，这样可以在其他 MySQL 数据库中重新执行这些日志中的语句，从而实现数据库中数据的复制，如图 28-4-1 所示。

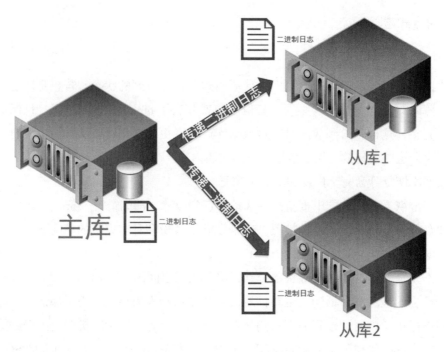

图 28-4-1　MySQL 主从复制示意图

通常将存放原始数据的数据库称为主库（master），而将接收二进制日志的数据库称为从库。当原始数据库故障不可用时，由于故障排除与数据恢复会造成较长的停机时间，可以先让某个从库承担起主库的角色，将客户端的所有请求转给该从库，即新的主库，以提高数据库数据的可用性。

28.4.1　数据库复制的主要用途

使用数据库复制需要准备额外的服务器作为主库的从库，虽然带来了额外的资金投入，但是可以在主库服务器由于硬件或软件故障或因维护而脱机时，将客户端的业务移交给从库服务器，即从库变为新的主库，这个过程也称为故障转移（fail-over）。利用故障转移可以减少因处理主库故障而造成的系统停机时间，提高了数据库的可用性。

另一方面，数据库复制在一定程度上起到数据备份的作用，从库数据本身就是主库数据非常接近的一个副本。因此尽管将二进制日志传递给从库并在从库上应用日志存在一定延时，但仍可以适当降低主库数据备份的频率，相应减轻主库备份的压力。

数据库复制还有一个主要的优势就是可以实现数据的读写分离。对现有数据的查询、统计分析往往是通过读操作语句 select 来完成，但如果在主库中使用了诸如 sum、avg、max、min 等聚合函数，往往会占用大量的系统资源（CPU、内存、IO 等），对正常使用数据库用户以写为主的相关操作造成影响，从而导致数据填报的不顺畅。若存在复制了主库数据的从库，则可以使消耗资源的各类查询、分析等以读为主的任务在从库上执行，而主库服务器专门应对以写操作为主的数据库外部用户的各类增删改语句，实现数据库的读写分离。如图 28-4-2 所示。

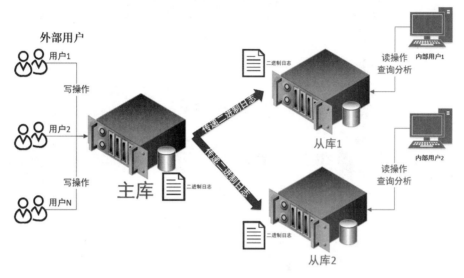

图 28-4-2　MySQL 主从复制实现读写分离示意图

28.4.2　数据库复制的限制与网络故障

理论上一个主库可以有任意个从库，但通常每个主库的从库数量不宜超过 30 个。这是因为每个从库都有用于连接会话来读取主库的二进制日志，当从库数量增多时，会使主库产生额外的资源开销。

如果主库与从库之间出现了网络连接故障，复制工作会暂时停止；如果网络故障得以恢复，通常从库的复制工作不需要人工干预就能继续进行，从库会根据已经处理过二进制日志的位置继续读取未读完的主库二进制日志，整个过程自动完成，不需要额外的配置任务。

28.4.3　主库和从库的复制拓扑结构

在 MySQL 5.7 以前的版本，主库和从库是一对多的关系，即一个主库可以有多个从库，一个从库只能从一个主库复制数据，这种复制通常被称作主从复制。从 MySQL 5.7 开始，可以支持一个从库从多个主库复制数据，这种拓扑结构被称作多源复制。

在主从复制中，一主多从是常见的拓扑结构，但是也可以根据业务需要拓展出其他的拓扑结构。例如，A–>B–>C，即从库 B 从主库 A 复制数据，同时从库 B 也是从库 C 的主库。通常把 B 库称为中继库，它具有主从双重身份。对于 A–>B–>C–>A 这种循环复制结构，拓扑结构中的每个节点库都具有主从双重身份。当然还可以组成其他更加复杂的复制拓扑结构，如图 28-4-3 所示。

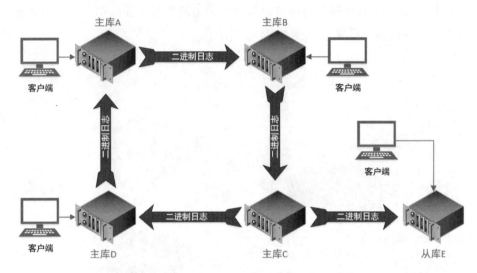

图 28-4-3 MySQL 的循环复制拓扑结构示意图

28.4.4　数据库复制常用命令

（1）主库配置与常用命令

数据库复制主库从库之间传递的是二进制日志，要求主库必须开启 binlog 二进制日志。开启二进制日志的步骤与上一节讲述的方式一样。二进制日志相关命令如下。

①查看所有二进制日志的命令如下：

show binary logs;

②查看当前二进制日志的命令如下：

show master status;

③切换二进制日志的命令如下：

flush logs;

④重置二进制日志的命令如下：

reset master;

注意，通常在执行这条语句前要进行一次数据库全备。这是因为该语句会清空所有日志，此时因为日志不连续，不能进行数据恢复。

⑤主库查看从库状态的命令如下：

mysql> show slave hosts;

⑥删除指定二进制日志的命令如下：

mysql> purge binary logs to 'mysql-bin.000007';

注意，该语句会清除 7 号日志之前的所有日志，包括 7 号日志本身。

⑦登录 mysql 查看二进制日志中的内容的格式如下：

mysql> show binlog events in ' 日志文件名 ';

例如，在 mysql-bin.000015 日志中从头标注 5040 开始查看 10 个日志事件的命令如下：

mysql> show binlog events in 'mysql-bin.000015' from 5040 limit 10;

⑦操作系统环境查看二进制日志内容的步骤如下：

a. 使用 mysqlbinlog 命令将二进制日志的内容导出到指定的导出文件中。

导出日志内容方式的格式如下：

root# mysqlbinlog 日志名 1 日志名 2 > 导出文件

root# mysqlbinlog --start-position=xxx --stop-position=xxx 日志名 > 导出文件

b. 使用文本查看、选择或编辑命令（如 more、cat、vi、grep 等命令）查看其内容。

⑧创建复制登录用户的命令如下：

mysql> create user 'repl'@'192.168.%' identified by 'repl';

mysql> grant replication slave on *.* to 'repl'@'192.168.%';

mysql> show grants for 'repl'@'192.168.%';

可创建具有 REPLICATION SLAVE 权限的用户（从库复制时需要用此用户连接主库，当然不创建该用户使用主库 root 用户也可以）。

（2）从库配置与常用命令

从库可以不开启二进制日志，但是如果有故障转移的需求（即在主库故障时从库变为新主库），则要求从库也开启二进制日志，并在 my.cnf 选项文件的"[mysqld]"语句块范围内添加 log-slave-updates 选项，将从主库传递到从库中继日志中的内容写入从库的二进制日志中，使从库可以再成为其他从库的主库。

从库中的 change master to 语句是核心复制语句，该语句用于读取主库 binlog 文件，可以设置或改变从库连接主库的相关参数，如 master_host、master_user、master_password、master_port 等。

举例如下。

change master to
    master_host='master2.example.com',
    master_user='replication',
    master_password='password',
    master_port=3306,
    master_log_file='master2-bin.001',
    master_log_pos=4

说明如下。

master_host：指定主服务器的主机名。

master_port：指定主服务器的 tcp 端口号。

master_user 和 master_password：指定具有 replication slave 特权的主服务器上账户的详细信息。

master_log_file 和 master_log_pos：指定从属服务器开始进行复制的二进制日志位置的日志坐标；可以通过执行 show master status 命令从主服务器获取文件和位置信息。

注意，连接 MySQL 后，可以使用 help change master to 命令查看帮助信息。

在从库使用 change master to 语句设置了复制信息后，可以使用如下命令控制复制的启动、停止以及复制状态的查看。

①从库启动复制的命令如下：

```
mysql> start slave;
```

②从库查看复制状态的命令如下：

```
mysql> show slave status\G
```

③从库停止复制的命令如下：

```
mysql> stop slave;
```

④从库重置复制信息的命令如下：

```
mysql> reset slave all;
```

28.4.5　一主二从配置实验

可以通过给一个 MySQL 数据库搭建两个从库的实验演示 MySQL 主从复制的配置过程。

（1）实验环境

实验需要准备三个 CentOS 7 虚拟机，按照表 28-4-5 设置的规划进行配置。

表 28-5　MySQL 一主二从复制规划表

IP	主机名	角色	操作系统（最小安装）	MySQL
192.168.2.21	host21	主库	Centos 7（禁用 selinux）	MySQL 5.7.26 rpm 包安装版
192.168.2.22	host22	从库	Centos 7（禁用 selinux）	MySQL 5.7.26 rpm 包安装版
192.168.2.23	host23	从库	Centos 7（禁用 selinux）	MySQL 5.7.26 rpm 包安装版

（2）为三台服务器安装 MySQL

按照前述的 rpm 包安装方式安装即可，在初始化后使用临时密码登录，登录后设置 root 用户新密码。

（3）为三台服务器配置 MySQL

配置要求：三台 MySQL 服务器既能做主库也能做从库，而且二进制日志与数据文件分开存放。

配置 /etc/my.cnf 的步骤如下：

①输入如下命令创建二进制日志存放目录并设置好权限、属主和属组。

```
mkdir /binlogs
chmod 750 /binlogs
chown mysql:mysql /binlogs
```

②编辑 /etc/my.cnf 文件，输入如下命令。

```
[mysqld]
character-set-server=utf8          #能够录入中文，以 utf8 编码记录字符类型数据
server-id=2N                       #开启二进制日志，N 表示按照主机末尾 IP 地
址进行设置
log-bin=/binlogs/mysql-bin
log-slave-updates                  #做主库时记录中继日志内容到二进制日志
```

③在每台服务器配置完成后，输入如下命令分别重启 mysqld 服务。

```
systemctl restart mysqld
```

（4）主库 host21 创建复制用户

创建要求：以 host21 为主库，创建用户 repl，该用户只能从 192.168 网段的主机登录，且连接密码为 Abc123!!!，授予用户 replication slave 权限，允许登录用户可以读取主库二进制日志。

创建复制用户的命令如下：

```
mysql> create user 'repl'@'192.168.%' identified by 'Abc123!!!';
mysql> grant replication slave on *.* to 'repl'@'192.168.%';
mysql> show grants for 'repl'@'192.168.%';
```

执行结果如图 28-3-4 所示。

```
mysql> create user 'repl'@'192.168.%' identified by 'Abc123!!!';
Query OK, 0 rows affected (0.01 sec)

mysql> grant replication slave on *.* to 'repl'@'192.168.%';
Query OK, 0 rows affected (0.00 sec)

mysql> show grants for 'repl'@'192.168.%';
+-----------------------------------------------------------+
| Grants for repl@192.168.%                                 |
+-----------------------------------------------------------+
| GRANT REPLICATION SLAVE ON *.* TO 'repl'@'192.168.%'      |
+-----------------------------------------------------------+
1 row in set (0.00 sec)
```

图 28-4-4　主库创建复制用户

（5）主库 host21 备份所有数据库

若当前主库和从库刚刚初始化，数据完全相同，这一步可以省略。但是如果主库和从库数据不一致，就需要将主库的数据复制给从库，以便使主从数据尽量保持一致。

例如，若主库有用户往 test 库的 t 表插入了数据，而从库却不存在 test 库的 t 表，当主库的插入语句传递到从库执行时，就会报错，使从库的数据复制暂停。因此要尽量确保主从数据的一致性。

备份主库数据的命令如下：

mysqldump 命令备份主库的所有数据

包括数据库中的存储过程、触发器和计划任务

mysqldump –uroot –p ––all-databases ––triggers ––routines ––events ––master-data=2

––flush-logs ––single-transaction>/root/all-master-db.sql

使用 grep 命令查找备份文件中的 "–– change master to" 关键字

cat /root/all-master-db.sql | grep –i "^–– change master to"

执行结果如图 28-4-5 所示。

```
[root@host21 ~]# mysqldump -uroot -p --all-databases --triggers --routines --events
/root/all-master-db.sql
Enter password:
[root@host21 ~]# cat /root/all-master-db.sql | grep -i "^-- change master to"
-- CHANGE MASTER TO MASTER_LOG_FILE='mysql-bin.000003', MASTER_LOG_POS=154;
```

图 28-4-5　查看备份时日志的位置

数据备份时添加了 ––master-data=2 选项，备份文件中记录了备份时刻主库二进制日志的位置，还原到从库以后，从库将从本例中 3 号日志的 154 位置开始复制。

（6）还原主库备份到从库

从库 host22 和 host23 上分别执行如下语句，还原主库数据到从库：

scp 192.168.2.21:~/all-master-db.sql /root　# 使用 scp 命令从主库复制备份文件到从库

mysql –uroot –p　# 登录从库

mysql> source /root/all-master-db.sql　# 从库中还原主库备份文件

（7）指明主库复制信息

在从库 host22 和 host23 上分别执行 change master to 语句，指明主库复制信息。

举例如下，表示从库将从主库的 3 号日志的 154 位置开始复制。

mysql> change master to master_host='192.168.2.21',master_user='repl',master_password='Abc123!!!!',master_port=3306,master_log_file='mysql-bin.000003',master_log_pos=154;

（8）从库启动复制，查看复制状态

在从库 host22 和 host23 上分别启动数据库复制，并查看数据库复制状态，若没有报错信息且 Slave_IO_Running 和 Slave_SQL_Running 的状态分别为 Yes，则说明从库复制线程和日志应用线程已经正常启动。

从库启动复制，查看复制状态的命令如下：

```
mysql> start slave;
mysql> show slave status\G
```

执行结果如图 28-4-6 所示。

```
mysql> start slave;
Query OK, 0 rows affected (0.00 sec)

mysql> show slave status\G
*************************** 1. row ***************************
               Slave_IO_State: Waiting for master to send event
                  Master_Host: 192.168.2.21
                  Master_User: repl
                  Master_Port: 3306
                Connect_Retry: 60
              Master_Log_File: mysql-bin.000003
          Read_Master_Log_Pos: 154
               Relay_Log_File: host22-relay-bin.000003
                Relay_Log_Pos: 320
        Relay_Master_Log_File: mysql-bin.000003
             Slave_IO_Running: Yes
            Slave_SQL_Running: Yes
              Replicate_Do_DB:
          Replicate_Ignore_DB:
           Replicate_Do_Table:
       Replicate_Ignore_Table:
      Replicate_Wild_Do_Table:
  Replicate_Wild_Ignore_Table:
                   Last_Errno: 0
                   Last_Error:
                 Skip_Counter: 0
          Exec_Master_Log_Pos: 154
              Relay_Log_Space: 694
              Until_Condition: None
```

图 28-4-6 从库查看复制状态

（9）测试主从复制

在主库 host21 上输入如下命令，查看主库是否发现当前的两个从库。

```
mysql> show slave hosts;
```

执行结果如图 28-4-7 所示。

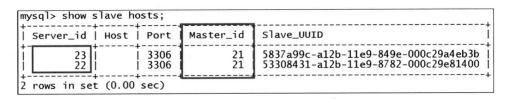

图 28-4-7 主库查看所有从库

若看到了 2 个从库的 server-id 号,则说明主库已经发现了从库。

在主库 host21 上输入如下命令,进一步在主库上录入测试数据。

mysql> show databases;

mysql> create database test;

执行结果如图 28-4-8 所示。

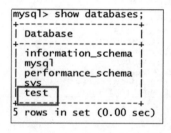

图 28-4-8 主库创建测试数据库

在从库 host22 和 host23 上分别输入如下命令,验证复制是否成功。

mysql> show databases;

执行结果如图 28-4-9 所示。

```
mysql> show databases;
+--------------------+
| Database           |
+--------------------+
| information_schema |
| mysql              |
| performance_schema |
| sys                |
| test               |
+--------------------+
5 rows in set (0.00 sec)
```

图 28-4-9 从库查看测试数据库

28.5 数据库性能优化

影响数据库性能的因素有很多,主要包括硬件和软件两个方面。

从硬件角度看,CPU 运算速度和个数、内存容量、网络性能以及磁盘的读写速率等都可以影响 MySQL 数据库的性能;从软件角度看,MySQL 数据库设计以及调用应用程序的设计、数据表中数据类型和索引的选取、数据库选项参数的设置等因素同样可以影响数据库的性能。

本节中的数据库性能优化主要针对软件方面,即在不改变硬件配置的情况下,依靠 MySQL 数据库提供的功能,降低 CPU 的利用率,减少磁盘读写的数据量。

28.5.1　使用索引

MySQL 数据库中，数据的读写任务由 SQL 语句来完成，这些 SQL 语句往往来源于基于数据库的应用程序。无论是将 SQL 语句直接写在代码中还是通过框架间接使用，基于数据库的应用程序的核心逻辑都是通过 SQL 语句来完成业务数据在数据库中的存储与调用。此外，数据库作为一种存储数据的应用程序，也会消耗硬件服务器的 CPU 资源，按照统计，在数据库所占用的 CPU 资源中，有 90% 是解析和执行各类 SQL 语句所耗费的，因此提高 SQL 语句的执行效率对于高并发数据库应用程序至关重要。

在众多的 SQL 语句中，SELECT 查询语句负责从数据库中查找数据，是用途最广泛的 SQL 语句，无论是网站用户期望秒级响应的普通查询还是耗费时间的统计分析查询，SELECT 语句都应该具有最高的调用优先级。

加快查询速度最有效的手段是使用索引，当单个表数据量增大时，MySQL 还提供表分区等手段，其核心思想是通过降低数据库磁盘 I/O 的开销，减少从磁盘读取的数据量，加快查询速度。当表中的记录数很多时，常用的手段是根据业务特点，在经常被作为查询条件的列上适当添加索引，这样往往可以成百上千倍地提高查询效率。

然而，使用索引也有其副作用，除了需要占用额外的磁盘空间以外，索引通常会使数据表的增删改操作变慢，这是因为索引的同步更新要耗费额外的系统资源。因此，添加索引要综合考虑效率。通常如果查询条件能使返回记录数控制在总记录的 3% 到 5% 以内，就可以考虑在这些列上创建单独索引或组合索引，如果创建多列组合索引，一定要把多列中筛选数据最多的列放到索引创建语句列名位置的最左边。

28.5.2　使用慢查询日志

MySQL 提供慢查询日志，方便管理员定位效率低的查询语句。在开启慢查询日志的情况下，如果查询执行时间超过设定值（默认为 10 秒），相关语句就会被记录在慢查询日志中，管理员可以通过优化这些效率低的语句，以实现提升数据库性能的目标。

连接 MySQL 数据库后，使用 set global slow_query_log=on; 语句即可开启慢查询日志，日志文件默认存放于数据文件的目录中，文件名为 hostname-slow.log，其中的 hostname 为当前主机名，相关的选项参数为 long_query_time，其值为 10，单位为秒，只要查询到执行时间超过该值，就会将相关查询语句记录到日志中。该值可以根据情况自行修改。

28.5.3　使用分区表

MySQL 数据库提供了分区表功能，通常可以按照表中某一列数据的取值范围，将表的数据存储到不同的分区中，每个分区在操作系统中对应各自的数据文件。当查询条件是分区列时，可以仅读取所在分区的相关数据，这样相当于减少了从磁盘读取的数据量，起到了性能优化的作用。

MySQL 经常使用的分区类型有范围分区和列表分区。例如，销售记录表可以按照销售记录所在的年、月等间隔来进行分区，即常见的范围分区，也可以按照销售记录所在的省份进行分区，即列表分区，当然，MySQL 也支持不同分区类型的组合分区形式。当一个数据表的记录数非常多时，可以根据业务特点，将非分区表转换为分区表的形式，通过分区在磁盘存储的有效分离，有效减少磁盘读取的数据量。

28.5.4　使用查询缓存

MySQL 提供查询缓存功能，用来缓存查询语句产生的结果集。例如，在开启查询缓存的情况下，如果用户 1 执行查询语句 select * from T 查询 T 表中的数据，语句产生出的查询结果集会放在查询缓存中，这样当用户 2 将同样的语句发给 MySQL 服务器执行时，在经过语法和权限检查后，若检测到缓存中已经存在语句对应的结果集，则 MySQL 会直接把结果集返回给用户 2，省略了耗费资源的语句执行过程，节约了系统资源，起到了优化查询的作用。如果有用户对结果集对应的数据做了相应修改，在更新数据的同时 MySQL 也会同步更新缓存中对应的查询结果集。

通常情况下，开启查询缓存后整个系统的查询速度会有明显提升，尤其是对一些耗费资源的包括多表连接和聚合函数且数据变化少的查询语句，查询性能提升效果非常明显，但是对于一些数据经常变化的查询，优化效果具有局限性。

MySQL 默认不开启查询缓存，可以通过在 /etc/my.cnf 中添加 query_cache_type=1 语句，重启 MySQL 服务后开启查询缓存。默认缓存大小为 1M，即 1048576 字节，对应选项为 query_cache_size，可以根据业务需要适当调整缓存的大小，但该值必须是 1024 的整数倍。

28.5.5　MySQL 实例选项变量调整

若服务器是 MySQL 专用服务器，且数据存放在以 innodb 为主的存储引擎中，则可以通过调整 innodb_buffer_pool_size 参数大小到物理内存的 80% 左右，以发挥最佳性能。innodb_buffer_pool_size 参数指定用于存放 innodb 引擎表数据和索引数据内存缓冲区的大小。由于需要给操作系统的运行、crond 日常计划任务等服务的运行留有一定的内存空间，其值不宜超过总物理内存的 85%。

若总物理内存比较充足，多达几个 G，则可以在 /etc/my.cnf 文件中设置 innodb_buffer_pool_instances 参数，指定多个 innodb 实例的个数，以提高数据库的并发效率。该参数在小于 1G 时为 1，在大于等于 1G 时，才能设置为大于 1 的值。